高等职业教育机电类专业系列教材

数控车削编程与应用

主　编◎刘学航　刘　岳　廖璘志
副主编◎黄　超　伍倪燕　毛　羽　杨从荣　董振森

中国轻工业出版社

图书在版编目（CIP）数据

数控车削编程与应用 / 刘学航，刘岳，廖璘志主编．—北京：中国轻工业出版社，2025.2

高等职业教育机电类专业系列教材

ISBN 978-7-5184-3021-5

Ⅰ．①数…　Ⅱ．①刘…　②刘…　③廖…　Ⅲ．①数控机床—车削—程序设计—高等职业教育—教材　Ⅳ．①TG519.1

中国版本图书馆 CIP 数据核字（2020）第 088161 号

责任编辑：张文佳

文字编辑：宋　博　　责任终审：张乃柬　　封面设计：锋尚设计

版式设计：砚祥志远　　责任校对：吴大鹏　　责任监印：张京华

出版发行：中国轻工业出版社（北京鲁谷东街 5 号，邮编：100040）

印　　刷：三河市国英印务有限公司

经　　销：各地新华书店

版　　次：2025 年 2 月第 1 版第 2 次印刷

开　　本：787×1092　1/16　印张：16

字　　数：380 千字

书　　号：ISBN 978-7-5184-3021-5　定价：49.80 元

邮购电话：010-85119873

发行电话：010-85119832　010-85119912

网　　址：http://www.chlip.com.cn

Email：club@chlip.com.cn

250282J2C102ZBW

前言

本书是根据教育部关于职业教育教学改革的意见，结合数控技术领域职业岗位群的需求，参照数控车工岗位职业标准，依据高等职业技术学院数控技术专业人才培养方案，联合高职院校数控技术专业教师共同编写完成的。

本书遵循学生职业能力培养的基本规律，以职业能力培养为重点，从实际生产加工内容中提取教学内容，引入真实产品和零件生产工艺，通过项目载体把数控车床的操作、编程和工艺有机地结合起来。

本书改变了传统的数控编程教材以编程指令为主线的章节分配形式，以数控车削加工中典型的零件为载体，项目化体例编写。本书共设置了 14 个项目。每个项目以 FANUC 0i 数控系统为例提供了教学实例，每个项目的内容相对独立，项目后有练习题，供学习后巩固知识。每个项目按学习目标→项目导读→知识链接→项目实施→项目评价→拓展练习环节展开内容，符合职业教育特征。

本书由中高职学校数控技术专业教师合作完成，由宜宾职业技术学院刘学航、廖璘志及宜宾市职业技术学校刘岳主编。编写人员具体分工如下：宜宾职业技术学院刘学航编写项目七、八、十三、十四并统稿和审稿，宜宾职业技术学院廖璘志编写项目五、九，中核建中核燃料元件有限公司董振森编写项目十二，宜宾职业技术学院伍倪燕编写项目十，宜宾职业技术学院毛羽编写项目十一，宜宾市职业技术学校刘岳编写项目六，宜宾市职业技术学校杨从荣编写项目一、二，南溪职业技术学校黄超编写项目三、四。

本教材在编写过程中，参阅了大量的文献资料，在此一并表示衷心感谢！

编　者

目录

项目一 加工销轴零件

学习目标

1. 掌握数控车削加工的特点
2. 掌握编程指令 G00、G01 的格式及应用
3. 掌握销轴类零件的编程方法
4. 能正确利用常用量具对轴类零件进行测量
5. 培养学生良好的学习习惯和团队协作精神

项目导读

轴是常用、重要的机器零件之一，如各类机床的主轴、机器齿轮箱中的传动轴、车轮的支承轴和模具中的定位销轴等。定位销轴是常见的定位支承或导向零件，其零件图和三维实体图分别如图 1-1、图 1-2 所示。学生在对其进行编程与加工过程中，学习销轴零件的车削加工基础知识，进而掌握车外圆、车端面的编程方法。

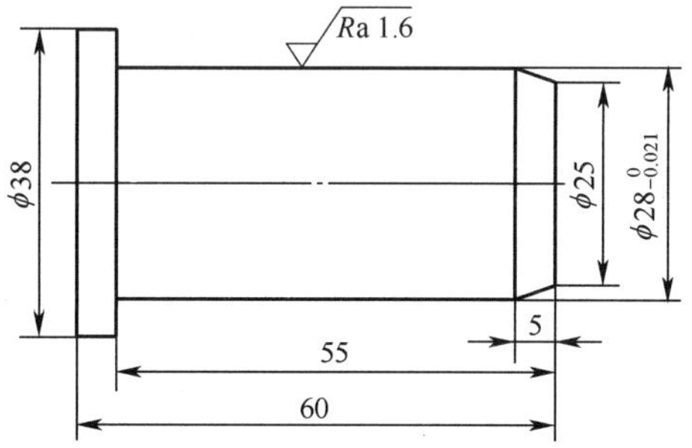

图 1-1　销轴零件图

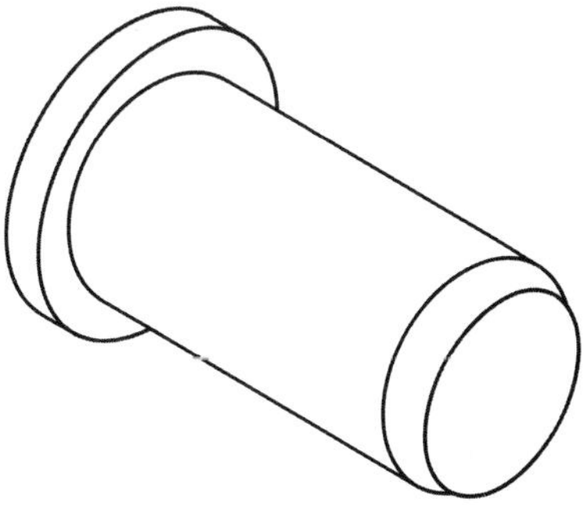

图 1-2　销轴零件三维实体图

知识链接

一、数控车削加工对象

数控车床是当今应用较为广泛的数控机床之一，它主要用于加工轴类、盘类等回转体零件的内外圆柱面、任意角度的内外圆锥面、复杂回转内外曲面、圆柱、圆锥螺纹等，并能进行切槽、钻孔、扩孔、铰孔、镗孔等切削加工，如表 1-1 所示。由于数控车床有加工精度高，能做直线和圆弧插补，以及在加工过程中能自动变速的特点，因此数控车削的工艺范围较普通车床宽得多。

表 1-1　　数控车削加工对象

加工方式	图例	加工方式	图例
车外圆	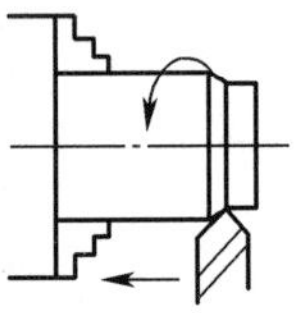	车端面	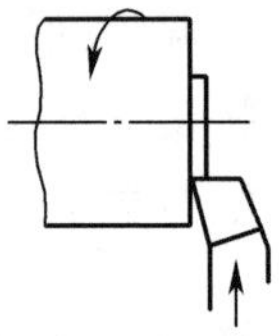
车圆锥	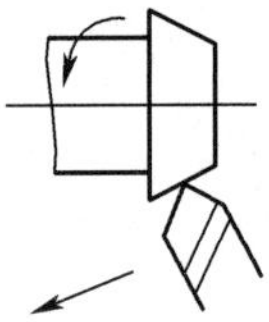	车成型面	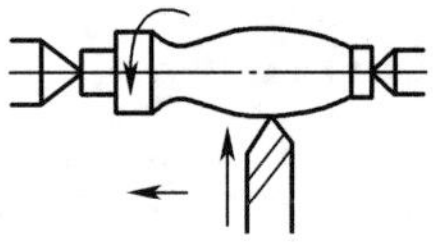
车槽和切断	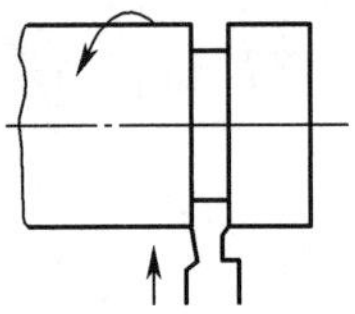	车螺纹	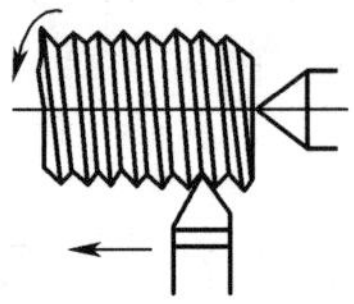
钻顶尖孔	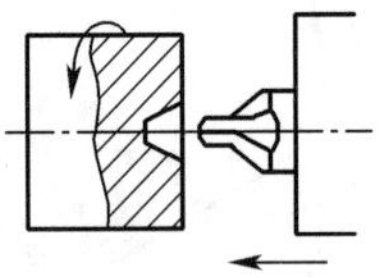	钻孔	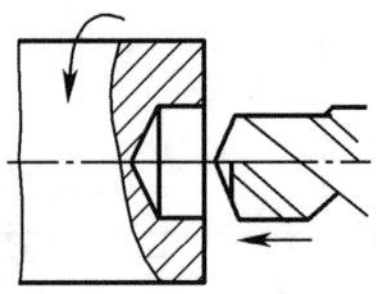
车内孔	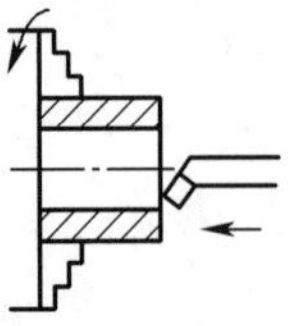	铰孔	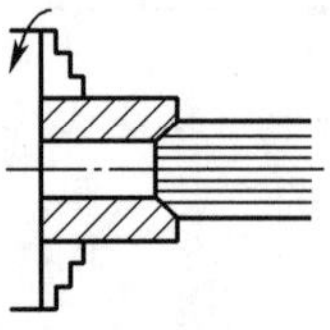

续表

加工方式	图例	加工方式	图例
攻丝	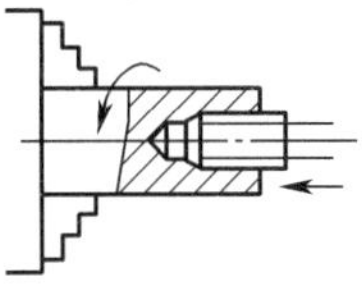	滚花	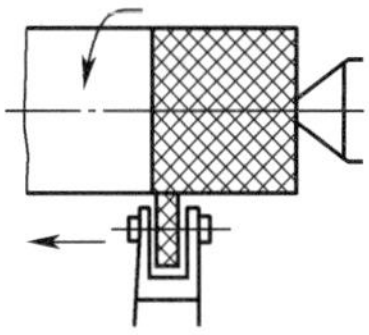

与普通车床相比，数控车削加工对象的特点如表 1-2 所示。

表 1-2　　数控车削加工特点

特点	图例	说明
加工零件精度要求高		在有些场合可以以车代磨，能加工对母线直线度、圆度、圆柱度要求高的零件
加工零件表面粗糙度好		能加工出表面粗糙度小的零件、车削各部位表面粗糙度要求不同的零件
加工零件轮廓形状复杂	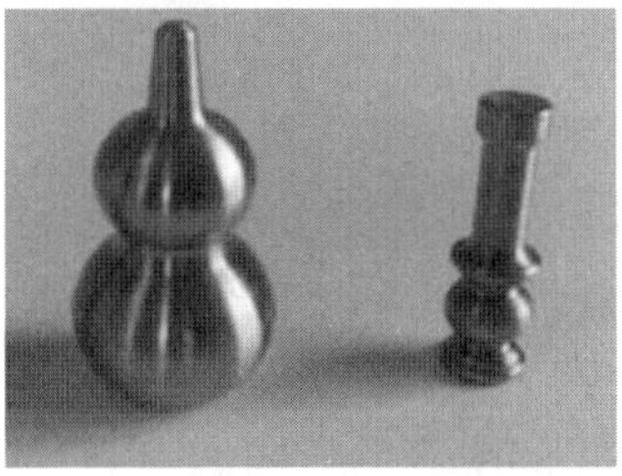	直接使用圆弧指令来加工圆弧轮廓。可加工由任意平面曲线所组成的轮廓回转零件
加工零件带一些特殊类型螺纹		加工任何等节距直、锥面，公、英制和端面螺纹，且能加工增节距、减节距，以及要求等节距、变节距之间平滑过渡的螺纹

续表

特点	图例	说明
加工零件属于超精密、超低表面粗糙度		磁盘、录像机磁头、激光打印机的多面反射体、复印机的回转鼓，照相机等光学设备的透镜及其模具，以及隐形眼镜等

二、数控机床坐标系与工件坐标系

任何型号的机床都有一个基础的坐标系，即机床坐标系。虽然机床坐标系往往不是机床真正的坐标系，但是其他坐标系都是以机床坐标系为基础平移产生的。

1. 机床坐标系确定原则

机床坐标系是根据 GB/T 19660—2005《工业自动化系统与集成机床数值控制坐标系和运动命名》来确定的。

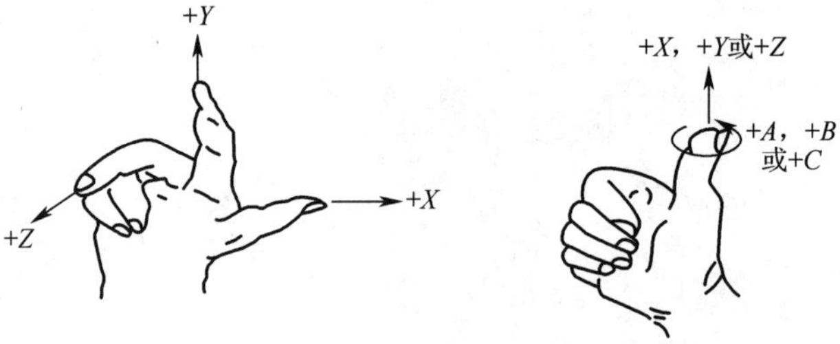

(a) 笛卡尔直角坐标系　　(b) 右手螺旋法

图 1-3　笛卡尔直角坐标系与右手螺旋法

（1）刀具相对静止工件而运动的原则。

（2）标准机床坐标系的规定：用右手笛卡尔直角坐标系规定 *X*、*Y*、*Z* 三个坐标轴方向；用右手螺旋方法规定 *A*、*B*、*C* 三个旋转坐标的正方向（图 1-3）。

（3）运动的正方向：增大刀具与工件之间距离的方向。

2. 机床坐标系坐标轴的判定方法

在判定机床坐标轴时，一般先判定 *Z* 轴，再判定 *X* 轴，最后按右手笛卡尔坐标系判定 *Y* 轴，其判定方法见表 1-3。常见数控车床的坐标系如图 1-4 所示。

表 1-3　　数控车床坐标轴的判定

坐标轴	判定方法
Z 轴	数控车床 Z 轴是由传递切削动力的主轴所确定的，与主轴的回转中心线方向平行，正方向为刀具远离工件的方向
X 轴	数控车床 X 轴一般是水平的，它平行于工件的装夹平面，且平行于横向滑板，正方向为刀具远离工件的方向
Y 轴	根据 X 和 Z 坐标运动方向，按照右手笛卡尔坐标系来确定

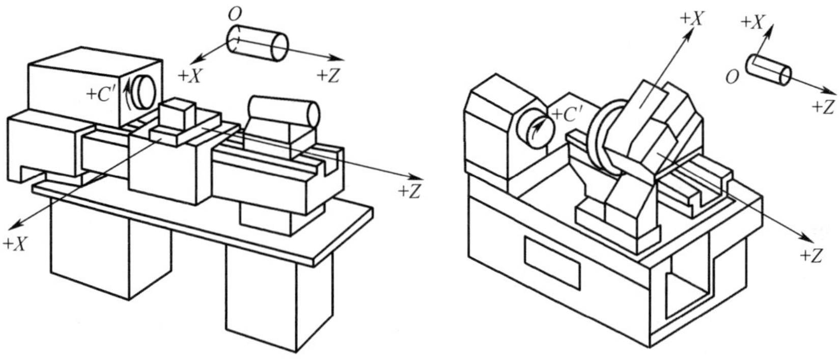

(a) 前置刀架平床身　　(b) 后置刀架斜床身

图 1-4　数控车床坐标系

3. 机床坐标系关键点的剖析

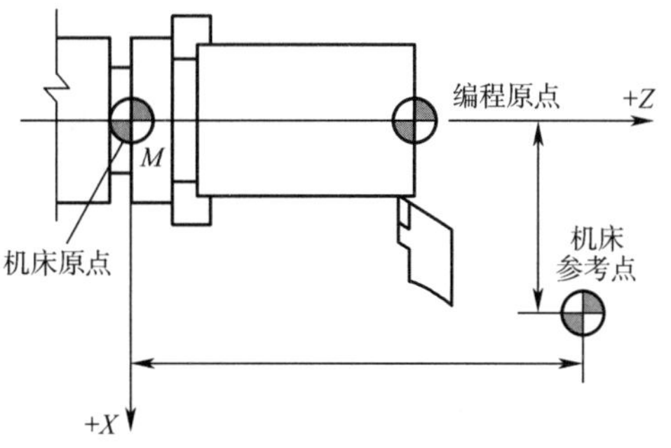

图 1-5　机床参考点与原点的关系

机床坐标系中关键点有机床原点、机床参考点、编程原点等，如图 1-5 所示。与刀具相关的还有机床刀位点和刀尖点，现列表说明如下。

表 1-4　　机床坐标系关键点

机床及刀具关键点	说　　明
机床原点	是指机床坐标系的原点，是在机床上设置的一个固定点。它不仅是在机床上建立工件坐标系的基准点，而且还是机床调试和加工时的基准点。数控机床类型不同，其机床原点也不同，通常车床的机床原点设在卡盘端面与主轴中心线交点处，而铣床的机床原点则设在机床 X、Y、Z 三根轴正方向的运动极限位置
机床参考点	参考点的位置是由机床制造厂家在每个进给轴上用限位开关精确调整好的，坐标值已输入数控系统中，因此参考点对机床原点的坐标是一个已知数。数控机床开机时，必须先确定机床参考点，即刀架返回参考点的操作。只有机床参考点被确认后，刀具移动才有基准
编程原点	编程人员为了编程方便，自行设定的一个点。一般在坯料的端面中心
机床刀位点	是刀架台上某一受控、可移动点，机床的刀位点可以理解成为刀台换刀时的旋转中心
刀尖点	每把刀都有一个相对刀位点位置固定的刀尖点，但是可以随着刀台移动

4. 机床显示坐标值的理解

一般初学者都很难理解机床参考点的含义，也不好辨别机床主界面显示的坐标值含义。

（1）机床刀位点是刀架台上的一个点，机床操作者在控制刀具（连同刀架台）移动时，刀位点也跟着移动，与刀架台位置始终不变。

（2）刀位点不随着刀架台的转动而变化位置，当刀架台转动时（换刀），刀位点坐标值（位置）不变。

（3）平时机床 MDI 主界面显示的绝对坐标值是刀位点在（G54 坐标系下的）坐标值，而不是刀尖点的坐标值。

（4）严格地说，机床参考点是固定的。机床原点不是固定的。因为每个 FANUC 系统机床回零后显示的坐标值不一定是 X600 和 Z1010，而且这个回零值可以通过参数设定。

（5）机床回零后，参考点与刀位点重合在一个绝对固定的点。这个点的真正位置我们并不关心。

三、数控程序的结构及功能指令

数控程序是若干个程序段的集合。每个程序段独占一行。每个程序段由若干个字组成，每个字由地址和跟随其后的数字组成。地址是一个英文字母。一个程序段中各个字的位置没有限制，但是，长期以来如表 1-5 所示的排列方式已经成为大家都认可的方式：

表 1-5　　程序字排列方式

N-	G-	X-Y-Z-	A-B-C	F-	S-	T-	M-	LF
行号	准备功能	坐标位置代码		进给速度	主轴转速	刀具号	辅助功能	行结束

在一个程序段中间如果有多个相同地址的字出现，或者同组的 G 功能，取最后一个有效。

1. 行号 N

N××××是程序的行号，可以不要，但是有行号，在编辑时会方便些。行号可以不连续。行号最大为 9999，超过后再从 1 开始。

选择跳过符号“/”，只能置于一程序的起始位置，如果有这个符号，并且机床操作面板上“选择跳过”打开，本条程序不执行。这个符号多用在调试程序，如在开冷却液的程序前加上这个符号，在调试程序时可以使这条程序无效，而正式加工时使其有效。

2. 准备功能 G

地址“G”和数字组成的字表示准备功能，也称之为 G 功能（G 代码），见表 1-6。G 功能根据其功能分为若干个组，在同一条程序段中，如果出现多个同组的 G 功能，那么取最后一个有效。

表 1-6　　准备功能指令

代码	组别	功　能	附注	代码	组别	功　能	附注
G00	01	快速定位	模态	G65	00	宏程序调用	非模态
G01		直线插补	模态	G66	12	宏程序调用	模态
G02		顺时针圆弧插补	模态	G67		宏程序调用取消	模态
G03		逆时针圆弧插补	模态	G70	00	精车复合循环	非模态
G04	00	暂停	非模态	G71		外圆/孔粗车复合循环	非模态
G20	06	英寸输入	模态	G72		端面粗车复合循环	非模态
G21		毫米输入	模态	G73		仿形粗车复合循环	非模态
G27	00	返回参考点检查	非模态	G74		端面钻削复合循环	非模态
G28		返回参考点	非模态	G75		切槽复合循环	非模态
G32	01	等螺距切削	模态	G76		螺纹切削复合循环	非模态
G40	07	取消刀具半径补偿	模态	G90	00	外圆/内孔固定循环	模态
G41		刀具半径补偿（左）	模态	G92		螺纹车削固定循环	模态
G42		刀具半径补偿（右）	模态	G94		端面车削固定循环	模态

续表

代码	组别	功　能	附注	代码	组别	功　能	附注
G50	00	工件坐标系的设立	非模态	G96	02	恒线速控制	模态
G54	14	选择工件坐标系 1	模态	G97		恒转速控制	模态
G55		选择工件坐标系 2	模态	G98	05	每分钟进给速度	模态
G56		选择工件坐标系 3	模态	G99		每转进给速度	模态
G57		选择工件坐标系 4	模态				
G58		选择工件坐标系 5	模态				
G59		选择工件坐标系 6	模态				

G 功能分为模态与非模态两类。一个模态 G 功能被指令后，直到同组的另一个 G 功能被指定才无效。而非模态的 G 功能仅在当前程序段中有效。举例如下：

……

N10 G01 X250 Y320

N12 G01 Z-120

N13 X380 Y400

……

在这个例子的 N12 这条程序中出现了“G01”功能，由于这个功能是模态的，所以尽管在 N13 这条程序中没有“G01”，但是其作用还是存在的。

3. 进给功能 F

地址“F”后跟四位数字，格式：F××××

在含有 G99 程序段后面，再遇到 F 指令时，则认为 F 所指定的进给速度单位为 mm/r。系统开机状态为 G99，只有输入 G98 指令后，G99 才被取消。而 G98 为每分钟进给，单位为 mm/min。

4. 主轴转速 S

地址“S”后跟四位数字，格式：S××××

G96 是接通恒线速度控制的指令，当 G96 执行后，S 后面的数值为切削速度。例如：G96　S100 表示切削速度为 100m/min。

G97 是取消 G96 的指令。执行 G97 后，S 后面的数值表示主轴每分钟转数。例如：G97　S800 表示主轴转速恒定为 800r/min，系统开机状态为 G97 指令。

5. 刀具功能 T

地址“T”后跟四位数字，格式：T××××

该指令用来控制数控系统进行选刀和换刀。用地址 T 和其后的数字来指定刀具号和刀具补偿号，例如 T0202 表示采用 2 号刀具和 2 号刀补。

6. 辅助功能 M

地址“M”和两位数字组成的字表示辅助功能，也称之为 M 功能，见表 1-7。

表 1-7　辅助功能指令

代码	意义	代码	意义
M00	程序暂停运行	M05	主轴停止转动
M01	选择性停止	M07	吹起
M02	结束程序运行	M08	冷却液开启
M03	主轴正向转动开始	M09	冷却液关闭
M04	主轴反向转动开始	M30	结束程序运行并返回程序开头

四、常用编程指令 G54、G90/G91、G00、G01

1. 机床当前坐标系设置指令 G54~G59

前面提到，CNC 只能使用 G54~G59 六个坐标系，而这六个坐标系又是以机床坐标系为基础的。因此我们可以通过设置 G54~G59 六个坐标系与机床坐标系的偏移量来设置六个坐标系的位置。如表 1-8 所示的坐标系偏置设置，则 G54~G59 六个坐标系与机床坐标系的位置关系如图 1-6 所示。

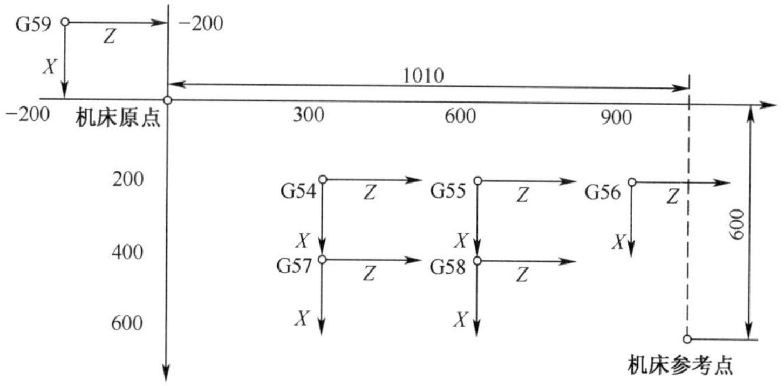

图 1-6　“表 1-8”偏置设置时 G54~G59 坐标系与机床坐标系的位置关系

表 1-8 某机床坐标系偏置设置值

	X	Z
G54	200	300
G55	200	600
G56	200	900
G57	400	300
G58	400	600
G59	-200	-200

2. 绝对尺寸和增量尺寸

在加工程序中，坐标尺寸值有绝对尺寸和增量尺寸两种表达方法。绝对尺寸又称为绝对坐标，指机床运动部件刀具的坐标尺寸值相对于坐标原点给出。增量尺寸又称增量坐标，指机床运动部件刀具的坐标尺寸值相对于前一位置的增量值，见表 1-9。

表 1-9 绝对尺寸和增量尺寸对比

	绝对尺寸	增量尺寸
图例	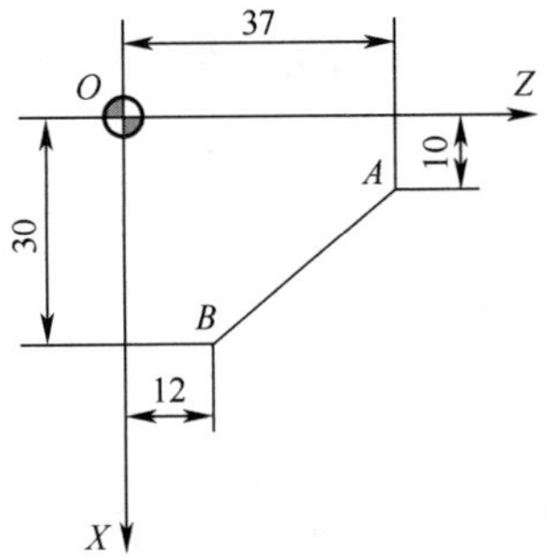	
编程指令	G90	G91
坐标尺寸字	X、Y、Z	车床 U、V、W/铣床 X、Y、Z
坐标值基准	编程坐标系	前一坐标点
程序	A→B：G90 G01 X30 Z12 F200	A→B：G91 G01 X20 Z25 F200
注意事项	在数控车床的程序中，用 X、Z 后面跟绝对尺寸，U、W 后面跟增量尺寸。在数控铣床的程序中，用 G90 表示绝对坐标，用 G91 表示增量坐标，后面都用 X、Y、Z 尺寸字，不用 U、V、W	

3. 模态指令、非模态指令

一般我们把指令分为模态指令与非模态指令两种，详见表 1-6。

（1）非模态指令指该指令只在其出现的程序段中才有效。通俗一点讲就是一次性使用的，比如 M00 指令。

（2）模态指令是指该指令在某行输入后，此后的程序行段内一直有效的指令；直到下一个同组的指令注销后才失效。比如 G01、G41、G42、G40 以及 F、S 等。

而模态指令中又有默认模态指令和一般模态指令。默认模态指令是指机床每次断电后，又重新上电（即 CNC 系统内存清空后）开机时；数控系统总是不需要编程者指定声明，就已经生效的指令，例如 G54、G21、G90 等指令。

而一般模态指令是指需要编程者指定，例如 G55～G59，以及 G91 等一切非默认模态指令以外的所有模态指令。

4. 直径编程与半径编程

数控车床中，有两种编程方式：直径编程和半径编程，可以通过系统参数进行设置。但是为了方便起见，一般采用直径编程方式。

在 FANUC 0i 数控系统中直径编程或半径编程由 1006 号参数的第三位（DIA）设定，使用直径编程时，注意表 1-10 中所列的条件。

表 1-10　　关于指令直径值得注意事项

项目	注释
X 轴指令	直径值
增量指令	直径值
坐标系设定（G50）	直径值
刀偏值分量	由 5004 号参数的第一位决定
固定循环参数	半径值
圆弧插补中的半径（*R*、*I*、*K* 等）	半径值
沿轴进给速度	半径值
轴位置显示	直径值

5. 快速点位移动 G00

刀具以机床规定的快速移动速度从当前位置移动到目标点位置，其指令格式、参数含义及说明见表 1-11。

表 1-11　　G00 指令格式、参数含义及使用说明

<table>
<tr><td>指令格式</td><td colspan="2">G00　X（U）　Z（W）</td></tr>
<tr><td>说明</td><td colspan="2">该指令用于刀具快速移动到指定位置，如参考图所示</td></tr>
<tr><td>参考图</td><td>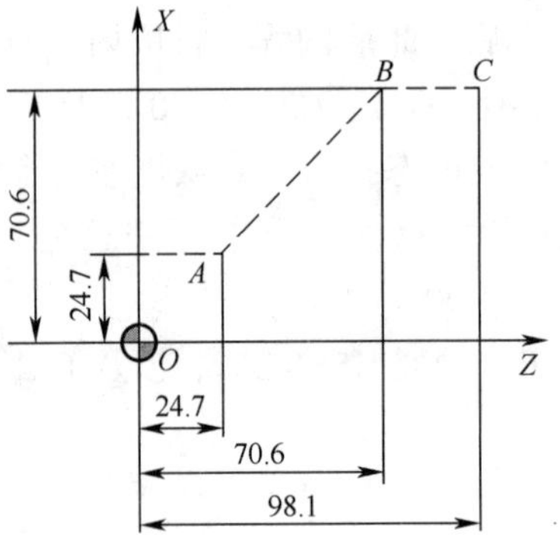
</td><td>刀具从 A 点快速移动到 C 点，编写程序如下：
移动轨迹：A→B→C（AB 段是 45°直线）
1. 绝对坐标编程方式
G00　X141.2　Z98.1
2. 增量坐标编程方式
G00　U91.8　W73.4</td></tr>
<tr><td>参 数</td><td colspan="2">含　　义</td></tr>
<tr><td>X、Z</td><td colspan="2">绝对值编程时终点在工件坐标系中的坐标</td></tr>
<tr><td>U、W</td><td colspan="2">增量值编程时终点相对于起点的位移量</td></tr>
<tr><td>注意事项</td><td colspan="2">1. G00 移动速度由机床系统参数中分别对每个坐标轴设定，不由 F 指定
2. G00 一般用于加工前快速定位或加工后快速退刀，快移速度可由面板上的快速修调按钮调节
3. G00 在执行时，各轴以各自的速度移动，不能保证各轴同时到达终点，即合成轨迹不一定是直线，操作时应小心，避免刀具与工件发生碰撞。常见的做法是先将 X 轴移动到安全位置，再执行 G00 指令</td></tr>
</table>

6. 直线插补 G01

直线插补也称直线切削，该指令使刀具以直线插补运算联动方式由某坐标点移动到另一坐标点，移动速度由进给功能指令 F 来设定，其指令格式、参数含义及说明见表1-12。

表 1-12　　G01 指令格式、参数含义及使用说明

指令格式	G01　X（U）　Z（W）　F
说明	直线插补是指刀具从当前位置按线性路线（联动直线轴的合成轨迹为直线）移动到程序段指令的终点，如参考图所示

续表

<table>
<tr><td>参考图</td><td>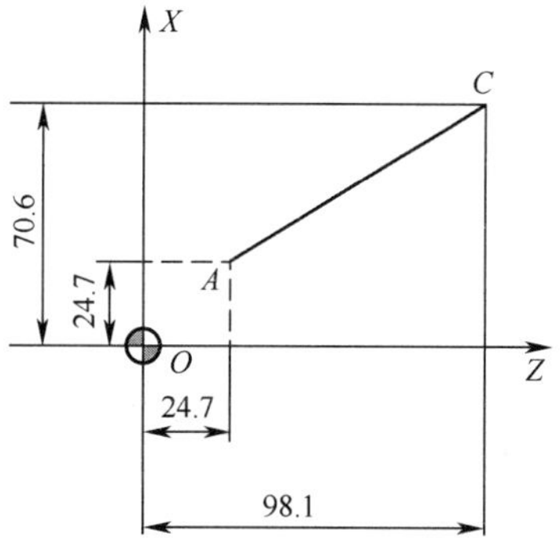
</td><td>刀具从 A 点直线插补移动到 C 点，编写程序如下：
移动轨迹：A→C
1. 绝对坐标编程方式
G01　X141.2　Z98.1　F100
2. 增量坐标编程方式
G01　U91.8　W73.4　F100</td></tr>
<tr><td>参 数</td><td colspan="2">含　　　义</td></tr>
<tr><td>X、Z</td><td colspan="2">绝对值编程时终点在工件坐标系中的坐标，X 默认为直径值</td></tr>
<tr><td>U、W</td><td colspan="2">增量值编程时终点相对于起点的位移量，U 默认为直径值</td></tr>
<tr><td>注意事项</td><td colspan="2">1. G01 指令是指刀具以联动方式，按 F 规定的合成进给速度，从当前位置按线性路线（联动直线轴的合成轨迹为直线）移动到程序段指令的终点
2. G01 一般用于工进或切削。进给速度可由面板上的进给修调按钮调节
3. G01 为模态指令，下一程序段指令为 G01 时可以省略
4. F 指定的进给速度一直有效，直到指定新值。因此不必对每个程序段都指定 F，如果程序中没有指令 F 代码，进给速度被当作零或系统报警</td></tr>
</table>

项目实施

销轴由外圆面、台阶、倒角及端面构成，这些表面也是组成轴类零件的最基本表面，在数控车床上加工时主要考虑如何选择切削刀具、走刀路线、切削用量等工艺知识及相关编程知识。

一、制定加工工艺

1. 分析零件图

如图 1-1 所示，该销轴零件结构简单，由端面、外圆柱面、外圆锥面组成，零件的尺寸精度不高，ϕ28mm 外圆面 IT8 级。从右至左，零件的外径依次增大。

2. 确定装夹方案

该零件为轴类零件，中心轴线为工艺基准，加工外表面用三爪自定心卡盘夹持毛坯外圆，如图 1-7 所示，一次装夹完成加工。

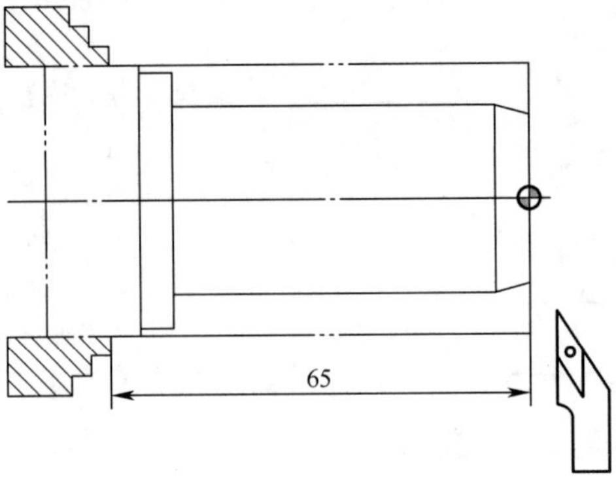

图 1-7　销轴零件装夹

3. 确定工艺路线及走刀路线

本项目零件尺寸精度和表面质量要求不高，但 ϕ28mm 外圆切削余量较大，故需分粗、精加工完成，综合分析后拟定工艺路线为：车端面—粗车外圆—精车外圆—切断。

根据拟定的工艺路线确定销轴零件的加工步骤及走刀路线，见表 1-13。

表 1-13　　销轴零件工步走刀路线

工步号	工步内容	示意图
1	车端面，见平	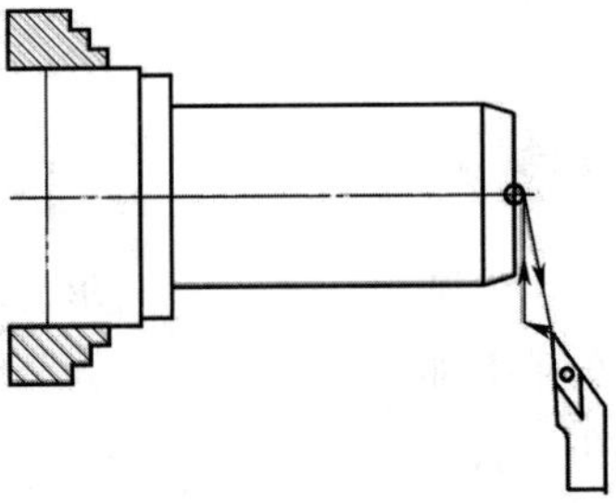
2	粗车 ϕ38mm、ϕ28mm 外圆，留 0.5mm 余量	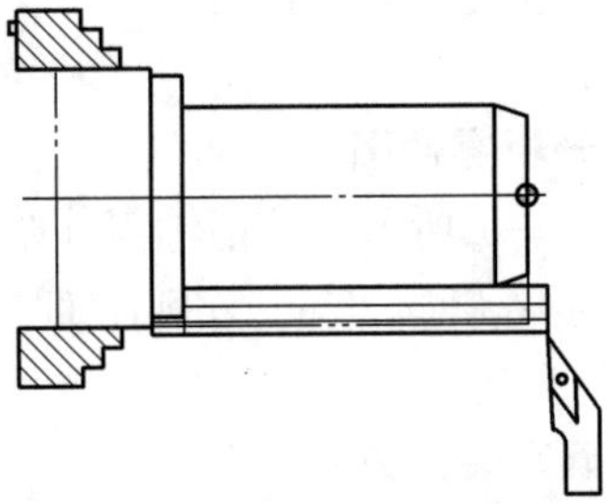

续表

工步号	工步内容	示意图
3	从右至左精加工各面到尺寸	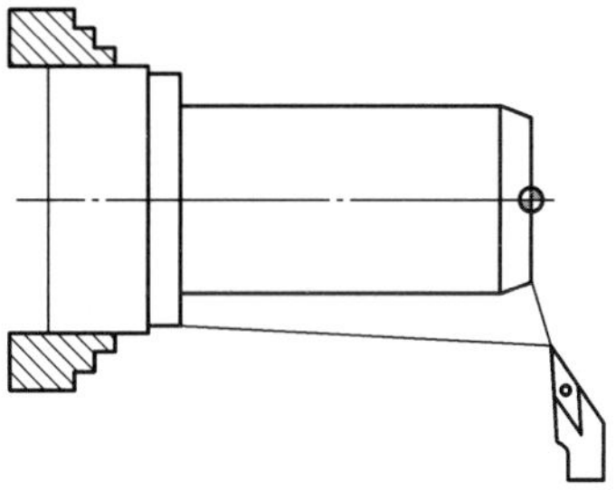
4	切断，保证总长	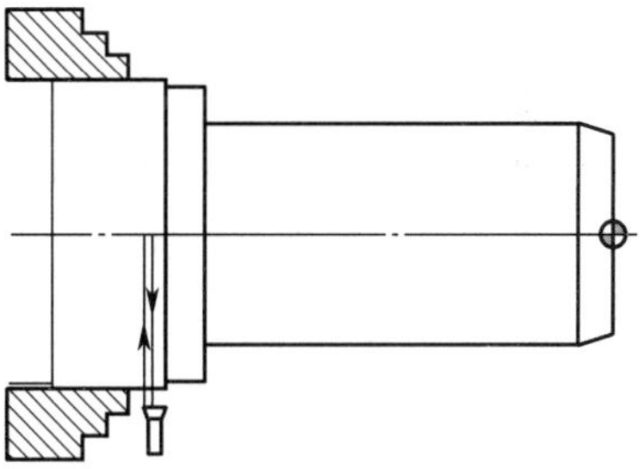

4. 选择刀具

该零件尺寸和表面质量要求不高，用一把刀即可完成所有表面加工。零件有一个台阶面，故车刀主偏角应大于 90°，取 93°。根据学院实际条件选用可转位车刀，如表 1-14 所示。

表 1-14　　销轴零件刀具卡

序号	刀具号	刀具名称	规格型号	数量	加工内容	备注
1	T0101	93°外圆车刀	93°	1	用于车端面和粗、精车外圆	
2	T0202	切槽/切断刀	3mm	1	切断	

5. 制定工艺文件

经过上面的分析，制定销轴零件的数控加工工序卡如表 1-15 所示。

表 1-15　　销轴零件数控加工工序卡

材料	45 钢	零件图号			系统	FANUC	工序号	
操作序号	工步内容（走刀路线）		装夹序号	刀具 T	切削用量			
					转速 S（n）/（r/min）	进给速度 F/（mm/min）	背吃刀量/mm	
（1）	车端面		1	T0101	800～1000	50	0.5～1	
（2）	粗车 ϕ25mm、ϕ20mm、ϕ15mm 外圆，留余量 0.5mm		1	T0101	800～1000	150	0.5～2	
（3）	从右至左精加工各面		1	T0101	1200～1500	100	0.5	
（4）	切断		1	T0202	300	40		

二、编程（原点、参考程序）

（1）设定编程原点，编程原点设在零件右端面中心。

（2）参考程序见表 1-16。

表 1-16　　销轴零件数控加工参考程序

数控车床程序卡	编程原点	零件的右端面中心			编写日期	
	零件名称	销轴	零件图号		材料	45 钢
	车床型号	CK6132	夹具名称	三爪卡盘	实训车间	数控基地
程序数	1			编程系统	FANUC 0i	
序号	程序			简要说明		
	O0001			程序名		
N10	T0101			换 1 号刀，建立加工坐标系		
N20	G98 G97 G40			程序初始设置		
N30	M03　S900			启动主轴，转速 900r/min		
N40	G00　X45　Z0			快速定位到端面切削起点		
N50	G01　X-0.5　F50			车端面		
N60	G00　X38.5　Z2			快速定位到粗车外圆起始点		
N70	G01　Z-62　F150			粗车 ϕ38mm 外圆，留 0.5mm 余量		
N80	X40			退刀		

续表

<table>
<tr><td rowspan="3">数控车床程序卡</td><td>编程原点</td><td colspan="3">零件的右端面中心</td><td>编写日期</td><td></td></tr>
<tr><td>零件名称</td><td>销轴</td><td>零件图号</td><td></td><td>材料</td><td>45 钢</td></tr>
<tr><td>车床型号</td><td>CK6132</td><td>夹具名称</td><td>三爪卡盘</td><td>实训车间</td><td>数控基地</td></tr>
<tr><td>程序数</td><td colspan="3">1</td><td>编程系统</td><td colspan="2">FANUC 0i</td></tr>
<tr><td>序号</td><td colspan="3">程序</td><td colspan="3">简要说明</td></tr>
<tr><td>N90</td><td colspan="3">G00　Z2</td><td colspan="3" rowspan="2">定位到下一刀切削起始点</td></tr>
<tr><td>N100</td><td colspan="3">X28. 5</td></tr>
<tr><td>N110</td><td colspan="3">G01　Z-55　F150</td><td colspan="3">粗车 ϕ28mm 外圆，留 0. 5mm 余量</td></tr>
<tr><td>N120</td><td colspan="3">X40</td><td colspan="3">退刀</td></tr>
<tr><td>N130</td><td colspan="3">G00　Z2</td><td colspan="3" rowspan="2">定位到下一刀切削起始点</td></tr>
<tr><td>N140</td><td colspan="3">X25</td></tr>
<tr><td>N150</td><td colspan="3">S1500</td><td colspan="3">精车，提高转速 S 到 1500r/min</td></tr>
<tr><td>N160</td><td colspan="3">G01 Z0 F50</td><td colspan="3">定位至圆锥面切削起点</td></tr>
<tr><td>N170</td><td colspan="3">X28　Z-5　F100</td><td colspan="3">精车圆锥外圆面</td></tr>
<tr><td>N180</td><td colspan="3">Z-55</td><td colspan="3">精车 ϕ28mm 外圆</td></tr>
<tr><td>N190</td><td colspan="3">X38</td><td colspan="3">定位</td></tr>
<tr><td>N200</td><td colspan="3">Z-60</td><td colspan="3">精车 ϕ38mm 外圆</td></tr>
<tr><td>N210</td><td colspan="3">G00　X50 Z100</td><td colspan="3">退刀至换刀点</td></tr>
<tr><td>N220</td><td colspan="3">T0202</td><td colspan="3">换 2 号切断刀，使用 2 号刀补</td></tr>
<tr><td>N230</td><td colspan="3">S300</td><td colspan="3">降低主轴转速至 300r/min</td></tr>
<tr><td>N240</td><td colspan="3">G00　X40　Z-63</td><td colspan="3">定位至切断工件处</td></tr>
<tr><td>N250</td><td colspan="3">G01　X0　F40</td><td colspan="3">切断工件</td></tr>
<tr><td>N260</td><td colspan="3">G00　X50　Z100</td><td colspan="3">退回换刀点</td></tr>
<tr><td>N270</td><td colspan="3">M30</td><td colspan="3">程序结束、返回程序起点</td></tr>
</table>

三、销轴零件数控加工

将编好的数控程序传到 CK6132 数控车床，然后装夹毛坯，建立工件坐标系，加工零件。主要操作步骤如下：

（1）机床开机，回参考点，准备机床。

（2）输入数控程序，并检查。

（3）工件安装，夹住毛坯外圆，毛坯伸出卡盘端面65mm。

零件的夹紧操作要注意夹紧力与装夹部位，夹持毛坯时夹紧力可大些；夹持已加工表面，夹紧力就不可过大，以防止夹伤零件表面，还可用铜皮包住表面进行装夹；有台阶的零件尽量让台阶靠着卡爪端面装夹；带孔的薄壁件需用专用夹具（心轴）装夹，以防止变形。

（4）安装刀具，在1号刀位安装外圆车刀，在2号刀位安装切断刀。安装时注意刀尖高度与工件的回转中心线等高，刀尖伸出长度约为刀具厚度的1.5倍。

（5）对刀操作，将外圆车刀、切槽刀采用试切法对刀。刀具对刀完成后，分别进行*X*、*Z*方向对刀验证，检验对刀是否正确。

（6）启动程序，自动加工。

（7）停机后，按图纸要求检测工件，对工件进行误差及质量分析。

项目评价

1. 确定测量工具。

$\phi28_{-0.033}^{\ 0}$mm外圆直径尺寸用外径千分尺测量，其余外径尺寸和台阶长度尺寸精度要求不高，选择游标卡尺测量就能达到要求。量具选用见表1-17。

表1-17　　量具选用表

序号	名称	规格/mm	精度/mm	数量
1	游标卡尺	0~150	0.02	1
2	外径千分尺	25~50	0.01	1

2. 销轴零件质量检查单，见表1-18。

表1-18　　销轴零件质量检查单

项目名称			学号：	
检测项目	序号	检测内容	检测结果	结论
长度	1	5mm		
	2	55mm		
	3	60mm		
外圆	4	ϕ38mm		
	5	ϕ25mm		
	6	$\phi28_{-0.021}^{\ 0}$mm		
表面质量	7	*Ra*1.6μm		

续表

项目名称			学号：	
检测项目	序号	检测内容	检测结果	结论
销轴零件检测结论				
产品不合格 原因分析				
改进措施				

记录员		监考员		检验员		考评员	

3.项目考核，见表 1-19。

表 1-19 **教学项目过程考核评价表**

项目名称：	班级：	姓名： 学号：	指导教师：				
评价项目	评价标准	评价依据（信息、佐证）	评价方式			得分小计	总分
			学生自评	小组互评	教师评价		
			30%	30%	40%		
职业素质（20%）	1.遵守企业管理规定、劳动纪律 2.按时完成学习及工作任务 3.工作积极主动、勤学好问	考勤 工作及学习态度					
专业技能（50%）	1.机床操作正确合理、安全文明生产 2.有零件的工艺分析能力、制定工艺合理 3.程序规范正确 4.夹具、刀具正确使用 5.零件质量合格 6.正确使用检测量具、量仪	工作过程 工艺过程卡 工序卡 程序单 零件质量检验单 安全操作、机床清理					
展示创新（30%）	1.该小组介绍成果是否清晰 2.该小组演示的检测方法操作是否正确 3.该小组的检测量具、量仪保养是否完好 4.该小组的团队精神如何 5.能对不合理处分析原因并提出改进意见 6.做出技术或工艺改良报告，具有创新性	表述能力 展示方式及效果 口头或书面提议 技术或工艺改良报告					
指导教师 综合评价	指导老师签名： 日期：						

注：评价分值均为百分制。

拓展练习

编制图 1-8、图 1-9 的加工程序并加工。

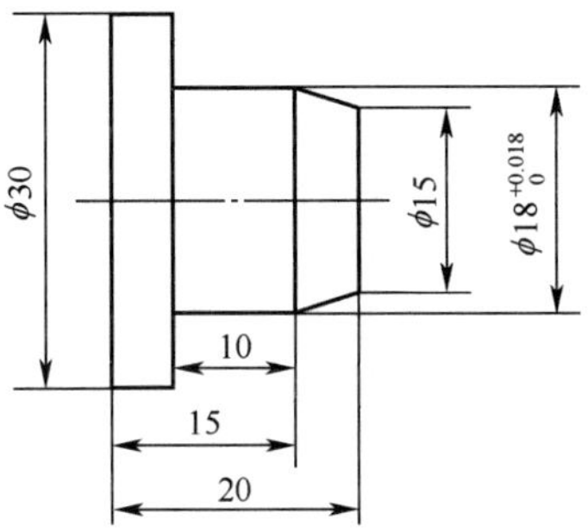

图 1-8 轴 1

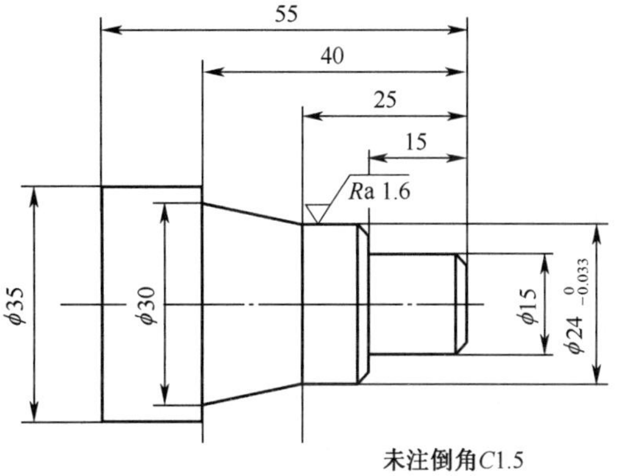

图 1-9 轴 2

项目二 加工小锥度心轴零件

学习目标

1. 掌握 G90 指令的格式及应用
2. 了解常见轴类零件的装夹方法
3. 会小锥度心轴零件的编程与加工
4. 能正确利用常用量具对轴类零件进行测量
5. 培养学生的沟通能力和团队协作精神

项目导读

心轴是组成机器的重要零件之一，其主要功能是支承旋转零件、传递转矩和运动。工作状态的好坏直接影响到整台机器的性能和质量。现有一小锥度心轴零件需要加工，其零件图和三维实体图分别如图 2-1、图 2-2 所示。学生在对其进行编程与加工过程中，学习小锥度心轴零件的车削加工基础知识，进而掌握车外圆、车圆锥面的编程方法。

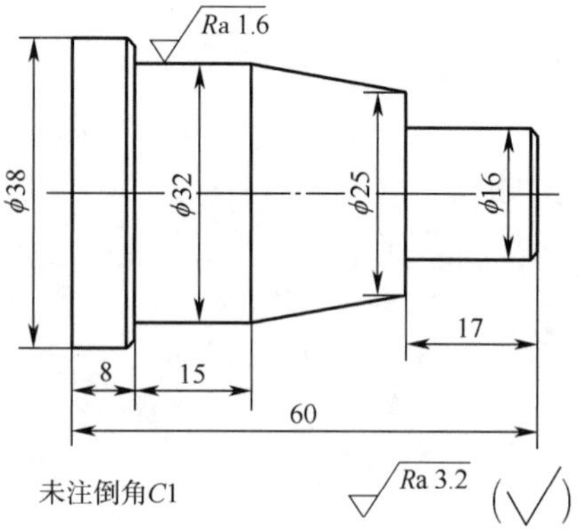

图 2-1 小锥度心轴零件图

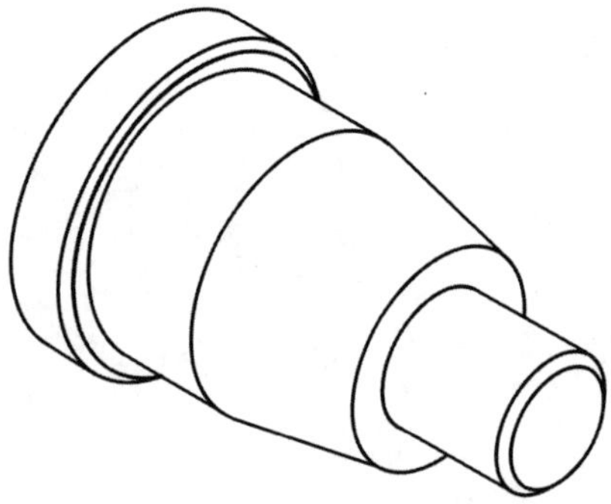

图 2-2 小锥度心轴零件实体图

知识链接

一、轴类零件的装夹要求

1. 工件装夹的原则

（1）用三爪自定心卡盘装夹工件时，若工件直径不大于 30mm，其悬伸长度应不大于直径的 5 倍，若工件直径大于 30mm，其悬伸长度应不大于直径的 3 倍。

（2）当工件长度较长或很长，为增加工件的刚性，防止在车削过程中产生振动、崩刀等，需采用一夹一顶或使用跟刀架。

（3）当加工轴类零件时，各个表面的同轴度要求很高，可采用双顶尖装夹。

（4）加工一些特殊的零件，如薄壁套，要使用辅助夹具。车内孔时使用开口套筒，以减少工件的变形。车外圆时使用小锥度心轴，以内孔定位。

（5）被加工表面的回转轴线与基准面相互垂直的外形较复杂的工件（如壳体）可采用花盘。

2. 轴类零件常用装夹方案

车削加工前，必须将零件放在机床夹具中定位和夹紧，使零件在整个切削过程中始终保持正确的位置。根据轴类零件的形状、大小、精度、数量的不同，可采用不同的装夹方法，常见装夹方案如表 2-1 所示。

表 2-1　　轴类零件装夹方案

装夹方法	图　例	特点与用途
三爪自定心卡盘装夹	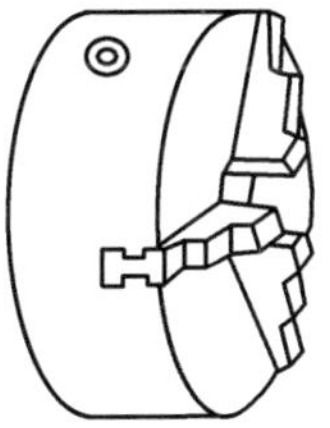	装夹零件方便、省时，但夹紧力较小，常用于装夹外形规则的中、小型零件。三爪自定心卡盘有正爪、反爪两种形式
四爪单动卡盘装夹	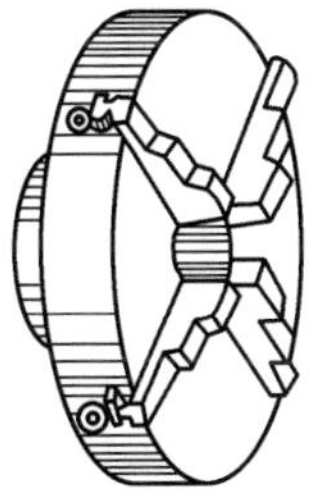	找正比较费时，但夹紧力较大，常用于装夹大型或形状不规则的零件。四爪单动卡盘的卡爪有正爪、反爪两种形式

续表

装夹方法	图　例	特点与用途
双顶尖装夹	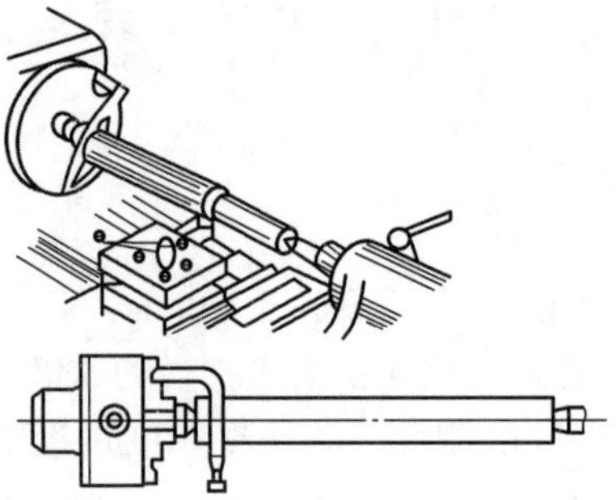	用双顶尖装夹零件方便，无需找正，重复定位精度高，常用于较长的零件或工序较多的零件，装夹前需保证零件总长并在两端钻出中心孔
一夹一顶装夹	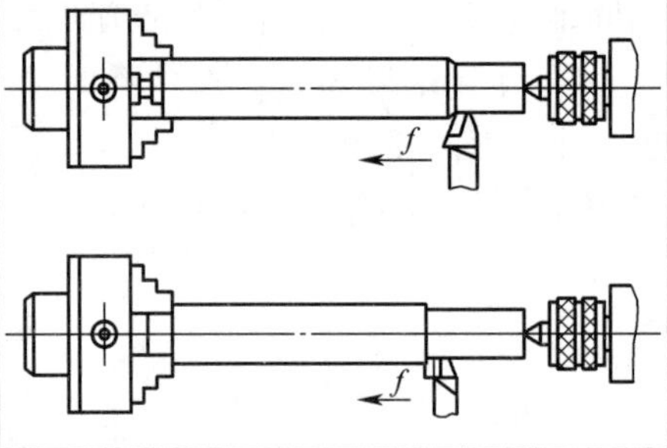	装夹限位安全，刚性好，能承受较大的切削力，应用广泛

二、常用数控车刀的类型

1. 车刀的结构

车刀是由刀头和刀杆组成。刀头用来切削，又称切削部分。刀杆是用来将刀固定在刀架或刀座上的部分，如图 2-3 所示。

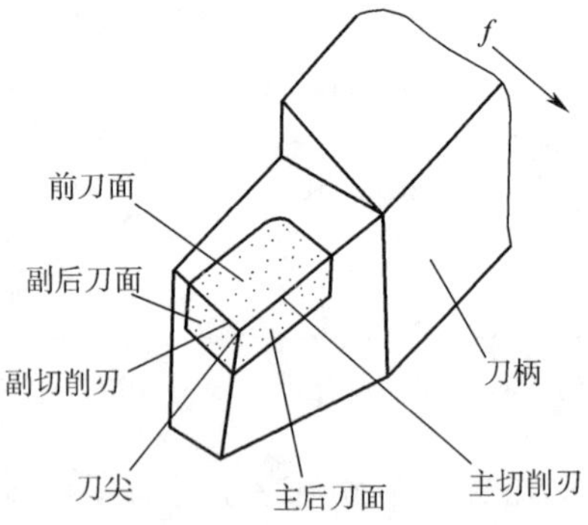

图 2-3　车刀切削部分的结构

车刀的切削部分一般由“三面两刃一尖”组成。其中“三面”是前刀面（切屑流出表面）、主后刀面（与工件加工表面相对的面）、副后刀面（与工件已加工表面相对的面），“两刃”是主切削刃（前刀面与主后刀面的交线，承担主要切削任务）和副切削刃（前刀面与副后刀面的交线，承担少量切削任务），“一尖”即刀尖，是主切削刃和副切削刃的交点，它通常是一小段过渡圆弧。

2. 常见车刀的类型

（1）按用途可分为外圆车刀、端面车刀、切断刀、成型车刀、螺纹车刀和车孔刀等，如图 2-4 所示。

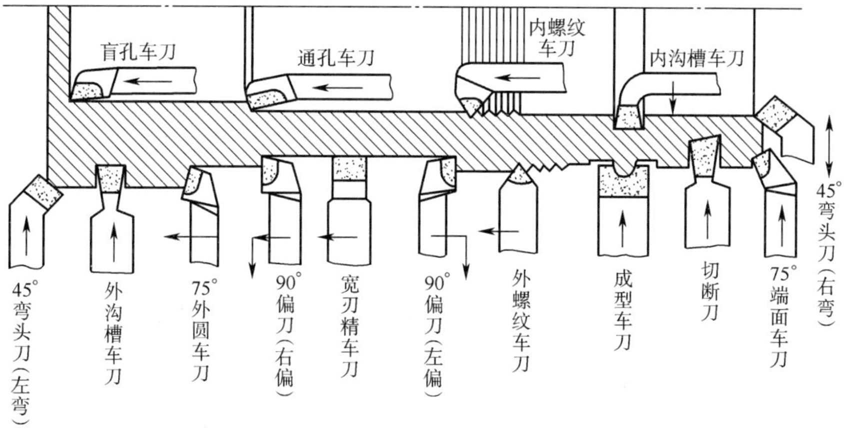

图 2-4　常见车刀的类型

（2）按切削部分的材料不同分为高速钢车刀、硬质合金车刀、涂层硬质合金车刀、陶瓷车刀、金刚石车刀等。

（3）按切削部分与刀体的结构可分为整体式、焊接式、机夹式和可转位车刀，见表 2-2。

表 2-2　　常见车削刀具按结构分类表

分类	图例	特点及用途
整体式	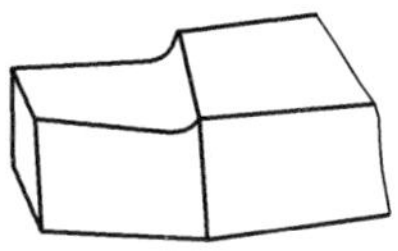	由整块材料磨制而成，使用时可根据不同用途将切削部分修磨成所需要的形状
焊接式	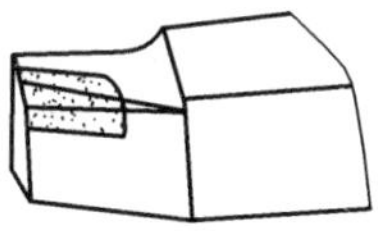	将切削刃焊接在刀体上，刃磨后使用
机夹式		用螺钉杠杆将切削刃压紧在刀头上，切削刃磨损后可以更换
可转位	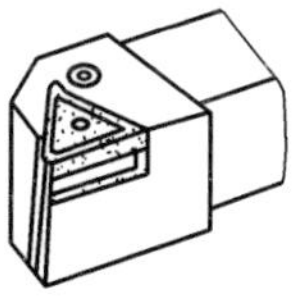	数控车刀的主要形式，刀片由多个切削刃构成，一个切削刃磨损后，只需更换一个方向就能继续使用

数控车床与普通车床的车刀一般无本质的区别，其结构、功能特点是相同的。但是数控工序是自动化的，因此对所用车刀的要求侧重点又有别于普通车床的刀具，数控刀具要求精度高、刚性好、装夹调整方便、切削性能强、耐用度高。因此，数控车削加工时，常常选用可转位车刀。

三、常用编程指令 G20/G21、G90

1. 英制/米制单位指令（G20/G21）

英制与米制转换指定编程坐标尺寸，可编程零点偏置值、进给速度的单位，如表 2-3 所示。机床补偿数据的单位由机床参数设定，要注意查看机床说明书。

表 2-3　英制/米制单位指令格式、参数含义及使用说明

指令代码	含义	使用说明
G20	英制输入	1. 用在程序的开头，坐标系设定之前 2. G20/G21 转换后，F 代码指定的进给速度、坐标尺寸、工件原点偏置、刀具偏置等单位将随之发生改变 3. 接通电源时，英制/米制单位的转换代码保持通电前的状态
G21	米制输入	

2. 单一固定形状循环指令（G90）

该指令用于内、外圆柱面的切削，它将一个连续加工动作 1（R）—2（F）—3（F）—4（R）用一个指令来完成，从而简化程序。G90 是模态指令，其格式及说明见表 2-4。

表 2-4　G90 指令格式、参数含义及使用说明

指令格式	G90　X（U）　Z（W）　R　F
说明	该指令执行时刀具在起点与指定的终点间形成一个封闭的矩形。刀具从起点按先 X 方向起刀走一个矩形循环，如参考图所示
参 数	含 义
X、Z	绝对值编程时终点在工件坐标系中的坐标
U、W	增量值编程时终点相对于起点的位移量
R	锥度量，即圆锥大、小端直径差的 1/2，有正负规定
F	切削进给速度

续表

<table>
<tr><td>参考图</td><td colspan="2">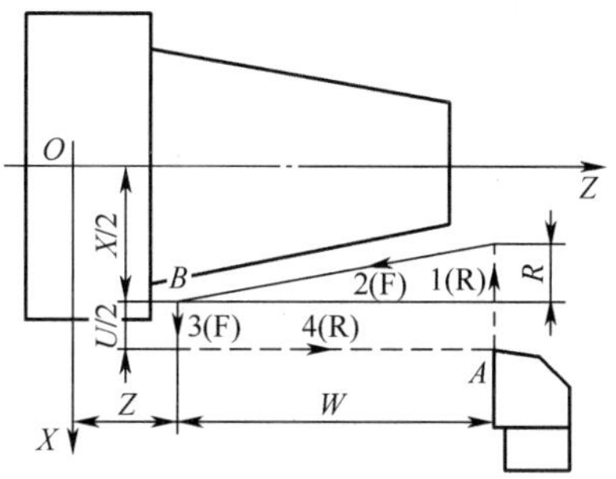
</td><td>（R）：快速移动
（F）：切削移动
图中，A 点为循环起点，B 点为纵向切削终点，注意起点位置以确认安全</td></tr>
<tr><td rowspan="2">锥度 R 的正负规定</td><td>外圆锥</td><td colspan="2">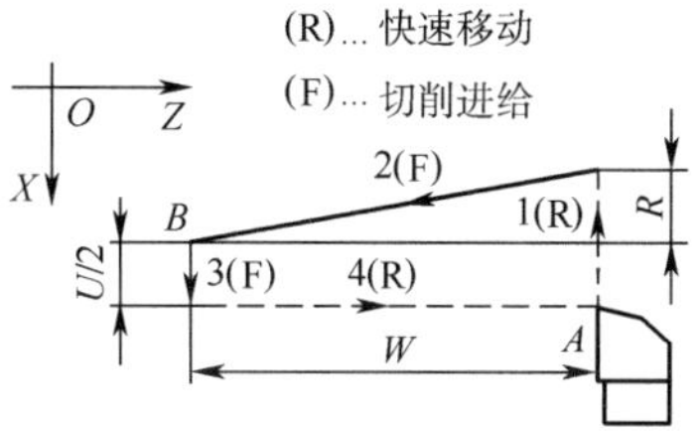

$U<0, W<0, R<0$
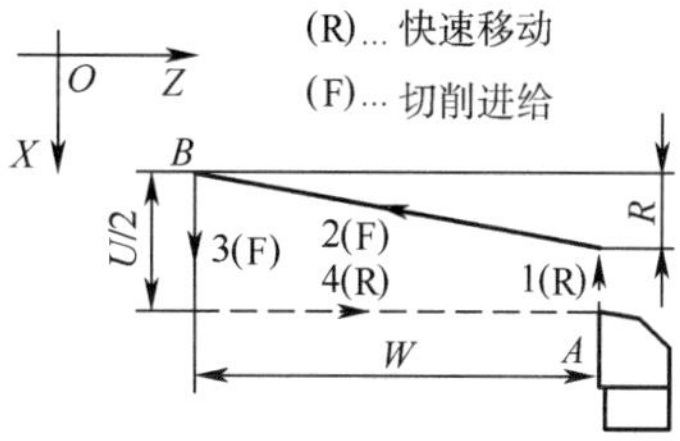

$U<0, W<0, R>0$</td></tr>
<tr><td>内圆锥</td><td colspan="2">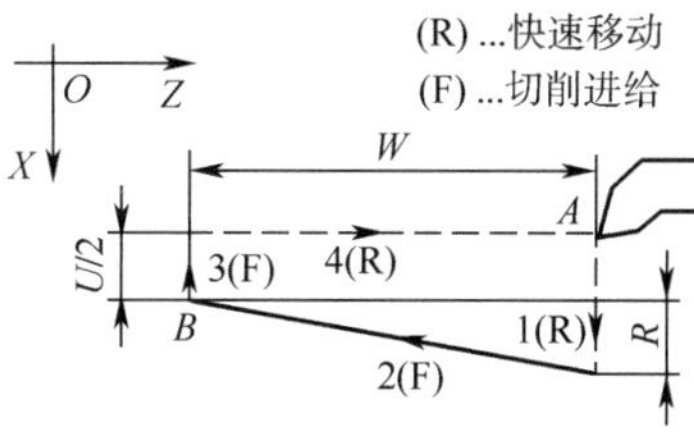

$U>0, W<0, R<0$
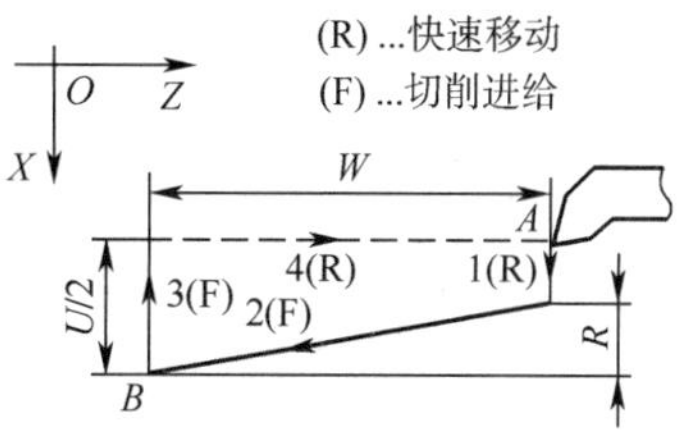

$U>0, W<0, R>0$</td></tr>
<tr><td>注意事项</td><td colspan="3">1. G90 为模态指令，取消需指定 G90、G92、G94 以外的 01 组 G 代码，如 G01、G02 等
2. G90 在单段方式执行时，按下一次循环启动键，将执行 1~4 四个动作</td></tr>
</table>

四、数控车床基本操作

1. FANUC 数控系统面板功能

（1）CRT/MDI 系统操作面板功能。加工型数控车削系统 FANUC 0i Mate-TF 的 CRT-MDI 面板由 CRT 显示屏、MDI 键盘两部分组成，如图 2-5 所示，各组成单元功能如下。

CRT 显示屏：它主要用来显示各功能画面信息，在不同的功能状态下，它显示的内容也不相同。在显示屏下方，有一排功能软键，通过它们可在不同的功能画面之间切换，显示用户所需要的信息。

MDI 键盘：如图 2-5 所示，各键的意义见表 2-5。

地址/数字键：按这些键可输入字母、数字以及其他字符。

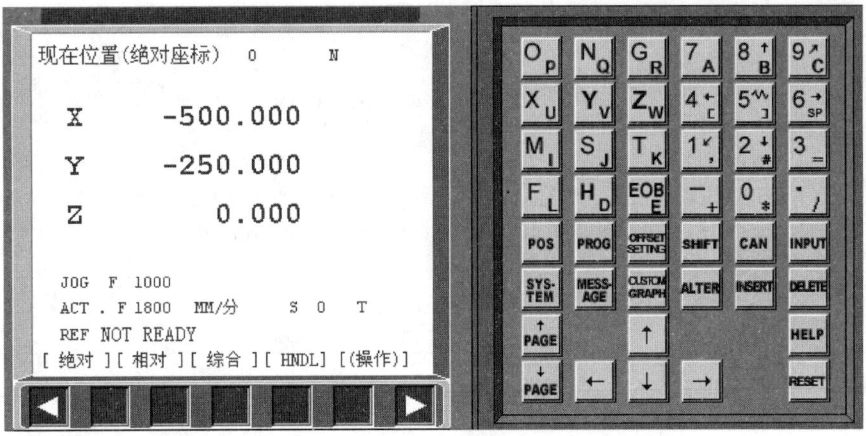

图 2-5　FANUC 0i Mate-TF 数控系统 CRT-MDI 面板

表 2-5　**CK6132 数控车床 MDI 面板的按键功能**

按键	功能	按键	功能	按键	功能
POS	显示位置画面	PROG	显示程序画面	OFFSET/SETTING	显示偏置/设置画面
SYSTEM	显示系统画面	MESSAGE	显示信息画面	GRAPH	显示图形画面
CUSTOM	显示用户宏画面	SHIFT	换挡键	PAGE UP/DOWN	翻页键
CAN	取消键	INPUT	输入键	ALTER	替换
INSERT	插入	DELETE	删除	RESET	复位键
HELP	帮助键				

（2）机床操作面板。数控车床 CK6132 的操作面板如图 2-6 所示，各按键功能见表 2-6。

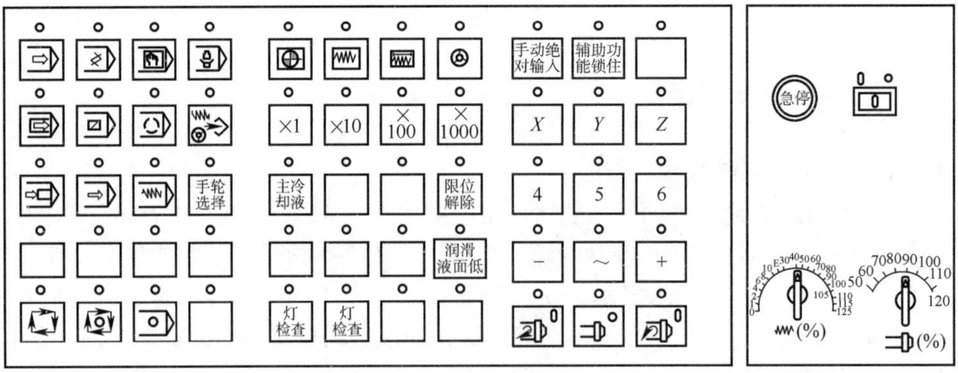

图 2-6　CK6132 的操作面板

表 2-6　　CK6132 操作面板的按键功能

按键	功能	按键	功能	按键	功能
	自动运行方式		程序编辑方式		MDI 方式
	DNC 运行方式	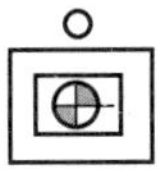	手动回参考点		手动运行方式
	手动增量方式	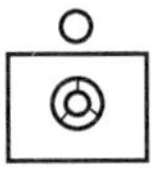	手轮方式	手动绝对输入	手动绝对输入
辅助功能锁住	机床辅助功能锁住		程序单段		跳选程序段
	M01 选择停止	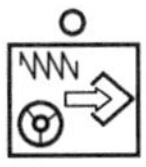	手轮示教方式	×1	倍率 0.001
×10	倍率 0.01	×100	倍率 0.1	×1000	倍率 1
X	*X* 轴	Z	*Z* 轴	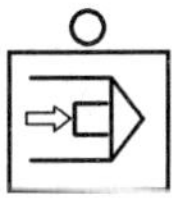	程序再启动
	进给锁住运行		空运行	手轮选择	手轮方式选择
主冷却液	冷却液电机开关	限位解除	超程解除	润滑液面低	润滑液面低报警指示
−	坐标轴负向	～	快速进给	+	坐标轴正向

续表

按键	功能	按键	功能	按键	功能
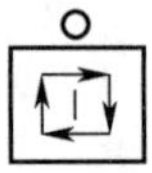	循环启动	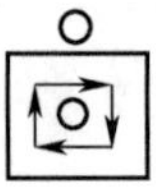	进给保持	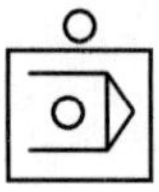	M00 程序停止
	维修灯检查	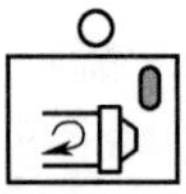	主轴正转	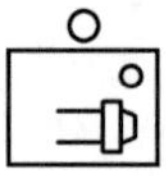	主轴停
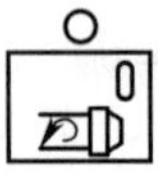	主轴反转		机床急停	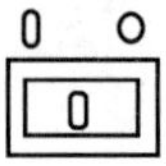	程序写保护
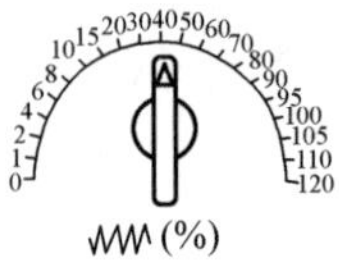	进给修调		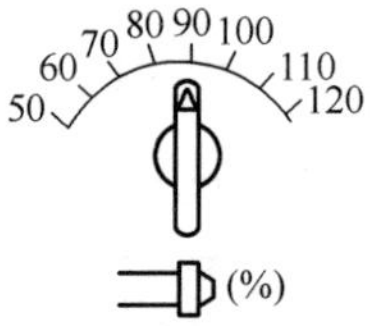	主轴转速修调	

2. 机床开/关机操作

开机：开总电源—开系统电源—解除急停（松开）—reset（复位）。

关机：按下急停—关系统电源—关总电源。

3. 回机床参考点操作

为了避免车床在运动过程中刀架与尾座碰撞，在回参考点时一般应先回 *X* 轴，再回 *Z* 轴，具体操作步骤如下：

先检查操作面板上回原点指示灯是否亮。若指示灯亮，则已进入回原点模式；若指示灯不亮，则点击“回原点”按钮，转入回原点模式。

在回原点模式下，先将 *X* 轴回原点，点击操作面板上的“*X* 轴选择”按钮，使 *X* 轴方向移动指示灯变亮，点击“正方向移动”按钮，此时 *X* 轴将回原点，*X* 轴回原点灯变亮，CRT 上的 *X* 轴机械坐标变为“0.000”。同样，再点击“*Z* 轴选择”按钮，使指示灯变亮，点击，*Z* 轴将回原点，*Z* 轴回原点灯变亮，CRT 上的 *ZX* 轴机械坐标变为“0.000”。

4. 数控车床基本操作

（1）手动/连续方式。坐标轴的移动：点击操作面板上的“手动”按钮，使其指示灯亮，机床进入手动模式，分别点击 X，Z 键，选择移动的坐标轴，分别点击 +，− 键，控制机床的移动方向。

主轴启停操作：点击控制主轴的转动和停止。

（2）手动脉冲方式。在对刀时需精确调节刀具与工件之间的距离，可用手动脉冲方式调节机床，操作如下：

点击操作面板上的“手动脉冲”按钮或，使指示灯变亮。调节“轴选择”旋钮，选择相应的坐标轴，调节“手轮进给速度”旋钮，选择适当的倍率，顺时针或逆时针旋转手轮，实现精确控制刀具的移动。

（3）自动/连续方式。自动加工流程：检查机床是否回零。若未回零，先将机床回零，导入数控程序或自行编写一段程序，点击操作面板上的“自动运行”按钮，使其指示灯变亮，点击操作面板上的“循环启动”按钮，程序开始执行。

中断运行：数控程序在运行过程中可根据需要暂停、急停和重新运行时，按“进给保持”按钮，程序停止执行；再点击“循环启动”按钮，程序从暂停位置开始执行；按下“急停”按钮，数控程序中断运行，继续运行时，先将急停按钮松开，再按“循环启动”按钮，余下的数控程序从中断行开始作为一个独立的程序执行。

（4）自动/单段方式。单段加工流程：检查机床是否回零。若未回零，先将机床回零，导入数控程序或自行编写一段程序，点击操作面板上的“自动运行”按钮，使其指示灯变亮，点击操作面板上的“单节”按钮，点击操作面板上的“循环启动”按钮，程序开始执行。

注：自动/单段方式执行每一行程序均需点击一次“循环启动”按钮。

5. 对刀

数控程序一般按工件坐标系编程，对刀的过程就是建立工件坐标系与机床坐标系之间关系的过程。常用的对刀方法有试切法和对刀仪对刀法，下面以试切法为例，说明车床对刀的方法。对刀时假设工件右端面中心点为工件坐标系原点。

（1）切削工件外径。点击操作面板上的“手动脉冲”按钮，手轮指示灯变亮，机床进入手轮操作模式，点击控制面板上的 X 按钮或将手轮的轴选择旋钮旋到 *X* 挡，转动手轮的转轮，使机床在 *X* 轴方向移动；同样使机床在 *Z* 轴方向移动。将刀具靠近工件右端面，点击操作面板上的按钮，主轴转动。再点击“*Z* 轴方向选择”按钮 Z ，使 *Z* 轴方向指示灯变亮 Z ，转动手轮的转轮，用所选刀具来试切工件外圆，然后按 + 按钮，转动手轮的转轮，使刀具沿 *Z* 方向退出工件，*X* 方向保持不动。

（2）测量切削位置的直径。点击操作面板上的按钮，使主轴停止转动，用游标卡尺或外径千分尺测量刚刚车出的外径。记下测量值 α。点击 MDI 键盘上的 OFFSET SETTING 键，进入形状补偿参数设定界面，将光标移到与刀位号相对应的位置，输入 Xα，按菜单软键［测量］，对应的刀具偏移量自动输入，完成 *X* 方向对刀。

同样的方法试切工件端面，把端面在工件坐标系中 *Z* 的坐标值，记为 β（此处以工件端面中心点为工件坐标系原点，则 β 为 0）。进入形状补偿参数设定界面，将光标移到相应的位置，输入 Zβ，按［测量］软键，对应的刀具偏移量自动输入，完成 *Z* 方向对刀。

项目实施

一、制定加工工艺

1. 分析零件图

如图 2-1 所示，该小锥度心轴零件结构简单，由 3 个外圆柱面和 1 个外圆锥面组成，零件的尺寸精度不高。从右至左，零件的外径依次增大。

根据零件图样形状和大小，小锥度心轴零件毛坯可选用 ϕ40mm×90mm，材料为 45 钢。

2. 确定装夹方案

该零件为轴类零件，轴线为工艺基准，加工外表面用三爪自定心卡盘夹持毛坯外圆，毛坯伸出卡盘端面 70mm，一次装夹完成加工，装夹示意图如图 2-7 所示。

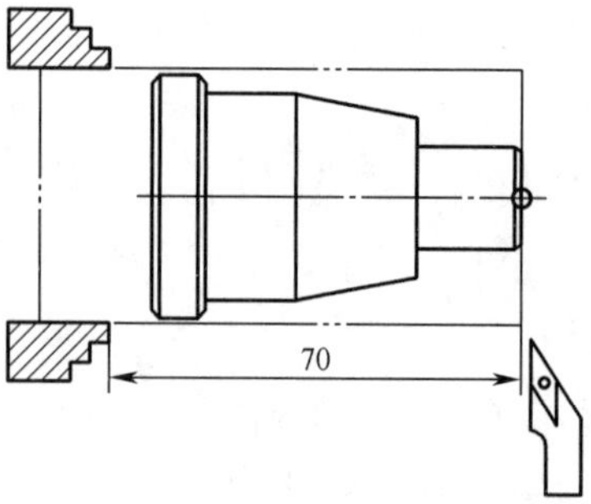

图 2-7　小锥度心轴零件装夹

3. 确定工艺路线及走刀路线

小锥度心轴零件尺寸精度和表面质量要求不高，但各外圆切削余量较大，不能一刀切完，需分粗、精加工完成，综合分析后拟定工艺路线为：车端面—粗车台阶轴外轮廓—粗车圆锥面—精车外轮廓—倒角切断。

根据拟定的工艺路线确定小锥度心轴零件的主要加工工步及走刀路线见表 2–7。

表 2–7　　小锥度心轴零件主要工步走刀路线

工步号	工步内容	示意图
1	粗车台阶轴外轮廓	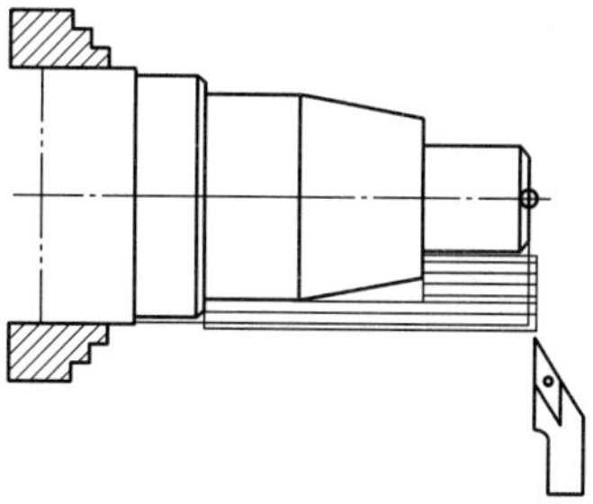
2	粗车圆锥面	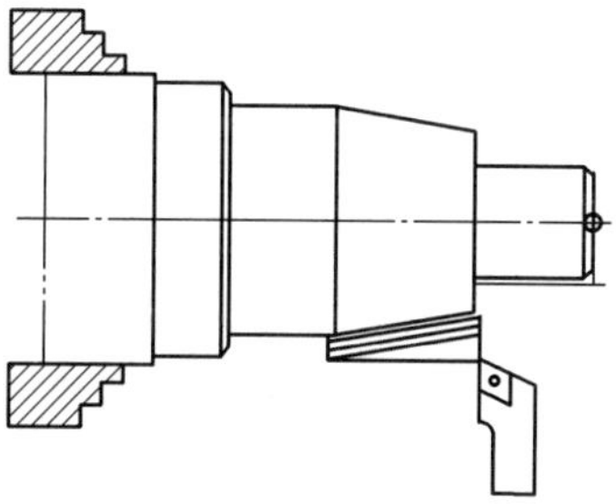
3	从右至左精加工各面	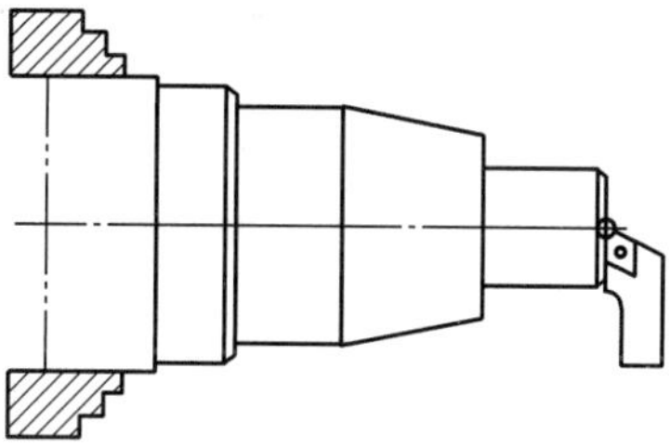
4	切断	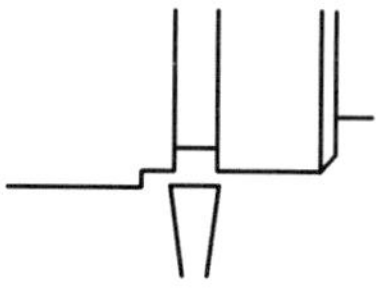

4. 选择刀具

该零件尺寸和表面质量要求不高，用一把刀即可完成所有表面加工。零件有台阶面，故车刀主偏角应大于 90°，取 93°。根据学院实际条件选用可转位车刀，切断刀选用 3mm，刀具清单如表 2–8 所示。

表 2-8　　小锥度心轴零件刀具卡

序号	刀具号	刀具名称	规格型号	数量	加工内容	备注
1	T0101	90°外圆车刀	90°	1	用于车端面和粗、精车外圆	
2	T0202	切断刀	3mm	1	切断	

5. 切削参数选择

工件材料为 45 钢，粗加工背吃刀量可以取 1~2mm，进给量取 0.1~0.2mm/r，主轴转速取 900r/min。精加工背吃刀量取 0.3~0.5mm，进给量取 0.08~0.1mm/r，主轴转速取 1500r/min。

根据公式 $F=f\times n$ 计算出粗加工时 $F=0.16\times900=150$mm/min。

精加工时 $F=120$ mm/min。

切槽、切断时，背吃刀量等于切槽刀宽，进给量取 0.1mm/r，主轴转速取 300r/min。

根据公式 $F=f\times n$ 计算出切槽时 $F=30$ mm/min。

6. 制定工艺文件

经过上面的分析，制定销轴零件的数控加工工序卡如表 2-9 所示。

表 2-9　　小锥度心轴零件数控加工工序卡

材料	45 钢	零件图号		系统	FANUC	工序号	
操作序号	工步内容（走刀路线）	装夹序号	刀具 T	切削用量			
				转速 S（n）/（r/min）	进给速度 F/（mm/min）	背吃刀量/mm	
(1)	车端面	1	T0101	800~1000	50		
(2)	粗车台阶轴外轮廓	1	T0101	800~1000	150	1.5	
(3)	粗车圆锥面	1	T0101	800~1000	150	1.5	
(4)	从右至左精加工各面	1	T0101	1200~1500	100	0.5	
(5)	切断	1	T0202	300	40		

二、编程（原点、参考程序）

(1) 设定编程原点，编程原点设在零件右端面中心。

(2) 参考程序见表 2-10。

表 2-10　　小锥度心轴零件数控加工参考程序

<table>
<tr><td rowspan="3">数控车床程序卡</td><td>编程原点</td><td colspan="3">零件的右端面中心</td><td>编写日期</td><td></td></tr>
<tr><td>零件名称</td><td></td><td>零件图号</td><td></td><td>材料</td><td>45 钢</td></tr>
<tr><td>车床型号</td><td>CK6132</td><td>夹具名称</td><td>三爪卡盘</td><td>实训车间</td><td>数控基地</td></tr>
<tr><td>程序数</td><td colspan="3">1</td><td>编程系统</td><td colspan="2">FANUC 0i</td></tr>
<tr><td>序号</td><td colspan="3">程序</td><td colspan="3">简要说明</td></tr>
<tr><td></td><td colspan="3">O0001</td><td colspan="3"></td></tr>
<tr><td>N10</td><td colspan="3">T0101</td><td colspan="3">换 1 号刀，建立加工坐标系</td></tr>
<tr><td>N20</td><td colspan="3">G98 G97 G40</td><td colspan="3">程序初始设置</td></tr>
<tr><td>N30</td><td colspan="3">M03　S900</td><td colspan="3">启动主轴，转速 900r/min</td></tr>
<tr><td>N40</td><td colspan="3">G00 X45 Z0</td><td colspan="3">快速定位到端面切削起点</td></tr>
<tr><td>N50</td><td colspan="3">G01 X0 F50</td><td colspan="3">车端面</td></tr>
<tr><td>N60</td><td colspan="3">G00 X45 Z2</td><td colspan="3">快速定位到粗车外圆起始点</td></tr>
<tr><td>N70</td><td colspan="3">G90 X38.5 Z-63 F150</td><td colspan="3" rowspan="8">粗车外轮廓，留 0.5mm 余量</td></tr>
<tr><td>N80</td><td colspan="3">X35.5 Z-52</td></tr>
<tr><td>N90</td><td colspan="3">X32.5</td></tr>
<tr><td>N100</td><td colspan="3">G90 X29 Z-17 F150</td></tr>
<tr><td>N110</td><td colspan="3">X26</td></tr>
<tr><td>N120</td><td colspan="3">X22.5</td></tr>
<tr><td>N130</td><td colspan="3">X19.5</td></tr>
<tr><td>N140</td><td colspan="3">X16.5</td></tr>
<tr><td>N150</td><td colspan="3">G00 X40 Z-16</td><td colspan="3">快速定位</td></tr>
<tr><td>N160</td><td colspan="3">G90 X36.5 Z-38 R-3.5 F150</td><td colspan="3" rowspan="3">粗车圆锥面</td></tr>
<tr><td>N170</td><td colspan="3">X34</td></tr>
<tr><td>N180</td><td colspan="3">X32.5</td></tr>
<tr><td>N190</td><td colspan="3">G00 X40 Z2</td><td colspan="3">快速定位</td></tr>
<tr><td>N200</td><td colspan="3">S1500</td><td colspan="3">提高转速 S 到 1500r/min</td></tr>
</table>

续表

数控车床程序卡	编程原点	零件的右端面中心			编写日期	
	零件名称		零件图号		材料	45 钢
	车床型号	CK6132	夹具名称	三爪卡盘	实训车间	数控基地
程序数	1			编程系统	FANUC 0i	
序号	程序			简要说明		
N210	X14			精车外轮廓		
N220	G01 Z0 F100					
N230	X16 Z-1					
N240	Z-17					
N250	X25					
N260	X32 Z-37					
N270	Z-52					
N280	X36					
N290	X38 Z-53					
N300	G00 X50 Z100			快速退刀		
N310	T0202 S300			换 2 号刀，降低转速 S 到 300r/min		
N320	G0 X45			定位		
N330	Z-63					
N340	X0 F30			切断		
N350	G00 X50 Z100			退回换刀点		
N360	M30			程序结束，返回程序起点		

三、小锥度心轴零件数控加工

将编好的数控程序传到 CK6132 数控车床，装夹毛坯，建立工件坐标系，加工零件。主要操作步骤如下：

（1）机床开机，回参考点，准备机床。

（2）输入数控程序，并检查。

（3）工件安装，夹住毛坯外圆，毛坯伸出卡盘端面 65mm。

零件的夹紧操作要注意夹紧力与装夹部位，是毛坯时夹紧力可大些；是已加工表面，夹紧力就不可过大，以防止夹伤零件表面，还可用铜皮包住表面进行装夹；有台阶的零件尽量让台阶靠着卡爪端面装夹；带孔的薄壁件需用专用夹具装夹，以防止变形。

（4）安装刀具，在 1 号刀位安装外圆车刀，在 2 号刀位安装切断刀。安装时注意刀尖高度与工件的回转中心线等高，刀尖伸出长度约为刀具厚度的 1.5 倍。

（5）对刀操作，将外圆车刀、切槽刀采用试切法对刀。刀具对刀完成后，分别进行 *X*、*Z* 方向对刀验证，检验对刀是否正确。

外圆车刀对刀如图 2-8 所示，切断刀对刀如图 2-9 所示。

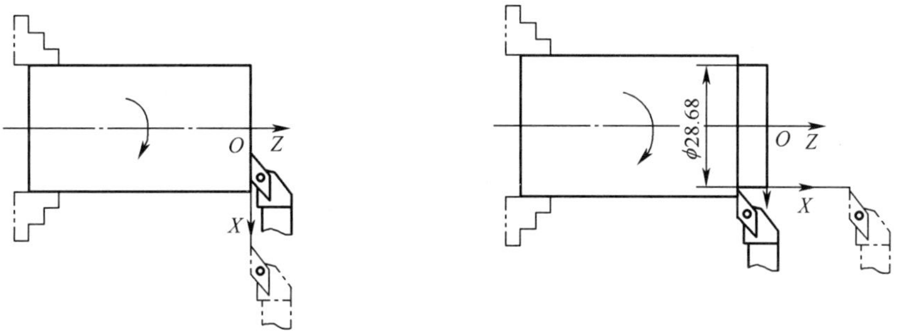

(a) *Z*向对刀　　(b) *X*向对刀

图 2-8　外圆车刀对刀示意图

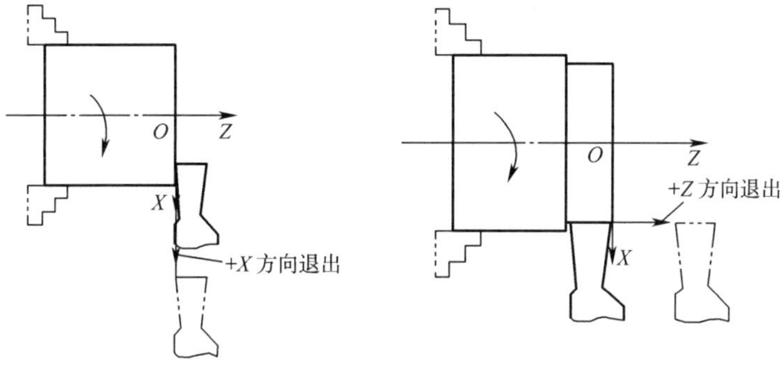

(a) *Z*向对刀　　(b) *X*向对刀

图 2-9　切断刀对刀示意图

（6）启动程序，自动加工。

（7）停机后，按图纸要求检测工件，对工件进行误差及质量分析。

利用游标卡尺、外径千分尺、表面粗糙度工艺样板等量具测量工件，学生对自己加工的零件进行检测，包括尺寸精度的检测和零件加工质量的检测。

项目评价

1. 确定测量工具。

$\phi32^{0}_{-0.025}$mm、$\phi16^{0}_{-0.018}$mm 外圆直径尺寸用外径千分尺测量，其余外径尺寸和台阶长

度尺寸精度要求不高，选择游标卡尺测量就能达到要求。量具选用见表 2-11。

表 2-11　　小锥度心轴零件量具选用表

序号	名称	规格/mm	精度/mm	数量
1	游标卡尺	0~150	0.02	1
2	外径千分尺	0~25	0.01	1
3	外径千分尺	25~50	0.01	1

2. 小锥度心轴零件质量检验单，见表 2-12。

表 2-12　　小锥度心轴零件质量检验单

项目名称	加工小锥度心轴		学号：	
检测项目	序号	检测内容	检测结果	结论
长度	1	8		
	2	15		
	3	20		
	4	60		
外圆	5	$\phi16_{-0.018}^{0}$		
	6	$\phi25$		
	7	$\phi32_{-0.025}^{0}$		
	8	$\phi38$		
倒角	9	3 处 $C1$		
表面质量	10	$Ra1.6$		
小锥度心轴零件检测结论				
产品不合格原因分析				
改进措施				

记录员		监考员		检验员		考评员	

3.项目考核，见表 2-13。

表 2-13 **教学项目过程考核评价表**

项目名称：	班级：	姓名：	学号：	指导教师：			
评价项目	评价标准	评价依据（信息、佐证）	评价方式			得分小计	总分
			学生自评	小组互评	教师评价		
			30%	30%	40%		
职业素质（20%）	1.遵守企业管理规定、劳动纪律 2.按时完成学习及工作任务 3.工作积极主动、勤学好问	考勤 工作及学习态度					
专业技能（50%）	1.机床操作正确合理、安全文明生产 2.有零件的工艺分析能力、制定工艺合理 3.程序规范正确 4.夹具、刀具正确使用 5.零件质量合格 6.正确使用检测量具、量仪	工作过程 工艺过程卡 工序卡 程序单 零件质量检验单 安全操作、机床清理					
展示创新（30%）	1.该小组介绍成果是否清晰 2.该小组演示的检测方法操作是否正确 3.该小组的检测量具、量仪保养是否完好 4.该小组的团队精神如何 5.能对不合理处分析原因并提出改进意见 6.做出技术或工艺改良报告，具有创新性	表述能力 展示方式及效果 口头或书面提议 技术或工艺改良报告					
指导教师综合评价	指导老师签名：　　日期：						

注：评价分值均为百分制。

拓展练习

毛坯为棒料，材料为 45 钢，要求用 G90 编程指令完成零件的数控编程并加工，车削尺寸按图 2-10、图 2-11 中要求。

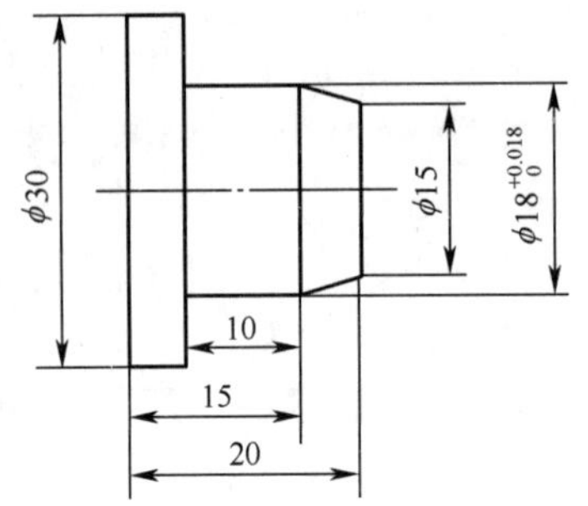

图 2-10　轴 1

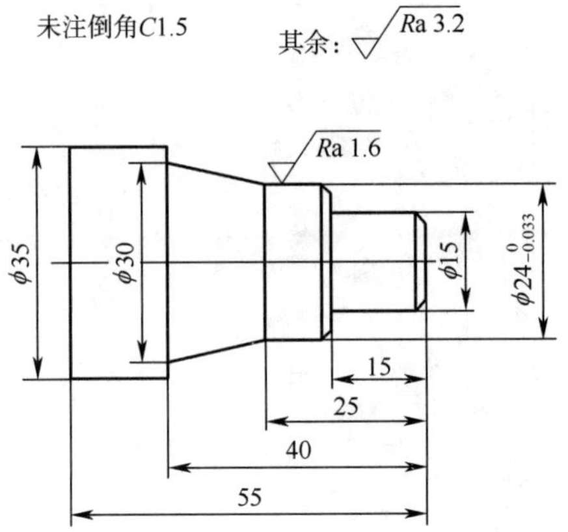

图 2-11　轴 2

项目三 加工圆弧阶梯轴零件

学习目标

1. 掌握数控车削加工的特点
2. 掌握圆弧插补指令 G02/G03 的格式及应用
3. 掌握刀尖圆弧半径补偿指令的格式及用法
4. 会圆弧阶梯轴类零件的编程与加工
5. 能正确利用常用量具对轴类零件进行测量
6. 培养学生爱岗敬业的工作作风

项目导读

成型面零件在普通车床上加工比较困难，而在数控车床上加工比较方便，能充分体现数控车床的优势。如图 3-1 所示圆弧阶梯轴是常见圆弧成型面零件之一，已知材料为 45 钢，毛坯尺寸为 ϕ40mm×100mm。要求分析零件的加工工艺，编写零件的数控加工程序，并通过仿真调试优化程序，最后进行零件的加工检验。

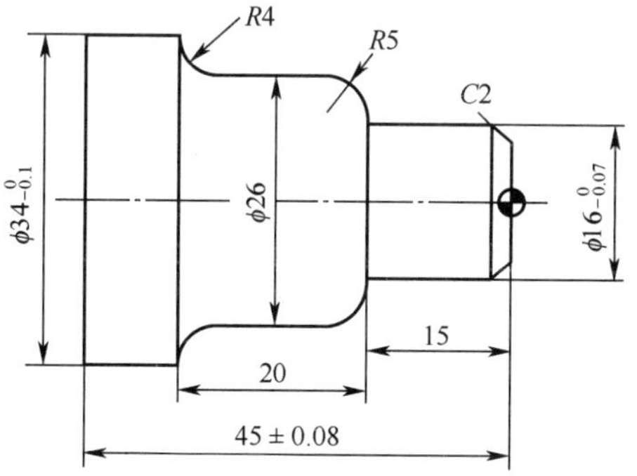

图 3-1　圆弧阶梯轴零件图

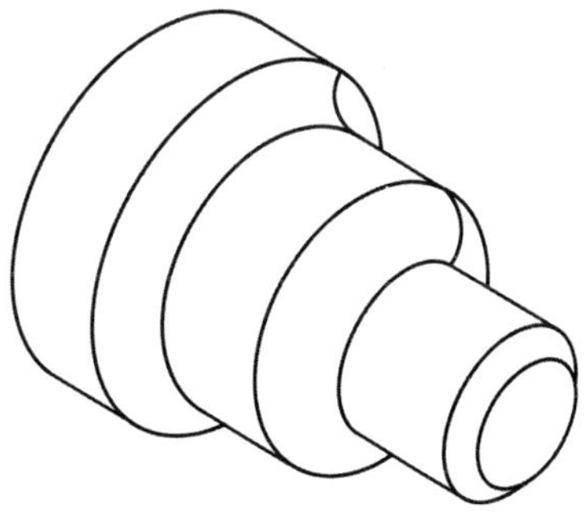

图 3-2　圆弧阶梯轴零件三维实体图

知识链接

含圆弧的零件是数控车削加工的典型加工零件，如何制定含圆弧零件的数控加工工艺以及编制数控程序？本项目以圆弧阶梯轴为例加以说明。首先学习与含圆弧零件相关的数控加工工艺和数控编程指令，其次针对本例具体分析图样、加工工艺、设计加工工艺方案，编制工艺卡、刀具卡等数控加工技术文件，编程仿真加工、实际车间加工并进行质量检测。

一、圆弧加工方法及刀具

1. 常见圆弧面加工方法

数控车削凸圆弧的方法主要有阶梯法、同心圆法、车锥法等，车削凹圆弧一般有同心圆法、等径圆法、三角形法及梯形法等。各种车削圆弧方法见表 3–1。

表 3–1　常用圆弧加工方法

圆弧类型	加工方法	图例	切削路线及特点
凸圆弧	阶梯法	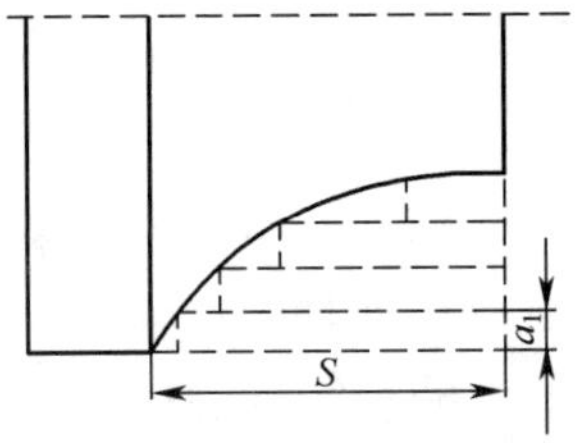	先粗车阶梯，最后一刀精车圆弧
	同心圆法	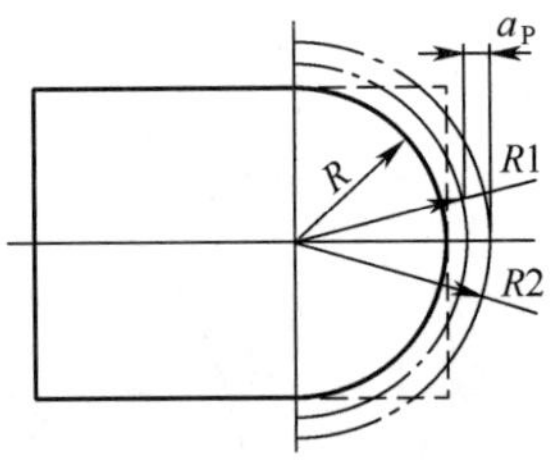	用不同的半径圆（如图中 $R1$、$R2$）来车削，最后将所需圆弧加工出来
	车锥法	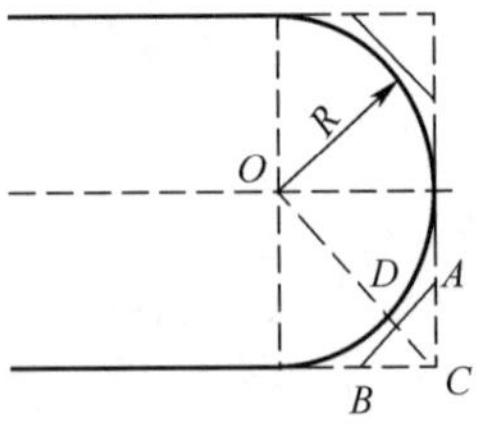	先车母线为 AB 的圆锥，再车圆弧

续表

圆弧类型	加工方法	图例	切削路线及特点
凹圆弧	同心圆法	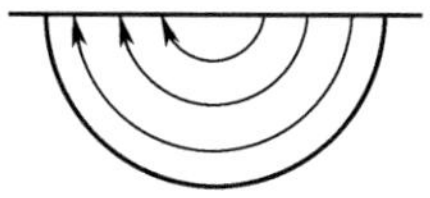	程序段数少，走刀路线最短，精车余量最均匀
	等径圆法	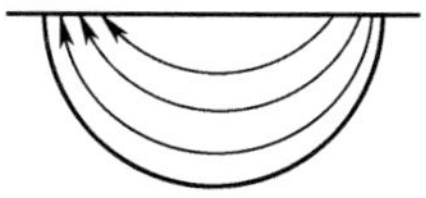	程序段数少，计算和编程最简单
	三角形法	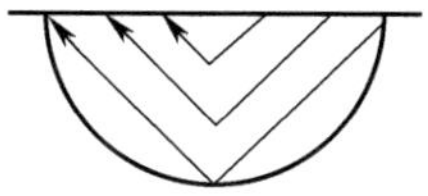	走刀路线短，但比同心圆长
	梯形法	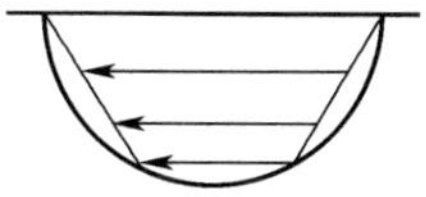	金属切除率最高、切削力分布最合理

2. 加工凹圆弧表面的车刀

加工凹圆弧表面的车刀主要有成型车刀、菱形车刀和尖形车刀 3 种，特点见表 3-2。

表 3-2　　加工凹圆弧表面的车刀及特点

名称	图例	加工表面及特点
成型车刀	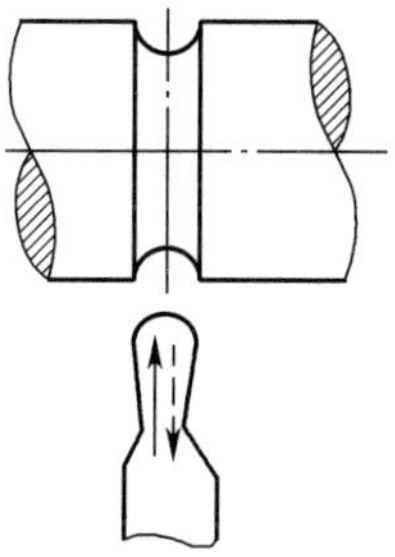	有整体式和可转位式两种，用于加工尺寸较小的圆弧形凹槽、半圆槽

续表

名称	图例	加工表面及特点
菱形车刀	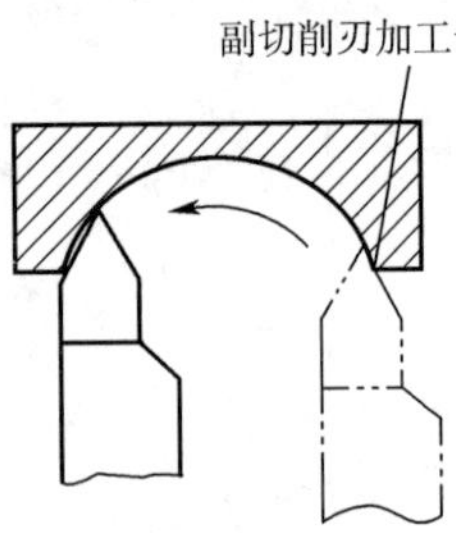	常用的可转位式，刀具主偏角 90°，加工带有台阶的圆弧面，加工中会有副切削刃干涉，刀具需要有足够大的副偏角
尖形车刀	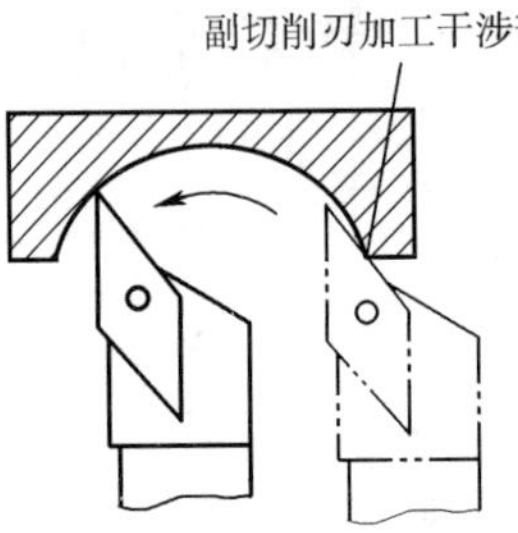	有整体式和可转位式两种，用于不带台阶的成型表面加工

二、常用编程指令 G02/G03、G40/G41/G42

1. 圆弧顺逆的判断

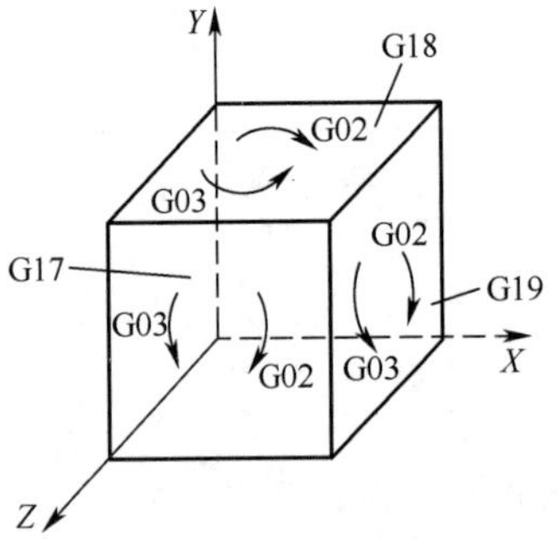

图 3-3 圆弧顺时针和逆时针判断

（1）圆弧插补的顺逆方向判断原则。沿圆弧所在平面（*XZ* 平面）的垂直坐标轴的负方向看去，顺时针方向为 G02，逆时针方向为 G03，如图 3-3 所示。

（2）根据刀架的位置判断圆弧插补的顺逆如图 3-4 所示。

（3）车削圆弧时的注意事项。在车削圆弧时，如果车刀的副偏角过小，就会产生干涉，如图 3-5 所示。因此，在车削圆弧时应选择有足够大副偏角的车刀，避免产生过切。

当车削如图 3-6 所示的较大圆弧时，如果采用右手刀切削整个圆弧，则车刀的副偏角需要很大，即车刀必须刃磨得很尖，这样刀的强度就很弱，不利于切削。因此，可以采用右手刀车削右边，左手刀车削左边的方式进行。

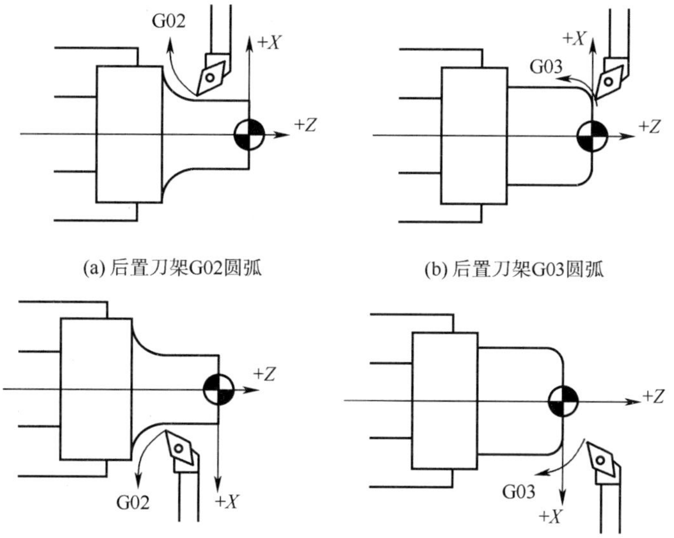

(a) 后置刀架G02圆弧　(b) 后置刀架G03圆弧

(c) 前置刀架G02圆弧　(d) 前置刀架G03圆弧

图 3-4　圆弧的顺逆方向与刀架位置的关系

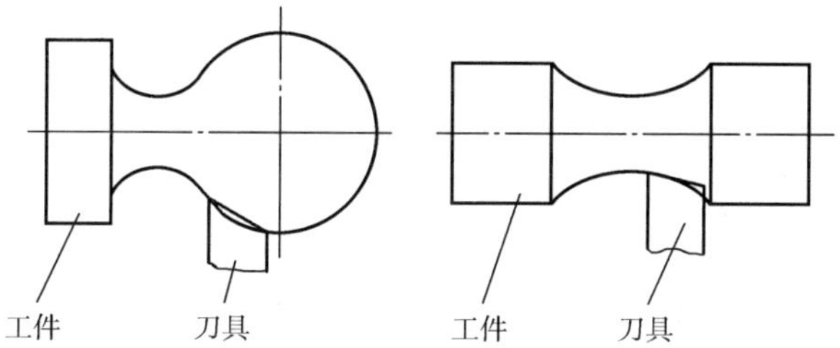

图 3-5　车削圆弧时刀具发生干涉

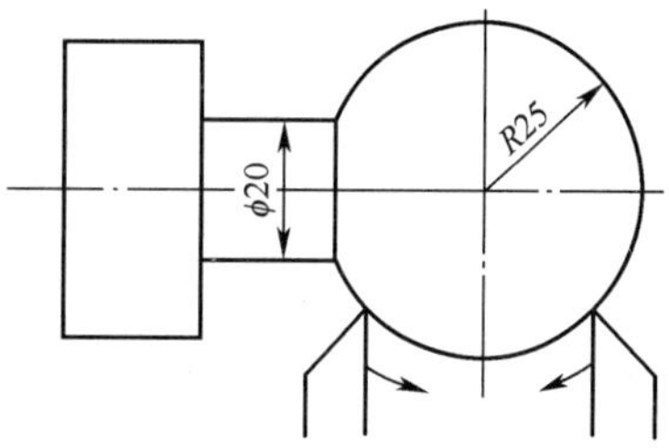

图 3-6　车大圆弧

2. 圆弧插补指令 G02/G03

圆弧插补只能在选定的平面内以给定的进给速度 *F* 两轴联动加工，车床一般在 *ZX* 平面（G18）内加工。G02 是顺时针圆弧插补，G03 是逆时针圆弧插补。指令格式及说明见表 3-3。

表 3-3　G02/G03 指令格式、参数含义及使用说明

指令格式	$\left\{\begin{matrix}\text{G02}\\\text{G03}\end{matrix}\right\}$ X_ Z_ $\left\{\begin{matrix}\text{I\_ K\_}\\\text{R\_}\end{matrix}\right\}$ F_
说明	G02/G03 指令执行时，刀具按顺时针/逆时针进行圆弧加工，如参考图所示

续表

参考图	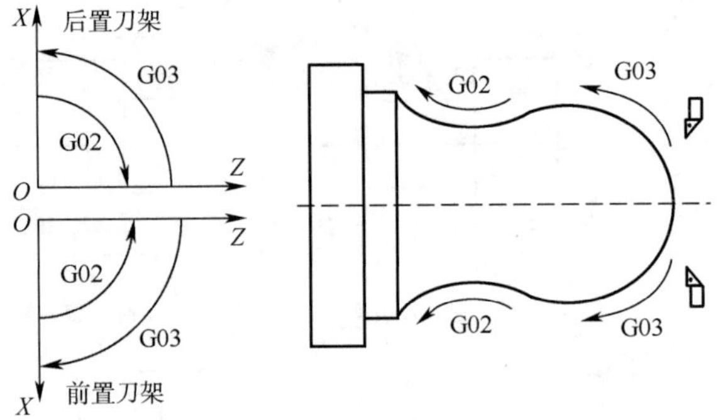
参 数	含 义
G02	顺时针圆弧插补
G03	逆时针圆弧插补
X、Z	绝对值编程时，圆弧终点在工件坐标系中的坐标
U、W	增量值编程时，圆弧终点相对于圆弧起点的位移量
I、K	圆心相对于圆弧起点的增量值（等于圆心的坐标减去圆弧起点的坐标），I、K 以增量方式指定，I 为半径值
R	圆弧半径，有正负之分
F	被编程的两个轴的合成进给速度
注意事项	1. 当圆弧对应圆心角 $\alpha\leqslant180°$ 时 R 取正值，当圆弧对应圆心角 $180<\alpha<360°$ 时 R 取负值，如图 3-7所示 2. 半径 R 编程方法，只能用于非整圆编程，不适于整圆编程，整圆编程时需要用 I、K 编程法 3. G02/G03 为模态指令，下一程序段指令为相同指令时可以省略

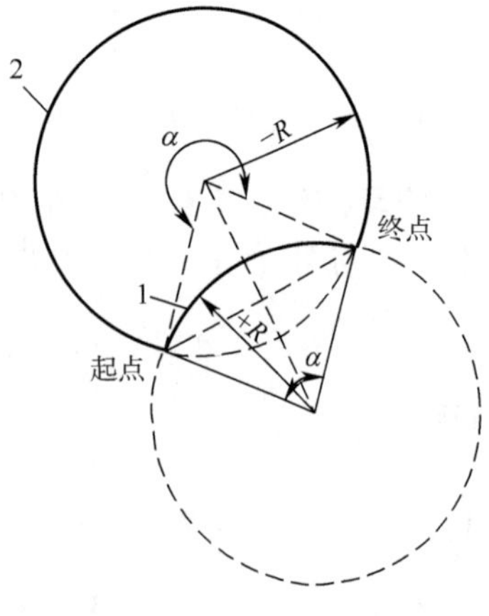

图 3-7　用 R 编程时 $\pm R$ 的判断

3. 刀尖圆弧自动补偿功能

（1）刀位点的概念 。所谓刀位点是指编制程序和加工时，用于表示刀具特征的点，也是对刀和加工的基准点，如图 3-8 所示。

（2）刀尖圆弧半径补偿的概念。数控车床加工是以车刀理想刀尖为基准编写数控轨迹代码的，假想刀具刀尖沿着工件轮廓切削加工，一般将刀尖看作一个点来考虑，对刀时也希望能以理想刀尖来对刀。但实际加工中，为了降低被加工工件表面的粗糙度，减缓刀具磨损，提高刀具寿命，一般在车刀刀尖处磨成圆弧过渡刃，这样就产生了假想刀尖，如图 3-9 中 A 点所示。

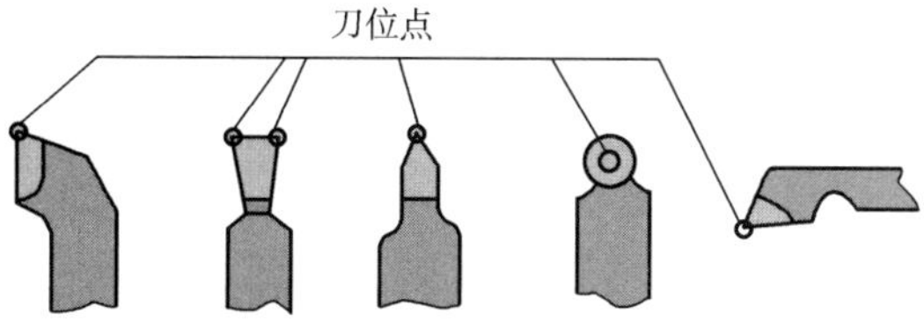

图 3-8　刀位点

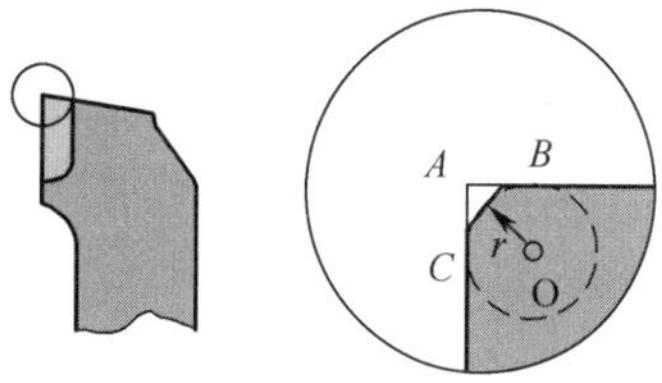

图 3-9　假想刀尖示意图

由于刀尖圆角的存在，X 向、Z 向对刀所获得的刀尖位置是一个假想刀尖。用假想的刀尖编制出的程序进行端面、外径、内径等与轴线平行或垂直的表面加工时，是不会产生误差的。但是在进行倒角、锥面及圆弧切削时，则会产生少切或过切现象，造成加工误差，影响尺寸精度，如图 3-10 所示。

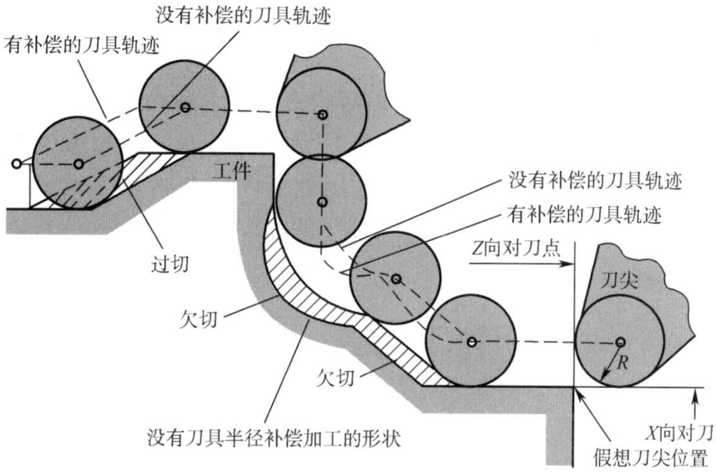

图 3-10　过切与少切

编程时若以圆弧中心编程，可以避免过切和少切现象，但刀位点计算比较麻烦，并且如果刀尖圆弧半径值发生变化时，程序也需要改变。因此，必须通过刀具半径补偿功能来补偿刀尖圆角带来的加工误差。现在，一般数控系统都有刀具半径自动补偿功能，编程时，只需按工件的实际轮廓尺寸编程即可，不必考虑刀尖圆弧半径的大小，加工时数控系统能根据刀尖圆弧半径自动计算出补偿量，避免少切或过切现象的产生。

需要注意的是，当加工轨迹到达圆弧或圆锥部位时并不马上执行所读入的程序段，而是再读入下一段程序，判断两段程序之间的转接情况，然后根据转接情况计算相应的运动轨迹。由于多读了一段程序进行预处理，故能进行精确的补偿，自动消除车刀存在刀尖圆弧带来的加工误差，从而提高加工精度。

（3）刀尖圆弧半径补偿的类型及判断方法。根据刀具运动方向以及刀具与工件的相对位置，半径补偿指令可分为刀具半径左补偿指令 G41 和刀具半径右补偿指令 G42，取消刀具补偿用 G40 指令。

G41、G42 的选择与刀架位置、工件形状及刀具的类型有关。判断方法是在后置刀架坐标系里沿着刀具前进的方向看，刀具位于工件的左侧，补偿指令为 G41，刀具位于工件的右侧，补偿指令为 G42，取消刀具半径补偿指令为 G40，如图 3-11 所示。

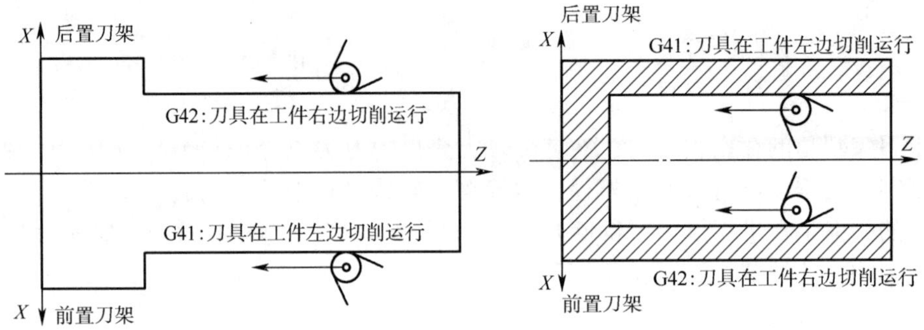

图 3-11　刀尖圆弧半径补偿类型判断

（4）假想刀尖方位号。假想车刀刀尖相对圆弧中心的方位与刀具移动方向有关，它直接影响圆弧车刀补偿计算结果。如图 3-12 所示是圆弧车刀假想刀尖方位及代码。从图 3-12 可以看出，刀尖的方位有八种，分别用数字代码 1~8 表示，同时规定，刀尖取圆弧中心位置时，代码为 0 或 9，可以理解为没有圆弧补偿。

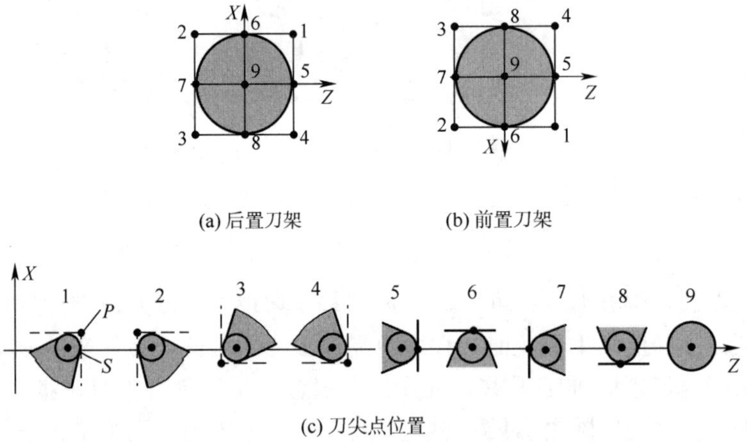

图 3-12　圆弧车刀假想刀尖方位及代码

（5）刀尖圆弧半径补偿过程。当系统执行到含 T 代码的程序指令时，仅仅是从中取得了刀具补偿的寄存器地址号（其中包括刀具几何位置补偿和刀具半径大小），此时并不会开始实施刀具半径补偿。只有在程序中遇到 G41、G42 指令时，才开始从刀库中提取数据并实施相应的刀径补偿。

格式：G41/G42/G40 G01/G00 X（U）____Z（W）____

其中 X（U）、Z（W）为建立或撤销刀具半径补偿程序段中刀具移动的终点坐标。

（6）数控车床刀尖圆弧半径补偿功能的设置。刀尖圆弧半径补偿值可以通过刀具补偿设定界面设定，T 指令要与刀具补偿编号相对应，并且要输入刀尖位置序号，如图 3-13 所示。

工具补正 0 N

番号	X	Z	R	T
01	−194.767	−181.300	0.800	3
02	−195.977	−187.600	0.400	3
03	0.000	0.000	0.000	0
04	0.000	0.000	0.000	0
05	0.000	0.000	0.000	0
06	0.000	0.000	0.000	0
07	0.000	0.000	0.000	0
08	0.000	0.000	0.000	0

现在位置(相对坐标)

U −194.767 U −187.600

> ^ S 0 T

JOG **** *** ***

[NO检索] [测量] [C，输入] [+输入] [输入]

图 3-13 刀尖圆弧半径补偿设置

在刀具补偿设定画面中，在刀具代码 T 中的补偿号对应的存储单元中，存放一组数据，除 X 轴、Z 轴的长度补偿值外，还有圆弧半径补偿值和假想刀尖位置序号（0~9），操作时，可以将每一把刀具的 4 个数据分别输入刀具补偿号对应的存储单元中，即可实现自动补偿，图 3-13 所示的 01 号刀具的刀尖圆弧半径值为 0.8mm，刀尖方位序号为 3；02 号刀具的刀尖圆弧半径值为 0.4mm，刀尖方位序号为 3。

（7）刀尖圆弧半径补偿的过程。刀尖圆弧半径补偿的过程分为三步：刀补的建立、刀补的进行和刀补的取消。

4. 刀尖圆弧半径补偿的注意事项

（1）G40、G41、G42 都是模态指令，可相互注销。

（2）G40、G41、G42 只能用 G00、G01 结合编程，刀具半径补偿的建立和取消不应在 G02、G03 圆弧轨迹程序段上进行。

（3）在编入 G40、G41、G42 的 G00 与 G01 前后的两个程序段中，X、Z 轴上至少有一个值变化，否则产生报警。

（4）工件上有锥度、圆弧时，必须在精车锥度或圆弧的前一程序段建立半径补偿，一般在切入工件时的程序段建立半径补偿。

（5）在调用新刀前，必须取消刀具补偿，否则产生报警。

（6）必须在刀具补偿参数设定页面的刀尖圆弧半径处填入该把刀具的刀尖圆弧半径

值，如图 3-13 所示的 R0.8、R0.4 项，这时机床的数控装置会自动计算出应该移动的补偿量，作为刀尖圆弧半径补偿的依据。

（7）必须在刀具补偿参数设定页面的假想刀尖方向处填入该把刀具的假想刀尖号码，作为刀尖圆弧半径补正之依据。

（8）刀尖圆弧半径补偿 G41 或 G42 指令后，刀具路径必须是单向递增或单向递减，即指令 G42 后刀具路径如向 Z 轴负方向切削，不允许往 Z 轴正方向移动。Z 轴正方向移动前，必须用 G40 指令取消刀尖圆弧半径补偿。

（9）在 MDI 方式下，不能进行刀尖 R 补偿。

项目实施

一、制定加工工艺

1. 零件图分析

如图 3-1 所示，零件由三处外圆（$\phi34$、$\phi26$、$\phi16$）、两段圆弧（$R4$、$R5$）及一处倒角（$C2$）组成。

2. 确定装夹方案

该零件为轴类零件，轴线为工艺基准，加工外表面用三爪自定心卡盘夹持毛坯外圆，毛坯伸出卡盘端面 55mm 以上。如图 3-14 所示，一次装夹完成加工。

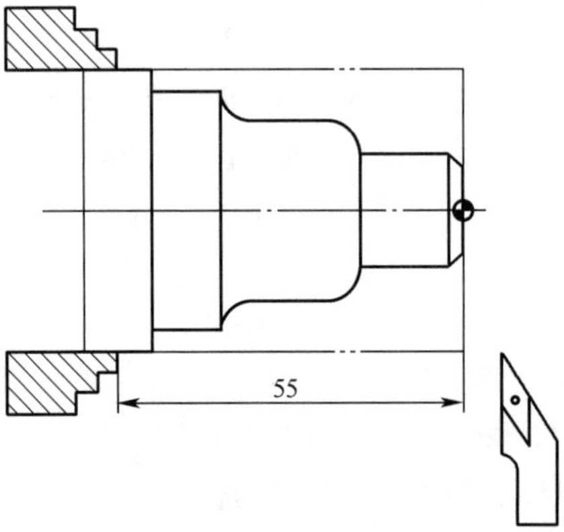

图 3-14　圆弧阶梯轴零件装夹

3. 确定工艺路线及走刀路线

本项目零件尺寸精度和表面质量要求不高，但切削余量较大，故需分粗、精加工完成，综合分析后拟定工艺路线为：车端面—粗车外轮廓—精车外轮廓—切断。

根据拟定的工艺路线确定圆弧阶梯轴零件的加工步骤及走刀路线，见表 3-4。

表 3-4　　圆弧阶梯轴零件工步走刀路线

工步号	工步内容	示意图
1	粗车外轮廓	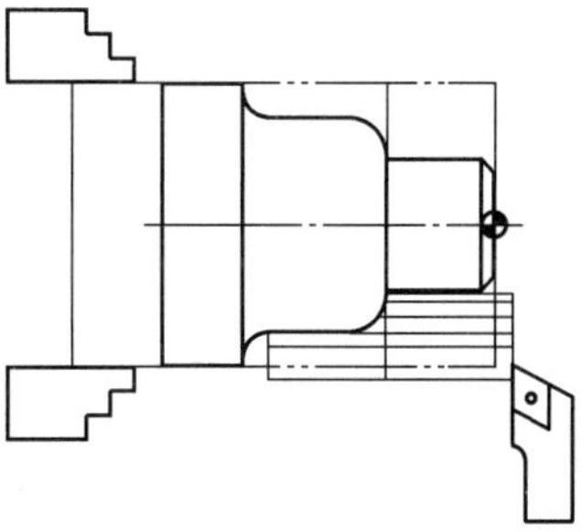
2	精车外轮廓	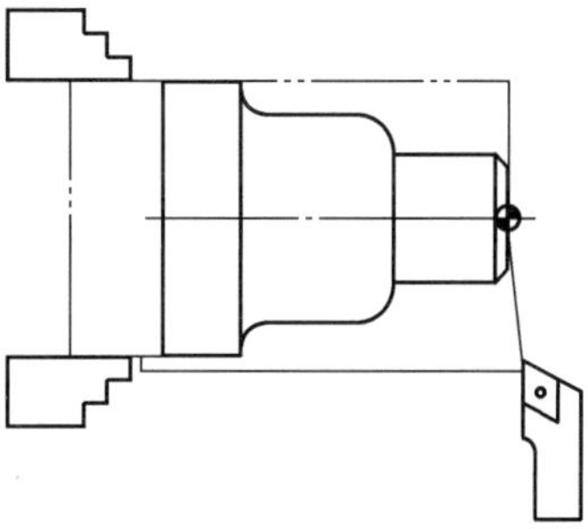
3	切断	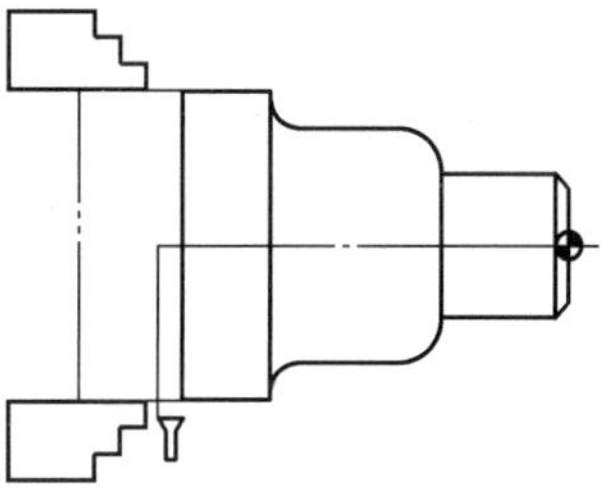

4. 选择刀具

该零件尺寸和表面质量要求不高，用一把刀即可完成所有表面加工。零件有一个台阶面，两个圆弧过渡面，故车刀主偏角应大于 90°，取 93°。根据学院实际条件选用可转位车刀，如表 3-5 所示。

表 3-5　　圆弧阶梯轴零件刀具卡

序号	刀具号	刀具名称	规格型号	数量	加工内容	备注
1	T0101	93°外圆车刀	93°	1	用于车端面和粗、精车外轮廓	

续表

序号	刀具号	刀具名称	规格型号	数量	加工内容	备注
2	T0202	切槽/切断刀	3mm	1	切断	

5. 制定工艺文件

经过上面的分析，制定圆弧阶梯轴零件的数控加工工序卡，如表 3-6 所示。

表 3-6　　圆弧阶梯轴零件数控加工工序卡

材料	45 钢	零件图号			系统	FANUC	工序号	
操作序号	工步内容（走刀路线）		装夹序号	刀具 T	切削用量			
					转速 S（n）/（r/min）	进给速度 F/（mm/min）	背吃刀量/mm	
(1)	车端面		1	T0101	800~1000	50	0.5~1	
(2)	粗车 ϕ34、ϕ26、ϕ16 外圆，留余量 0.5mm		1	T0101	800~1000	150	0.5~2	
(3)	从右至左精加工各面		1	T0101	1200~1500	100	0.5	
(4)	切断		1	T0202	300	40		

二、编程（原点、参考程序）

（1）设定编程原点，编程原点设在零件右端面中心。

（2）参考程序见表 3-7。

表 3-7　　圆弧阶梯轴零件数控加工参考程序

数控车床程序卡	编程原点	零件的右端面中心			编写日期	
	零件名称	圆弧阶梯轴	零件图号		材料	45 钢
	车床型号	CK6132	夹具名称	三爪卡盘	实训车间	数控基地
程序数	1			编程系统	FANUC 0i	
序号	程序			简要说明		
	O0001			程序名		
N10	T0101			换 1 号刀建立加工坐标系		
N20	G98 G97 G40			程序初始设置		
N30	M03 S900			启动主轴，转速 900r/min		
N40	G00 X45 Z0			快速定位到端面切削起点		

续表

数控车床程序卡	编程原点	零件的右端面中心			编写日期	
	零件名称	圆弧阶梯轴	零件图号		材料	45 钢
	车床型号	CK6132	夹具名称	三爪卡盘	实训车间	数控基地
程序数	1			编程系统	FANUC 0i	
序号	程序			简要说明		
N50	G01 X0 F50			车端面		
N60	G00 X40 Z2			快速定位到粗车外圆起始点		
N70	G90 X34.5 Z-50 F150			粗车 ϕ34 外圆，留 0.5mm 余量		
N80	G90 X32 Z-31 F150			粗车 ϕ26 外圆，留 0.5mm 余量		
N90	X29					
N100	X26.5					
N110	G90 X24 Z-15 F150			粗车 ϕ16mm 外圆，留 0.5mm 余量		
N120	X22					
N130	X19					
N140	X16.5					
N150	G00 X50 Z2			退刀		
N160	S1500			精车，提高转速 S 至 1500r/min		
N170	G01 X12 Z0 F50			定位至倒角切削起点		
N180	X16 Z-2 F100			倒角 $C2$		
N190	Z-15			精车 ϕ16 外圆		
N200	G03 X26 Z-20 R5			精车 $R5$ 圆弧		
N210	G01 Z-31			精车 ϕ26 外圆		
N220	G02 X34 Z-35 R4			精车 $R4$ 圆弧		
N230	G01 Z-50			精车 ϕ34 外圆		
N240	G00 X50 Z100			退刀至换刀点		
N250	T0202			换 2 号切断刀，使用 2 号刀补		
N260	S300			降低主轴转速至 300r/min		
N270	G00 X45 Z-48			定位至切断工件处		
N280	G01X0 F40			切断工件		
N290	G00 X50 Z100			退回换刀点		
N300	M30			程序结束，返回程序起点		

三、圆弧阶梯轴零件的数控加工

将编好的数控程序传到 CK6132 数控车床，装夹毛坯，建立工件坐标系，加工零件。主要操作步骤如下：

（1）机床开机，回参考点，准备机床。

（2）输入数控程序，并检查。

（3）工件安装，夹住毛坯外圆，毛坯伸出卡盘端面 55mm。

（4）安装刀具，在 1 号刀位安装外圆车刀，在 2 号刀位安装切断刀。安装时注意刀尖高度与工件的回转中心线等高，刀尖伸出长度约为刀具厚度的 1.5 倍。

（5）对刀操作，将外圆车刀、切槽刀按采用试切法对刀。刀具对刀完成后，分别进行 *X*、*Z* 方向对刀验证，检验对刀是否正确。

如果使用了圆弧成型刀，对刀示意图如图 3-15 所示。

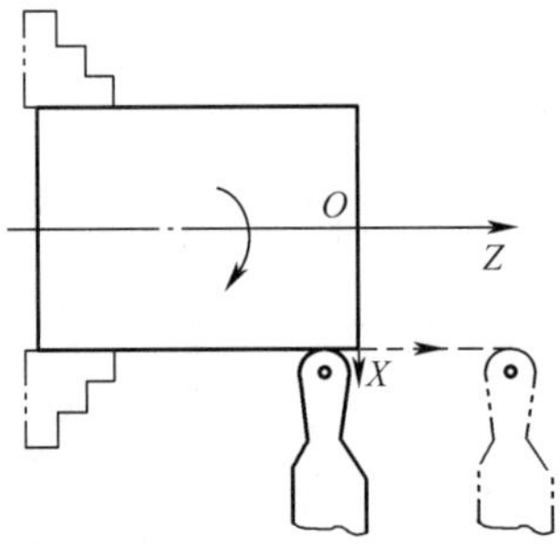

(a) *X*向对刀

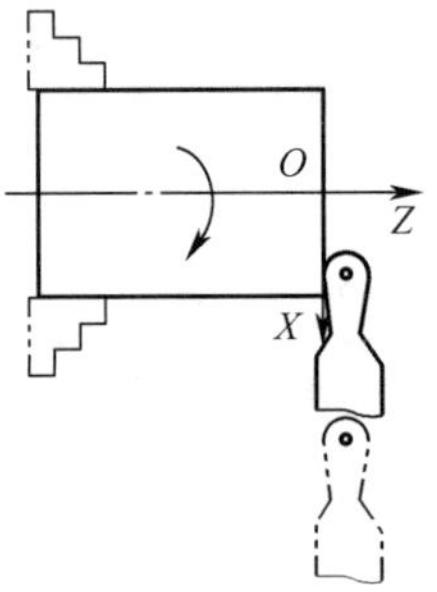

(b) *Z*向对刀

图 3-15　圆头车刀对刀示意图

（6）启动程序，自动加工。

（7）停机后，按图纸要求检测工件，对工件进行误差及质量分析。

项目评价

1. 确定测量工具。

$\phi34_{-0.10}^{\ 0}$mm、$\phi16_{-0.07}^{\ 0}$mm 外圆直径尺寸用外径千分尺测量，其余外径尺寸和台阶长度尺寸精度要求不高，选择游标卡尺测量就能达到要求。量具选用见表 3-8。

表 3-8　圆弧阶梯轴零件量具选用表

序号	名称	规格/mm	精度/mm	数量
1	游标卡尺	0~150	0.02	1
2	外径千分尺	0~25	0.01	1

续表

序号	名称	规格/mm	精度/mm	数量
3	外径千分尺	25~50	0.01	1

2. 圆弧阶梯轴零件质量检验单，见表3-9。

表3-9　圆弧阶梯轴零件质量检验单

项目名称	加工圆弧阶梯轴		学号：	
检测项目	序号	检测内容	检测结果	结论
长度	1	15		
	2	20		
	3	45		
外圆	4	$\phi16_{-0.07}^{0}$		
	5	$\phi34_{-0.01}^{0}$		
倒角	6	$C2$		
圆弧	7	$R4$		
	8	$R5$		
表面质量	9	$Ra1.6$		
圆弧阶梯轴轴零件检测结论				
产品不合格原因分析				
改进措施				

记录员		监考员		检验员		考评员	

3.项目考核，见表3-10。

表3-10 **教学项目过程考核评价表**

项目名称：	班级：	姓名： 学号：	指导教师：				
评价项目	评价标准	评价依据 （信息、佐证）	评价方式			得分小计	总分
			学生自评	小组互评	教师评价		
			30%	30%	40%		
职业素质（20%）	1.遵守企业管理规定、劳动纪律 2.按时完成学习及工作任务 3.工作积极主动、勤学好问	考勤 工作及学习态度					
专业技能（50%）	1.机床操作正确合理、安全文明生产 2.有零件的工艺分析能力、制定工艺合理 3.程序规范正确 4.夹具、刀具正确使用 5.零件质量合格 6.正确使用检测量具、量仪	工作过程 工艺过程卡 工序卡 程序单 零件质量检验单 安全操作、机床清理					
展示创新（30%）	1.该小组介绍成果是否清晰 2.该小组演示的检测方法操作是否正确 3.该小组的检测量具、量仪保养是否完好 4.该小组的团队精神如何 5.能对不合理处分析原因并提出改进意见 6.做出技术或工艺改良报告，具有创新性	表述能力 展示方式及效果 口头或书面提议 技术或工艺改良报告					
指导教师 综合评价	指导老师签名： 日期：						

注：评价分值均为百分制。

拓展练习

毛坯为棒料，材料为 45 钢，要求用 G90 编程指令完成零件的数控加工，车削尺寸按图 3-16、图 3-17 中要求。

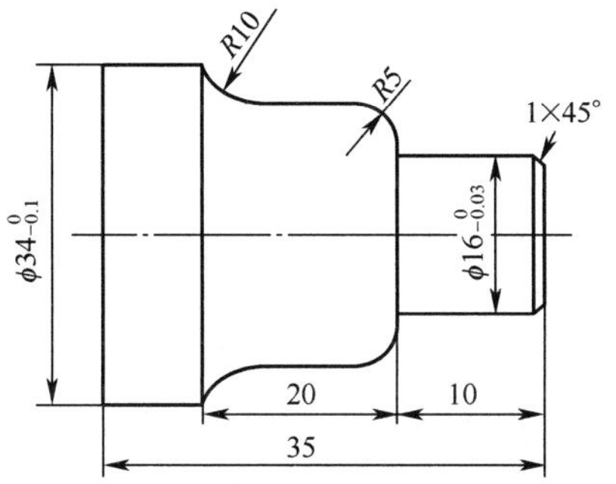

图 3-16　轴 1

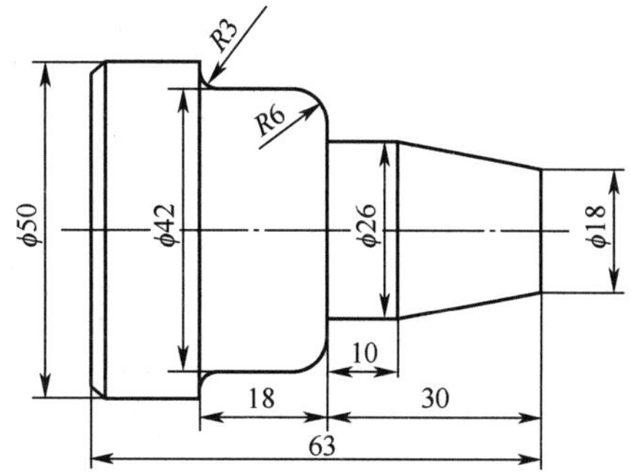

图 3-17　轴 2

项目四　加工离合器零件

学习目标

1. 掌握各种外槽加工工艺
2. 掌握暂停指令 G04 及切槽复合循环指令 G75 的格式及应用
3. 会编写各种外槽加工程序
4. 会进行切槽刀的安装及对刀
5. 培养学生自我发展能力

项目导读

轴类零件表面上有各种类型的槽，如直槽、V（梯）形槽、圆弧槽等。按照槽的作用可分为螺纹退刀槽、砂轮越程槽、密封槽、冷却槽等，精度要求不是很高。在数控车床上加工这类零件时，主要考虑如何选择切槽刀、进刀方式、切削用量等工艺知识及相关编程知识。

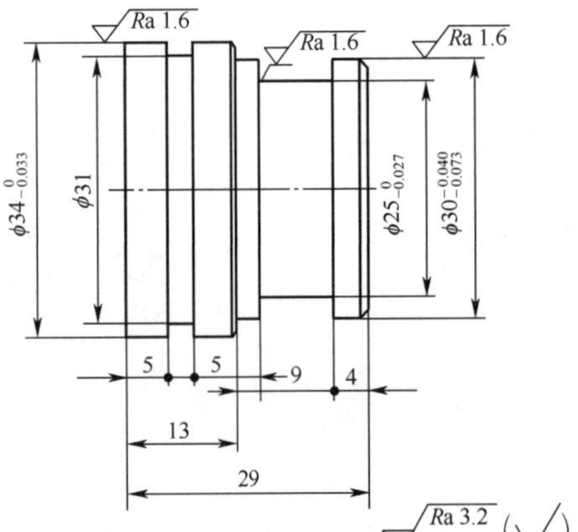

图 4-1　离合器零件图

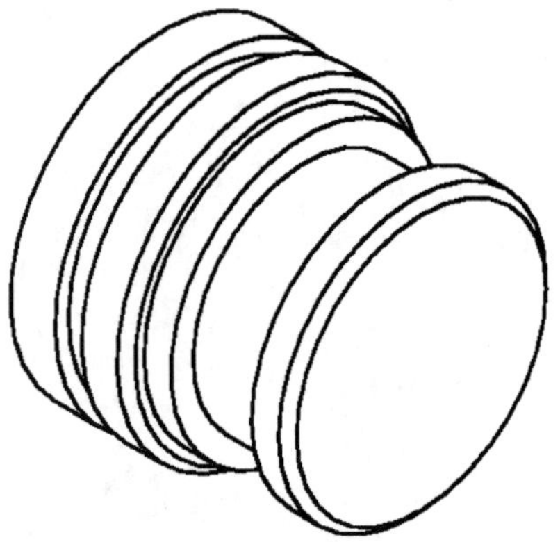

图 4-2　离合器三维实体图

如图 4-1 所示离合器是一个有宽槽和窄槽的零件，毛坯 ϕ40mm×70mm，材料为 45

钢，零件加工后效果如图 4-2 所示。

知识链接

一、切槽/切断相关工艺知识

1. 槽的类型

在工件表面上车沟槽的方法叫切槽，槽的形状有外槽、内槽和端面槽。

2. 切槽加工方法

（1）加工外槽时用外切槽刀，且沿着工件中心方向切削；加工内槽时用内切槽刀，且沿着工件大径方向切削；加工端面槽时可用外切槽刀、内切槽刀或自磨刀具。常见槽的类型及加工方法如图 4-3 所示。

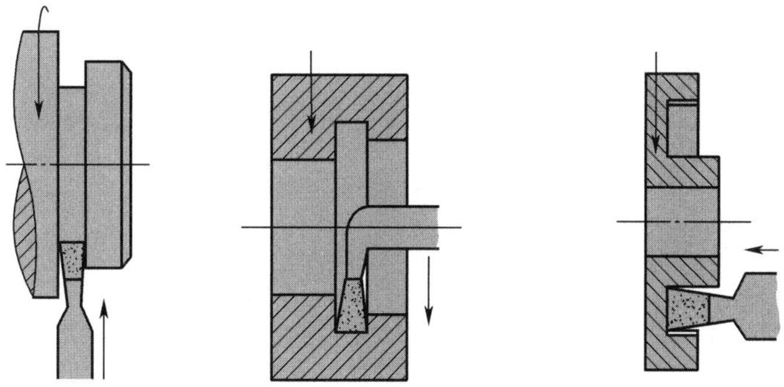

(a) 车外槽　(b) 车内沟槽　(c) 车端面槽

图 4-3　槽的类型及加工方法

（2）车削精度不高的和宽度较窄的矩形沟槽。可以用刀宽（主切削刃宽度）等于槽宽的切槽刀，直接采用 G01 直进法横向走刀一次将槽切出，如图 4-4 所示。有时为了提高槽底的精度，让切槽刀在槽底短暂停留以修整槽底精度。

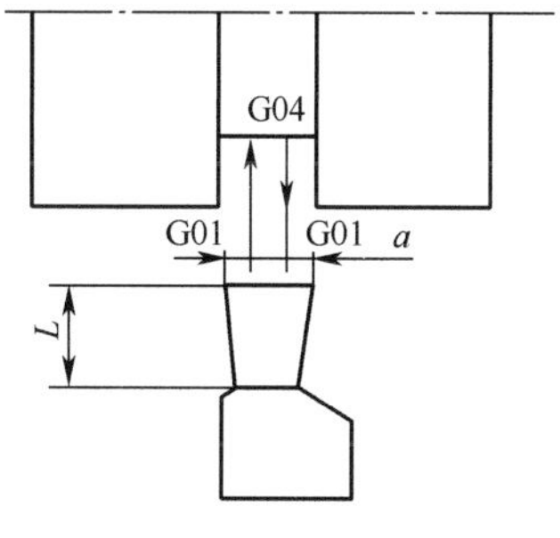

图 4-4　窄槽加工方法

（3）车削精度要求较高的和宽度较宽的沟槽。主切削刃宽度小于槽宽，分几次直进法横向走刀，并在槽的两侧、槽底留一定的精车余量。切出槽宽后，然后根据槽深、槽宽，最后一刀纵向走刀精车至槽底尺寸，如图 4-5 所示。当切削到槽底时一般应暂停一段时间以光顺槽底。

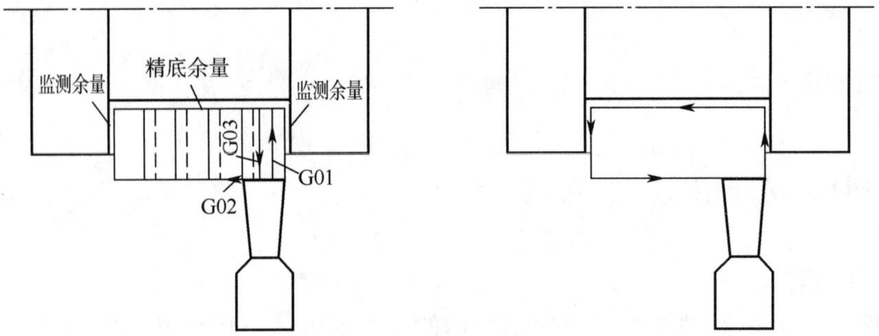

(a) 粗车进刀方式　　(b) 精车进刀方式

图 4-5　宽槽加工方法

（4）加工宽槽和多槽，可用移位法、调用子程序、宏程序或 G75 切槽复合循环指令编程。

（5）车削较小的圆弧形槽。一般用成型车刀车削，加工方法与车窄槽相似。

（6）车削梯形槽和倒角槽。一般用成型车刀、梯形刀直进法或左右切削法完成。或者先加工出与槽底等宽的直槽，再沿着相应梯形角度或倒角角度，移动车刀车削出梯形槽和倒角槽，进刀方式如图 4-6 所示。

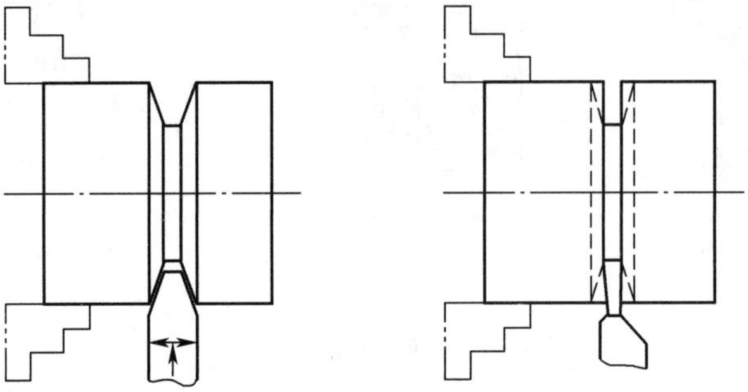

(a) 成型刀一次切出　　(b) 直槽刀分3次切出

图 4-6　梯形槽加工方法

3. 切断

切断要用切断刀，切断刀的形状与切槽刀相似。常用的切断方法有直进法和左右借刀法两种。直进法常用于切断铸铁等脆性材料，左右借刀法常用于切断钢等塑性材料。

4. 切槽刀具及选用

切槽刀有整体式、焊接式、可转位式 3 种，数控车床上为了提高切削效率，常选用可转位式切槽刀。常见的切槽刀及其加工特点见表 4-1。

表 4-1　　常见的切槽刀及其加工特点

切槽刀类型	结构形式	加工特点
整体式		由高速钢条刃磨而成，切削速度较低，易折断，常用于加工有色金属、塑料等材料，也可用于交工钢、铸铁
焊接式		将硬质合金刀片焊接在刀杆上制成，价格低，但磨损后需要重磨，效率低
可转位式		将可转位刀片装夹在刀杆上构成，磨损后更换方便，效率高

5. 切槽的相关计算

在切槽或切断中，应确定切槽刀刀头长度 L 和刀头宽度 a 的尺寸。一般按经验公式计算，即：$L=h+(2\sim3)$ mm

式中 L：刀头长度（单位：mm）；h：切入深度（单位：mm）。

刀头宽度的计算公式：$a=(0.5\sim0.6)\sqrt{d}$

式中 a：刀头宽度（单位：mm）；d：待加工表面直径（单位：mm）。

当加工槽宽小于 5mm 的槽时，刀头宽度取槽宽尺寸。

6. 测量槽的量具

外槽的尺寸主要有槽的宽度和槽底直径（或槽深）。槽宽根据精度可以选用游标卡尺、样板、内测千分尺和块规来测量。槽底直径可用游标卡尺或样板等测量。

二、常用编程指令 G04、G75

1. 暂停指令 G04

加工宽度不大的槽时，可用 G01 直线插补指令直进法切入、切出，为了保证槽底光滑圆整，切槽刀车至槽底时需用 G04 指令暂停，以光整槽底表面。G04 指令格式、参数含义见表 4-2。

表 4-2　　进给暂停指令 G04 指令格式、参数含义

指令格式	参数含义	示例
G04 X	X 后面跟暂停时间，单位秒（s）	G04　X5；暂停 5s
G04 P	P 后面跟暂停时间，单位秒（s）	G04　P5000；暂停 5s

2. 切槽复合循环指令 G75

当沟槽尺寸较大或有多个相同尺寸的槽时，可以通过调用径向沟槽复合循环指令 G75 进行编程，其指令格式及说明见表 4-3。

表 4-3　　G75 指令格式、参数含义及使用说明

指令格式	G75 R（e） G75 X（U）____Z（W）_ P（Δi）Q（Δk）R（Δd）F____
说明	该指令执行如参考图所示的粗加工
切削循环路径	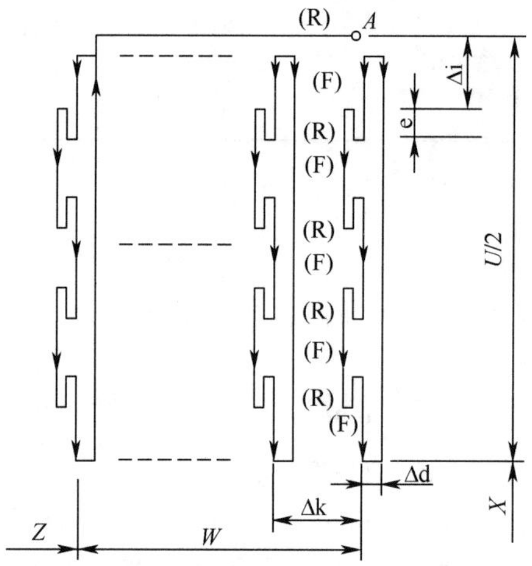
参 数	含 义
e	返回量
X、Z	槽底终点绝对坐标
U、W	槽底终点相对于起点增量坐标
Δi	*X* 轴方向的切深量，无符号，半径值，输入单位：μm
Δk	*Z* 轴方向的切深量，无符号，输入单位：μm
Δd	槽底位置 *Z* 方向的退刀量
F	进给速度

续表

注意事项	1. X（U）或 Z（W）指定，而 Δi 或 Δk 未指定或值为零将发生报警 2. Δk 大于 Z 轴的移动量或 Δk 为负时将报警 3. Δi 大于 U/2 或设置为负时将报警 4. 退刀量大于进刀量将报警，Δd 无要求时尽量不要设置数值，以免断刀 5. G75 指令只能用于径向加工

项目实施

在数控车床上加工时主要考虑如何选择切削刀具、走刀路线、切削用量等工艺知识及相关编程知识。

一、制定加工工艺

1. 分析零件图

如图 4-1 所示，离合器零件由一个宽槽和一个窄槽构成，零件结构简单，零件外圆尺寸和宽槽槽底直径精度较高，其余尺寸精度不高，加工宽槽时应考虑槽底精加工。

2. 确定装夹方案

该零件为轴类零件，轴线为工艺基准，加工外表面用三爪自定心卡盘夹持毛坯外圆，毛坯伸出卡盘端面 40mm，如图 4-7 所示，一次装夹完成加工。

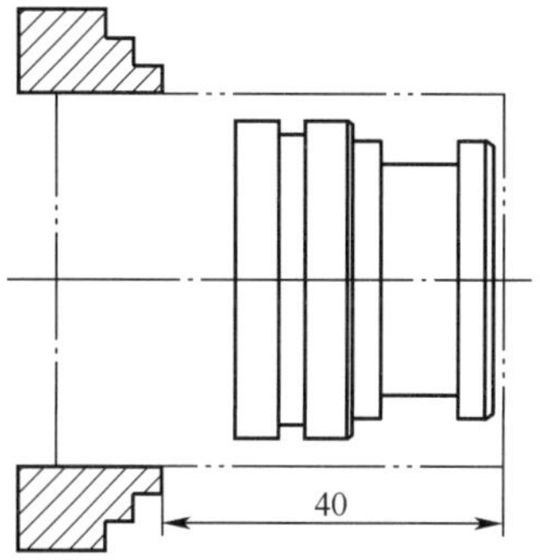

图 4-7　离合器零件装夹

3. 确定工艺路线及走刀路线

离合器零件外圆尺寸和槽底直径尺寸精度和表面质量要求较高，需分粗、精加工完成，综合分析后拟定工艺路线为：车端面—粗、精车外圆—粗、精车宽槽—切窄槽—切断。

根据拟定的工艺路线确定离合器零件的加工步骤及走刀路线见表 4-4。

表 4-4　　离合器零件工步走刀路线

工步号	工步内容	示意图
1	车端面见平	略

续表

工步号	工步内容	示意图
2	粗车 ϕ34、ϕ30 外圆，留 0.5mm 余量	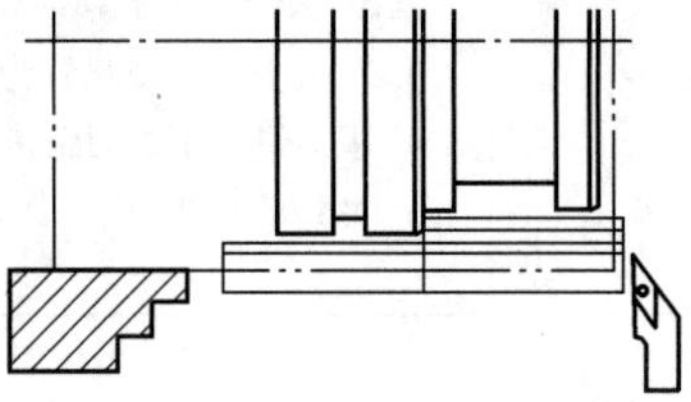
3	从右至左精加工各面到尺寸	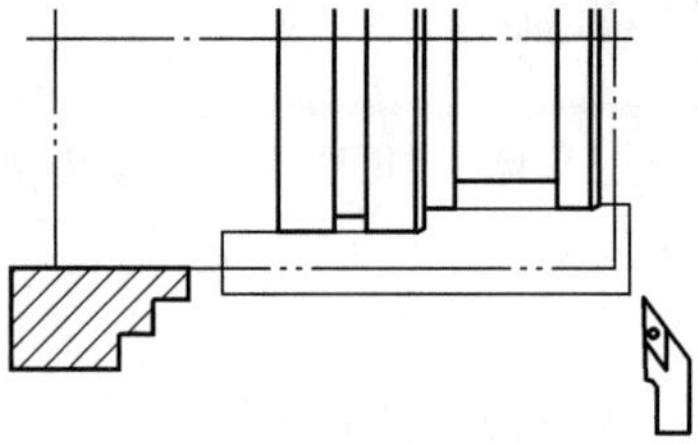
4	粗车宽槽，留 0.5mm 余量	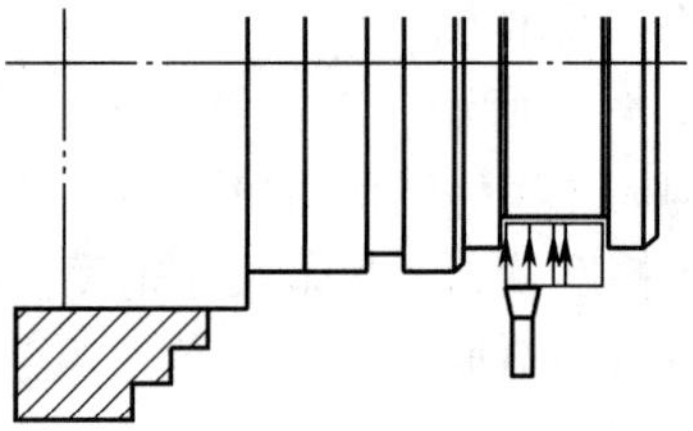
5	精车宽槽到尺寸	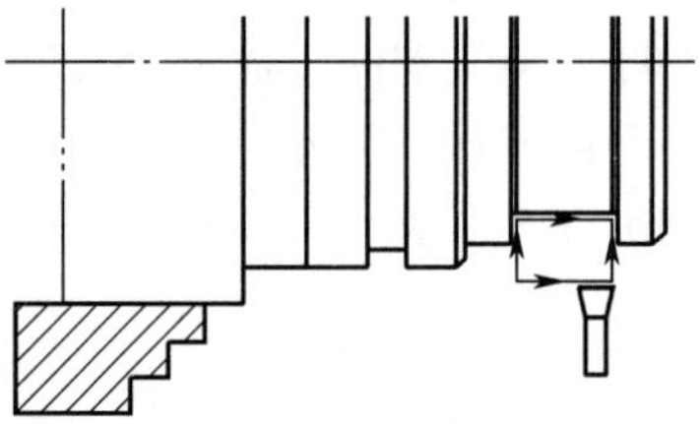
6	车窄槽到尺寸	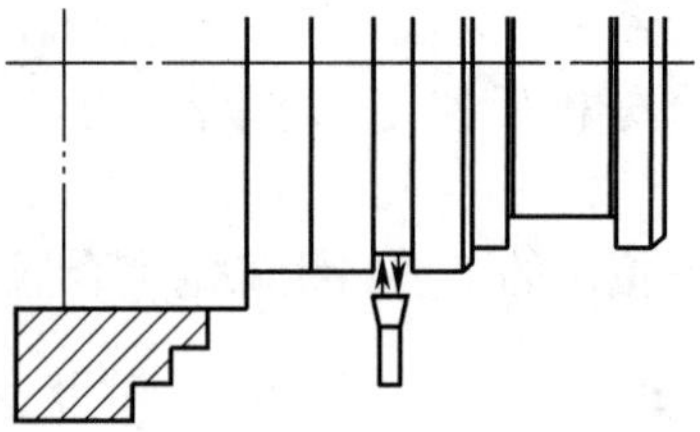
7	切断，保证总长	略

4. 选择刀具

该零件尺寸和表面质量要求不高，用一把刀即可完成所有表面加工。零件有一个台阶面，故车刀主偏角应大于90°，取93°。根据学院实际条件选用可转位车刀，如表4-5所示。

表4-5　　离合器零件刀具卡

序号	刀具号	刀具名称	规格型号	数量	加工内容	备注
1	T0101	93°外圆车刀	93°	1	用于车端面和粗、精车外圆	
2	T0202	切槽/切断刀	3mm	1	切槽、切断	

5. 制定工艺文件

经过上面的分析，制定销轴零件的数控加工工序卡，如表4-6所示。

表4-6　　离合器零件数控加工工序卡

材料	45 钢	零件图号		系统	FANUC	工序号	
操作序号	工步内容（走刀路线）	装夹序号	刀具 T	切削用量			
				转速 S（n）/（r/min）	进给速度 F/（mm/min）	背吃刀量/mm	
（1）	车端面	1	T0101	800~1000	50	0.5~1	
（2）	粗车 ϕ34mm、ϕ30mm 外圆，留0.5mm余量	1	T0101	800~1000	150	0.5~2	
（3）	从右至左精加工各面到尺寸	1	T0101	1200~1500	100	0.5	
（4）	粗车宽槽	1	T0202	300	40		
（5）	精车宽槽	1	T0202	300	40	0.5	
（6）	车窄槽	1	T0202	300	40		
（7）	切断	1	T0202	300	40		

二、编程（原点、参考程序）

（1）设定编程原点，编程原点设在零件右端面中心。

（2）参考程序见表4-7。

表 4-7　　离合器零件数控加工参考程序

<table>
<tr><td rowspan="3">数控车床程序卡</td><td>编程原点</td><td colspan="3">零件的右端面中心</td><td>编写日期</td><td></td></tr>
<tr><td>零件名称</td><td>离合器</td><td>零件图号</td><td></td><td>材料</td><td>45 钢</td></tr>
<tr><td>车床型号</td><td>CK6132</td><td>夹具名称</td><td>三爪卡盘</td><td>实训车间</td><td>数控基地</td></tr>
<tr><td>程序数</td><td colspan="3">1</td><td>编程系统</td><td colspan="2">FANUC 0i</td></tr>
<tr><td>序号</td><td colspan="3">程序</td><td colspan="3">简要说明</td></tr>
<tr><td></td><td colspan="3">O0001</td><td colspan="3">程序名</td></tr>
<tr><td>N10</td><td colspan="3">T0101</td><td colspan="3">换 1 号刀，建立加工坐标系</td></tr>
<tr><td>N20</td><td colspan="3">G98 G97 G40</td><td colspan="3">程序初始设置</td></tr>
<tr><td>N30</td><td colspan="3">M03　S900</td><td colspan="3">启动主轴，转速 900r/min</td></tr>
<tr><td>N40</td><td colspan="3">G00　X45　Z0</td><td colspan="3">快速定位到端面切削起点</td></tr>
<tr><td>N50</td><td colspan="3">G01　X0　F80</td><td colspan="3">车端面</td></tr>
<tr><td>N60</td><td colspan="3">G00　X38. 5　Z2</td><td colspan="3">快速定位到粗车外圆起始点</td></tr>
<tr><td>N70</td><td colspan="3">G90　X38. 5 Z-35　F150</td><td colspan="3" rowspan="3">粗车 φ34 外圆，留 0. 5mm 余量</td></tr>
<tr><td>N80</td><td colspan="3">X36. 5</td></tr>
<tr><td>N90</td><td colspan="3">X34. 5</td></tr>
<tr><td>N100</td><td colspan="3">G90　X32. 5 Z-16　F150</td><td colspan="3" rowspan="2">粗车 φ30 外圆，留 0. 5mm 余量</td></tr>
<tr><td>N110</td><td colspan="3">X30. 5</td></tr>
<tr><td>N120</td><td colspan="3">S1500</td><td colspan="3">精车，提高转速 S 至 1500r/min</td></tr>
<tr><td>N130</td><td colspan="3">G1 X28 F120</td><td colspan="3" rowspan="2">定位至倒角起点</td></tr>
<tr><td>N140</td><td colspan="3">Z0</td></tr>
<tr><td>N150</td><td colspan="3">X30 Z-1</td><td colspan="3">倒角 C1</td></tr>
<tr><td>N160</td><td colspan="3">Z-16</td><td colspan="3">精车 φ30</td></tr>
<tr><td>N170</td><td colspan="3">X32</td><td colspan="3" rowspan="2">倒角 C1</td></tr>
<tr><td>N180</td><td colspan="3">X34 Z-17</td></tr>
<tr><td>N190</td><td colspan="3">Z-35</td><td colspan="3">精车 φ30</td></tr>
<tr><td>N200</td><td colspan="3">G0 X50 Z100</td><td colspan="3"></td></tr>
<tr><td>N210</td><td colspan="3">T0202</td><td colspan="3">换 2 号切断刀，使用 2 号刀补</td></tr>
<tr><td>N220</td><td colspan="3">S300</td><td colspan="3">降低主轴转速至 300r/min</td></tr>
</table>

续表

<table>
<tr><td rowspan="3">数控车床程序卡</td><td>编程原点</td><td colspan="3">零件的右端面中心</td><td>编写日期</td><td></td></tr>
<tr><td>零件名称</td><td>离合器</td><td>零件图号</td><td></td><td>材料</td><td>45 钢</td></tr>
<tr><td>车床型号</td><td>CK6132</td><td>夹具名称</td><td>三爪卡盘</td><td>实训车间</td><td>数控基地</td></tr>
<tr><td>程序数</td><td colspan="3">1</td><td>编程系统</td><td colspan="2">FANUC 0i</td></tr>
<tr><td>序号</td><td colspan="3">程序</td><td colspan="3">简要说明</td></tr>
<tr><td>N230</td><td colspan="3">G0 X35</td><td colspan="3" rowspan="2">定位到粗切槽循环处</td></tr>
<tr><td>N240</td><td colspan="3">Z-13</td></tr>
<tr><td>N250</td><td colspan="3">G75 R1</td><td colspan="3" rowspan="2">切宽槽循环</td></tr>
<tr><td>N260</td><td colspan="3">G75 X25 Z-7 P1000 Q2000 R0 F50</td></tr>
<tr><td>N270</td><td colspan="3">G1 X35</td><td colspan="3" rowspan="2">定位到精切槽起点</td></tr>
<tr><td>N280</td><td colspan="3">Z-7</td></tr>
<tr><td>N290</td><td colspan="3">X25</td><td colspan="3" rowspan="3">精切宽槽</td></tr>
<tr><td>N300</td><td colspan="3">Z-13</td></tr>
<tr><td>N310</td><td colspan="3">G0 X40</td></tr>
<tr><td>N320</td><td colspan="3">Z-24</td><td colspan="3" rowspan="3">切窄槽</td></tr>
<tr><td>N330</td><td colspan="3">G1 X31 F30</td></tr>
<tr><td>N340</td><td colspan="3">G0 X40</td></tr>
<tr><td>N350</td><td colspan="3">Z-32</td><td colspan="3">定位至切断工件处</td></tr>
<tr><td>N360</td><td colspan="3">G1 X0 F30</td><td colspan="3">切断工件</td></tr>
<tr><td>N370</td><td colspan="3">G00　X50　Z100</td><td colspan="3">退回换刀点</td></tr>
<tr><td>N380</td><td colspan="3">M30</td><td colspan="3">程序结束，返回程序起点</td></tr>
</table>

三、离合器零件数控加工

将编好的数控程序传到 CK6132 数控车床，装夹毛坯，建立工件坐标系，加工零件。主要操作步骤如下：

（1）机床开机，回参考点，准备机床。

（2）输入数控程序，并检查。

（3）工件安装，夹住毛坯外圆，毛坯伸出卡盘端面 40mm。

（4）安装刀具，在 1 号刀位安装外圆车刀，在 2 号刀位安装切断刀。安装时注意刀尖高度与工件的回转中心线等高，刀尖伸出长度约为刀具厚度的 1.5 倍。

（5）对刀操作，将外圆车刀、切槽刀按采用试切法对刀。刀具对刀完成后，分别进行 *X*、*Z* 方向对刀验证，检验对刀是否正确。

（6）启动程序，自动加工。

（7）停机后，按图纸要求检测工件，对工件进行误差及质量分析。

项目评价

1. 确定测量工具。

$\phi30_{-0.073}^{-0.40}$mm、$\phi25_{-0.027}^{0}$mm、$\phi34_{-0.033}^{0}$mm 外圆直径尺寸用外径千分尺测量，其余外径尺寸和台阶长度尺寸精度要求不高，选择游标卡尺测量就能达到要求。量具选用见表 4-8。

表 4-8　　量具选用表

序号	名称	规格/mm	精度/mm	数量
1	游标卡尺	0~150	0.02	1
2	外径千分尺	0~25	0.01	1
3	外径千分尺	25~50	0.01	1

2. 离合器零件质量检查单，见表 4-9。

表 4-9　　离合器零件质量检查单

<table>
<tr><td>项目名称</td><td colspan="2"></td><td colspan="2">学号：</td></tr>
<tr><td>检测项目</td><td>序号</td><td>检测内容</td><td>检测结果</td><td>结论</td></tr>
<tr><td rowspan="6">长度</td><td>1</td><td>4</td><td></td><td></td></tr>
<tr><td>2</td><td>9</td><td></td><td></td></tr>
<tr><td>3</td><td>5</td><td></td><td></td></tr>
<tr><td>4</td><td>5</td><td></td><td></td></tr>
<tr><td>5</td><td>13</td><td></td><td></td></tr>
<tr><td>6</td><td>29</td><td></td><td></td></tr>
<tr><td rowspan="4">外圆</td><td>7</td><td>$\phi31$</td><td></td><td></td></tr>
<tr><td>8</td><td>$\phi30_{-0.073}^{-0.40}$</td><td></td><td></td></tr>
<tr><td>9</td><td>$\phi25_{-0.027}^{0}$</td><td></td><td></td></tr>
<tr><td>10</td><td>$\phi34_{-0.033}^{0}$</td><td></td><td></td></tr>
<tr><td>表面质量</td><td>11</td><td>$Ra1.6$</td><td></td><td></td></tr>
<tr><td colspan="2">离合器零件检测结论</td><td colspan="3"></td></tr>
<tr><td colspan="2">产品不合格原因分析</td><td colspan="3"></td></tr>
<tr><td colspan="2">改进措施</td><td colspan="3"></td></tr>
</table>

记录员		监考员		检验员		考评员	

3.项目考核,见表4-10。

表 4-10　　教学项目过程考核评价表

项目名称:	班级:	姓名: 学号:	指导教师:				
评价项目	评价标准	评价依据（信息、佐证）	评价方式			得分小计	总分
			学生自评	小组互评	教师评价		
			30%	30%	40%		
职业素质(20%)	1.遵守企业管理规定、劳动纪律 2.按时完成学习及工作任务 3.工作积极主动、勤学好问	考勤 工作及学习态度					
专业技能(50%)	1.机床操作正确合理、安全文明生产 2.有零件的工艺分析能力、制定工艺合理 3.程序规范正确 4.夹具、刀具正确使用 5.零件质量合格 6.正确使用检测量具、量仪	工作过程 工艺过程卡 工序卡 程序单 零件质量检验单 安全操作、机床清理					
展示创新(30%)	1.该小组介绍成果是否清晰 2.该小组演示的检测方法操作是否正确 3.该小组的检测量具、量仪保养是否完好 4.该小组的团队精神如何 5.能对不合理处分析原因并提出改进意见 6.做出技术或工艺改良报告,具有创新性	表述能力 展示方式及效果 口头或书面提议 技术或工艺改良报告					
指导教师综合评价	指导老师签名:　　日期:						

注:评价分值均为百分制。

拓展练习

编制如图 4-8、图 4-9 所示的加工程序并加工。

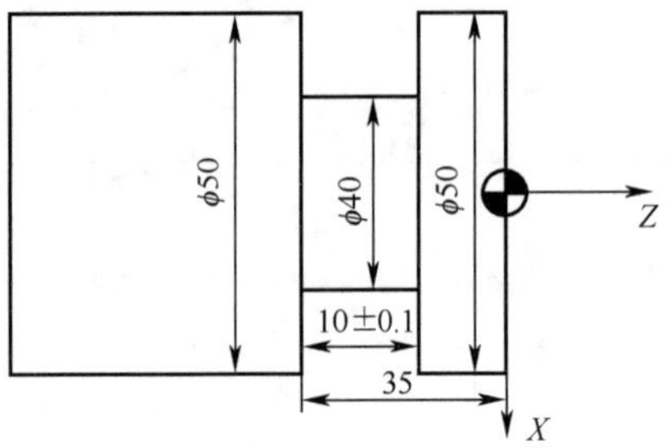

图 4-8　轴 1

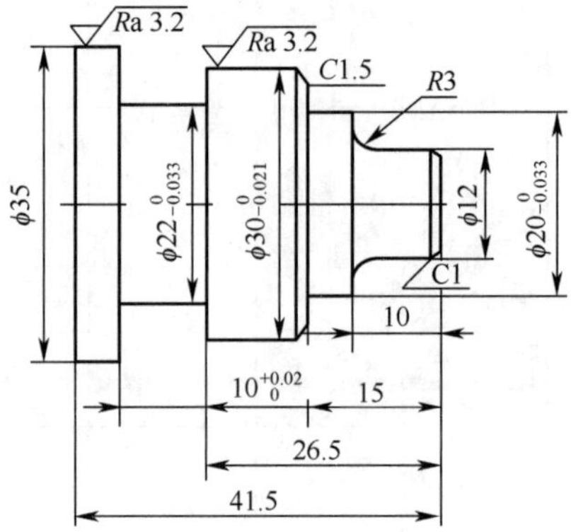

图 4-9　轴 2

项目五 加工弹膛体零件

学习目标

1. 掌握螺纹的相关知识
2. 掌握 G32、G92 指令的格式及应用
3. 会弹膛体零件的编程与加工
4. 能正确利用常用量具对螺纹零件进行测量
5. 培养学生的创新能力和团队协作精神

项目导读

在现代工业生产中，螺纹连接和螺纹传动在实际中得到了广泛的应用。螺纹零件加工是数控车削中必须掌握的基本技能之一，利用数控车床加工螺纹，能大大提高生产效率，保证加工精度，减轻操作工人的劳动强度。

如图 5-1 所示弹膛体是 JD007B 射钉器的零件之一，材料为 40Cr，毛坯为 ϕ25mm×50mm，弹膛体零件加工后的效果图如图 5-2 所示。

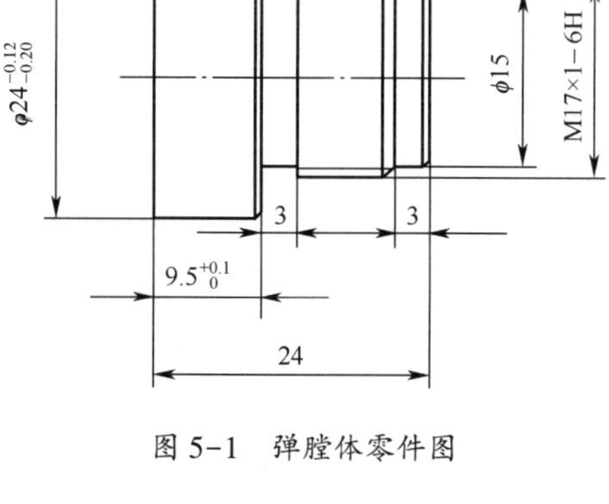

图 5-1 弹膛体零件图

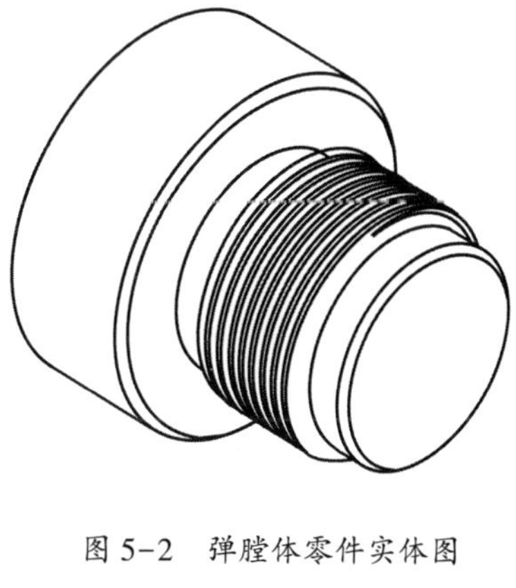

图 5-2 弹膛体零件实体图

知识链接

一、螺纹加工的工艺知识

1. 螺纹的种类

螺纹是在圆柱或圆锥表面上，沿着螺旋线所形成的具有规定牙型的连续凸起，螺旋线见图 5-3。

（1）外螺纹。外螺纹是在圆柱或圆锥外表面上所形成的螺纹，而且在圆柱表面上所形成的螺纹称为圆柱螺纹，见图 5-4。在圆锥表面上所形成的螺纹称圆锥螺纹，见图 5-5。

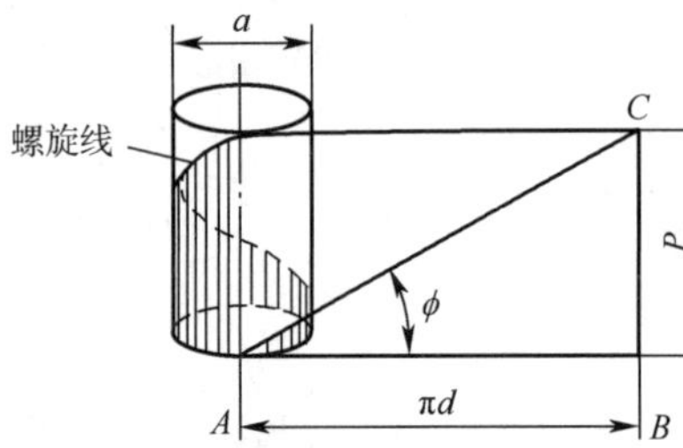

图 5-3　螺旋线

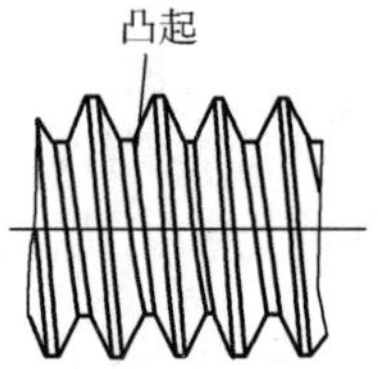

图 5-4　圆柱螺纹

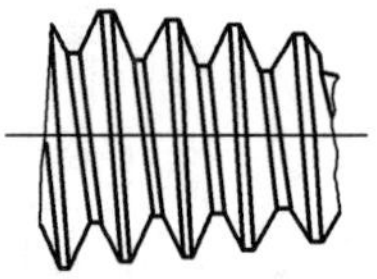
图 5-5　圆锥螺纹

（2）内螺纹。内螺纹是在内圆柱或内圆锥表面上所形成的螺纹，见图 5-6。

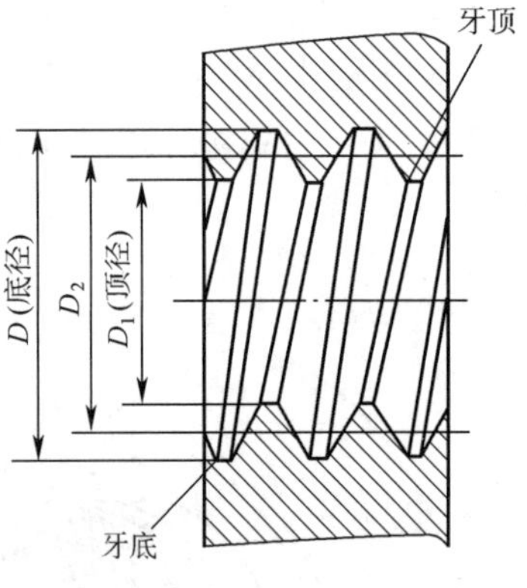

图 5-6　内螺纹

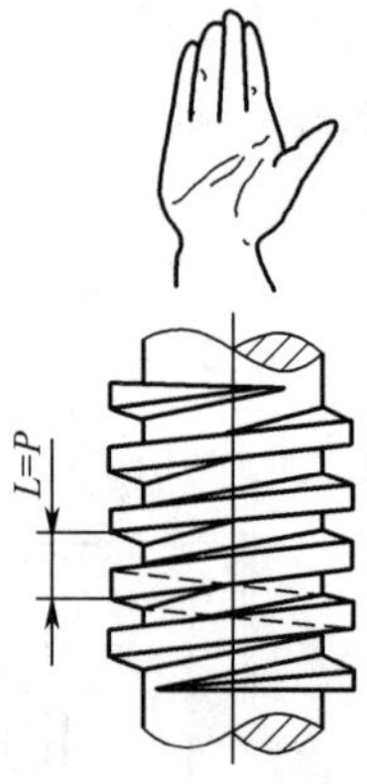

图 5-7　右旋单线螺纹

（3）单、多线与左右旋螺纹。沿一条螺旋线所形成的螺纹称单线螺纹，见图 5-7。沿两条或两条以上的螺旋线所形成的螺纹，该螺旋线在轴向等距分，称多线螺纹，如图 5-8、图 5-9 所示。

顺时针旋转时旋入的螺纹称右旋螺纹，逆时针旋转时旋入的螺纹称左旋螺纹。

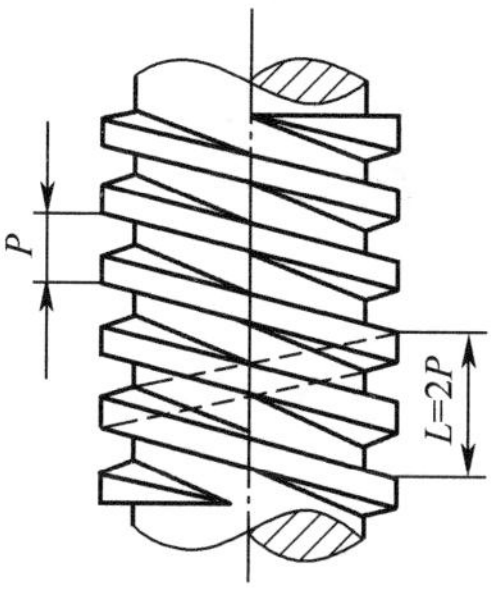

图 5-8　双线螺纹

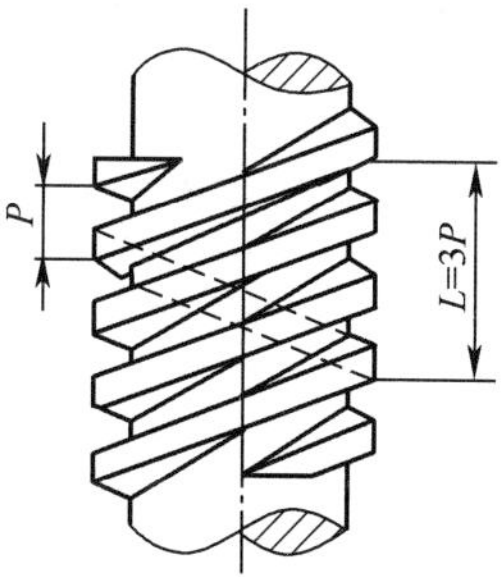

图 5-9　三线螺纹

2. 螺纹的用途

三角螺纹按其规格及用途不同，可分为普通螺纹、英制螺纹和管螺纹三种。三角螺纹常用于固定、连接、调节或测量等处。对普通螺纹又有普通粗牙螺纹和普通细牙螺纹之分。普通粗牙螺纹不注螺距，普通细牙螺纹多用于薄壁零件。

3. 螺纹的主要参数

常用螺纹的主要参数有大径、小径、中径、导程等，螺纹各种参数及计算公式见表 5-1。

表 5-1　　　　**螺纹参数及计算**

名称	符号	计算公式
图示		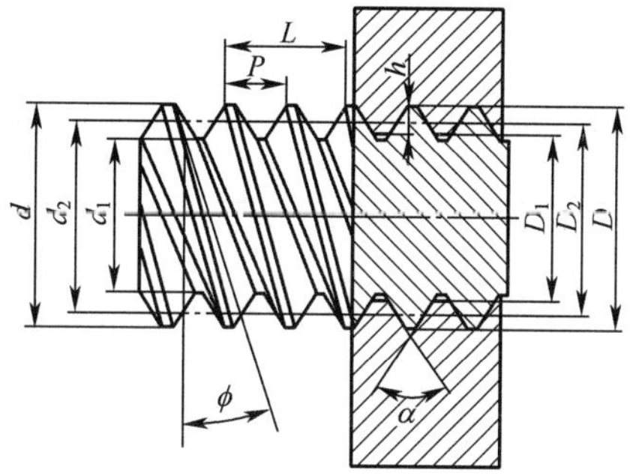
大径	d、D	螺纹的公称直径
小径	d_1、D_1	$d_1=d-2h_1=d-1.083P$
中径	d_2、D_2	$d_2=d-0.6495P$
螺距	P	由公称直径确定
牙型角	α	60
牙型高度	h_1	$h_1=0.5413P$

普通外螺纹实际加工和编程中涉及的尺寸有外螺纹圆柱直径、螺纹牙深、外螺纹小径等，加工中因刀尖圆弧、挤压等因素影响，与其理论计算公式有差别，一般按经验公式计算，见表5-2。

表5-2　普通外螺纹实际编程相关尺寸计算公式

参数名称	代号	计算公式	原因及用途
圆柱直径	$d_{圆}$	$d_{圆}=d-0.1P$	受刀具挤压影响，外径尺寸会张大，一般小0.2~0.4mm
螺纹牙深	$h_{1实}$	$h_{1实}=0.65P$	关系到螺纹进刀次数、每刀切深等
外螺纹小径	$d_{1实}$	$d_{1实}=d-1.3P$	编程时计算外螺纹牙底坐标

4. 常用螺纹切削的进给次数与背吃刀量

因为螺纹牙型较深，不能一次切削完成，所以在螺纹加工过程中，可分数次进给，每次进给的背吃刀量用螺纹深度减精加工背吃刀量所得的差按递减规律分配，同时车外螺纹和车内螺纹每次进刀深度也不一致。具体背吃刀见表5-3、表5-4。

表5-3　车外螺纹的第一次背吃刀量数据

公制螺纹								
螺距		1	1.5	2	2.5	3	3.5	4
牙深（半径量）/mm		0.649	0.974	1.299	1.624	1.949	2.273	2.598
切削次数及背吃刀量（直径值）/mm	1次					0.12	0.14	0.16
	2次					0.12	0.14	0.2
	3次				0.12	0.14	0.16	0.2
	4次				0.12	0.2	0.2	0.2
	5次			0.12	0.14	0.2	0.3	0.3
	6次			0.14	0.2	0.2	0.4	0.4
	7次		0.12	0.2	0.2	0.3	0.4	0.4
	8次	0.12	0.2	0.3	0.3	0.3	0.4	0.4
	9次	0.2	0.24	0.3	0.4	0.4	0.5	0.5
	10次	0.3	0.4	0.4	0.5	0.5	0.5	0.6
	11次	0.34	0.5	0.5	0.6	0.6	0.6	0.7
	12次	0.4	0.5	0.6	0.6	0.7	0.7	0.7

表 5-4　　车内螺纹的第一次背吃刀量数据

公制螺纹								
螺距		1	1.5	2	2.5	3	3.5	4
牙深（半径量）/mm		0.649	0.974	1.299	1.624	1.949	2.273	2.598
切削次数及背吃刀量（直径值）/mm	1 次							0.12
	2 次							0.12
	3 次					0.12	0.14	0.14
	4 次					0.12	0.14	0.2
	5 次				0.12	0.14	0.16	0.2
	6 次				0.12	0.2	0.2	0.2
	7 次			0.12	0.16	0.2	0.3	0.3
	8 次			0.12	0.2	0.2	0.3	0.4
	9 次		0.12	0.2	0.2	0.3	0.3	0.4
	10 次	0.12	0.12	0.2	0.3	0.3	0.4	0.4
	11 次	0.14	0.3	0.3	0.4	0.4	0.5	0.4
	12 次	0.3	0.3	0.4	0.4	0.5	0.5	0.5
	13 次	0.3	0.5	0.5	0.5	0.5	0.6	0.6
	14 次	0.4	0.5	0.6	0.6	0.6	0.7	0.7

二、螺纹车削加工方法

螺纹的切削功能是数控车床加工中一项最常用的不可缺少的重要功能。用数控车床加工螺纹，是靠装在主轴上的编码器实时地读取主轴转速并转换为刀具的每分钟进给量来完成的，数控车床可以加工直螺纹、锥螺纹、端面螺纹和变螺距螺纹。

螺纹切削通常有三种方式，见表 5-5。进刀方式不同，编程方法也不同，进刀方式的选择是否合理直接影响着加工质量和刀具寿命。

表 5-5　螺纹切削进刀方式

直进法	左右切削法	斜进法
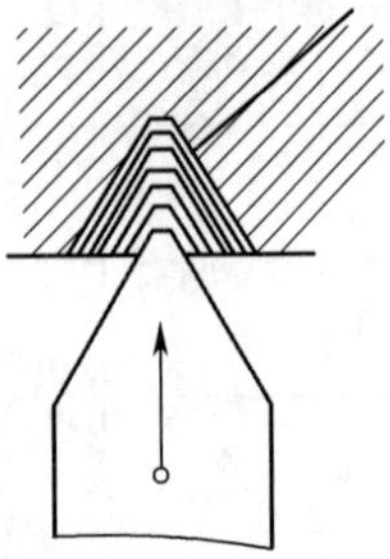	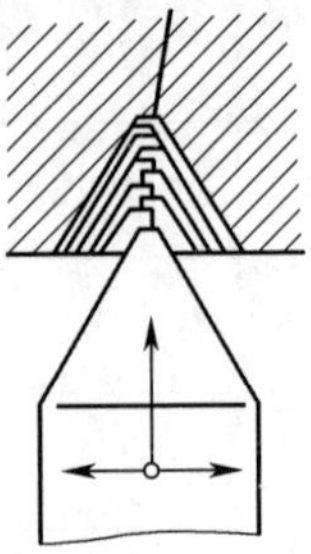	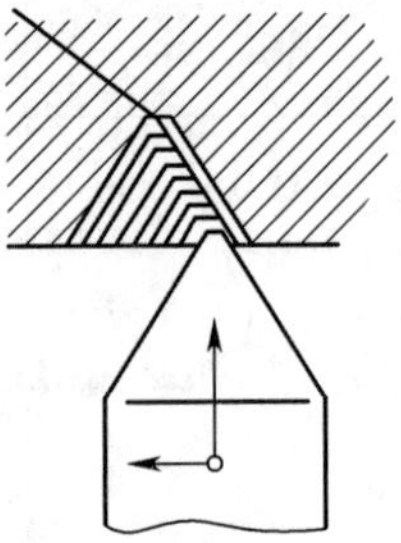
粗加工：$P<3$mm 螺纹 精加工：$P\geqslant 3$mm 螺纹	粗加工：$P\geqslant 3$mm 螺纹	粗、精加工：$P\geqslant 3$mm 螺纹

三、外螺纹车刀

1. 螺纹车刀刀具参数

螺纹车刀的刀具参数有前角（γ_o）、后角（α_o）、主偏角、副偏角、刀尖角（ε_r）、刃倾角（λ_s）、刀尖半径等，具体角度的定义方法请参阅有关切削手册。

硬质合金刀具在切削碳素钢时的角度参数可参考图 5-10。

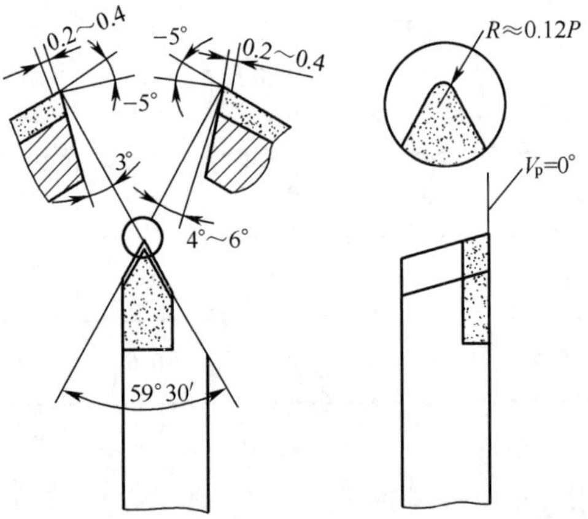

图 5-10　硬质合金刀具在切削碳素钢时的角度参数

硬质合金刀具在切削碳素钢时应注意以下几点：

（1）在确定角度参数值的过程中，应考虑工件材料、硬度、切削性能、具体轮廓形状和刀具材料等诸多因素。

（2）对于夹固式螺纹车刀，刀杆及刀片的参数已做成标准值，可直接按参数选用。夹固式螺纹车刀如图 5-11 所示。

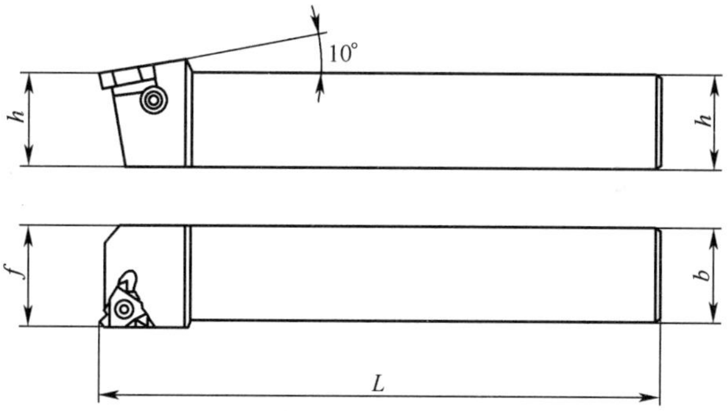

图 5-11　夹固式螺纹车刀

2. 螺纹车刀的安装

安装螺纹车刀时，应使刀尖工件中心同高，并应使两刃夹角中线垂直于工件轴线。安装时可将样板内侧水平靠在已精车外圆柱面，然后将车刀移入样板相应角度缺口中，通过对比车刀两刃与缺口的间隙来调整刀具的安装角，如图 5-12 所示。

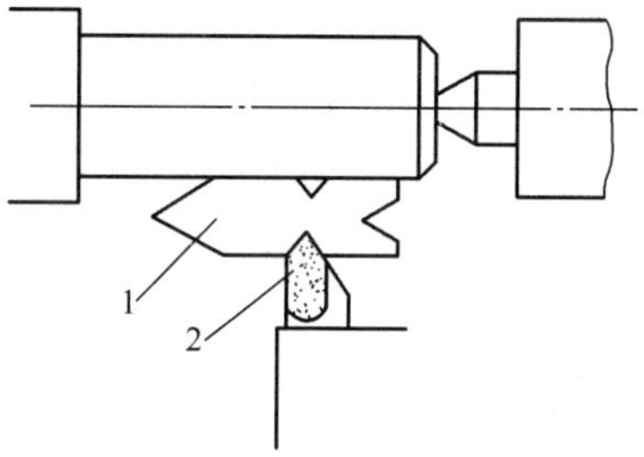

图 5-12　外螺纹车刀的安装

1—螺纹车刀角度样板　2—螺纹车刀

四、常用编程指令 G32、G92

1. 螺纹插补指令 G32

G32 指令用于等螺距的圆柱螺纹、圆锥螺纹和端面螺纹的切削，也可以进行多线螺纹的切削。指令格式及说明见表 5-6。

表 5-6　　G32 指令格式、参数含义及使用说明

<table>
<tr><td>指令格式</td><td colspan="2">G32　X（U）　Z（W）　F</td></tr>
<tr><td>说明</td><td colspan="2">执行单行程螺纹切削，螺纹车刀进给运动严格根据输入的螺纹导程进行，但螺纹刀的切入、切出和返回等动作各自需用程序段编写，程序段较多。实际编程中很少使用</td></tr>
<tr><td>参考图</td><td>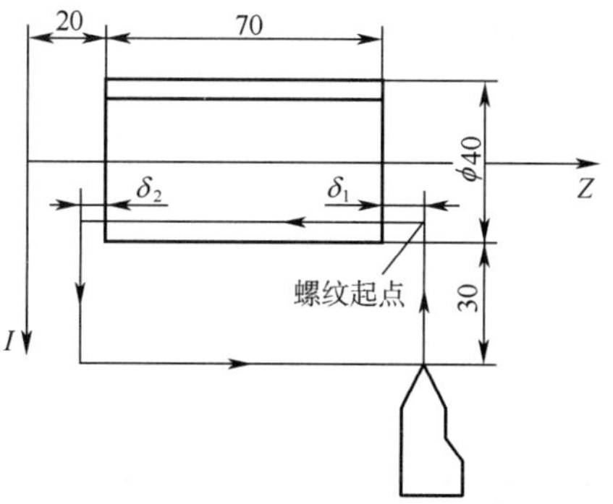
</td><td>螺纹导程 4mm，螺纹进刀段 δ1 = 3mm，螺纹降速退刀段 δ2 = 1.5mm，背吃刀量 1mm，编写螺纹加工程序如下：
G00　X38　Z93
G32　Z18.5　F4
G00　X100
G00　Z93</td></tr>
</table>

续表

参数	含　　义
X、Z	绝对值编程时螺纹终点在工件坐标系中的坐标
U、W	增量值编程时螺纹终点相对于起点的位移量
F	螺纹导程
注意事项	1. 圆柱螺纹时，X（U）可以省略不写 2. 端面螺纹时，Z（W）可以省略不写 3. 螺纹切削中，进给速度倍率、主轴转速倍率无效 4. 螺纹切削中，进给暂停功能无效 5. 左旋或右旋螺纹由主轴旋转方向确定

2. 螺纹切削循环指令 G92

当螺纹切削次数很多时，采用 G32 指令编程很烦琐，这时，如果采用螺纹切削固定循环指令 G92 就可以完成一次切削循环，简化了编程，G92 指令格式及说明见表 5-7。

表 5-7　G92 指令格式、参数含义及使用说明

指令格式	G92　X（U）　Z（W）　R　F　Q
说明	执行螺纹切削单一循环，即完成由进刀、切螺纹、退出和返回动作组成的一次循环
切削循环路径	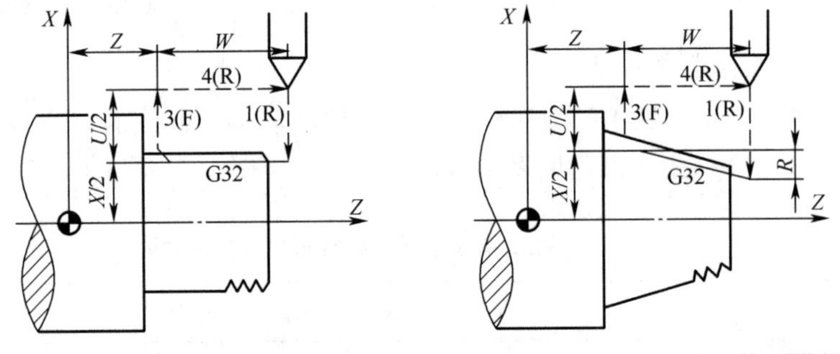
参数	含　　义
X、Z	绝对值编程时螺纹终点在工件坐标系中的坐标
U、W	增量值编程时螺纹终点相对于起点的位移量
R	锥度量，大小端半径差，R=0 时为圆柱螺纹，R 正负的判断同 G90 指令
F	螺纹导程
Q	螺纹起始角（车多线螺纹用）
注意事项	1. 螺纹切削中，进给速度倍率、主轴转速倍率无效 2. 螺纹切削中，进给暂停功能无效 3. 左旋或右旋螺纹由主轴旋转方向确定

项目实施

一、制定加工工艺

1. 分析零件图

如图 5-1 所示，该弹膛体零件结构简单，由两个外圆柱面、一个槽和 1 个外螺纹组成，零件的尺寸精度较高。从右至左，零件的外径依次增大。

根据零件图样形状和大小，弹膛体零件可选用 ϕ25mm×50mm，材料为 40Cr。

2. 确定装夹方案

该零件为轴类零件，轴线为工艺基准，加工外表面用三爪自定心卡盘夹持毛坯外圆，毛坯伸出卡盘端面 35mm，一次装夹完成加工，装夹示意图如图 5-13 所示。

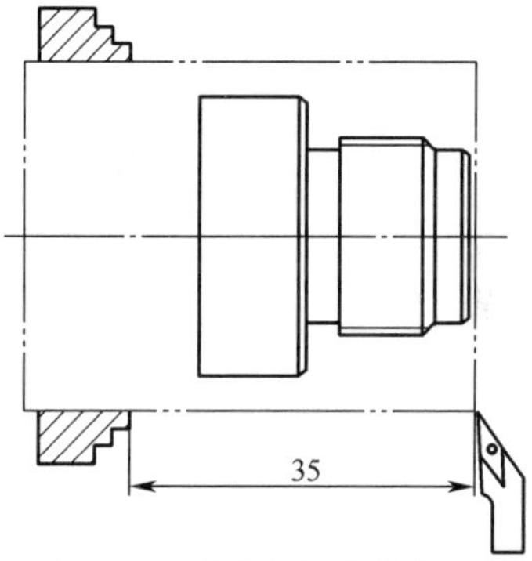

图 5-13　弹膛体零件装夹

3. 确定工艺路线及走刀路线

弹膛体零件尺寸精度和表面质量要求较高，需分粗、精加工完成，综合分析后拟定工艺路线为：车端面—粗车台阶轴外轮廓—精车外轮廓—切槽—车螺纹—切断。

根据拟定的工艺路线确定弹膛体零件的主要加工工步及走刀路线见表 5-8。

表 5-8　　弹膛体零件主要工步走刀路线

工步号	工步内容	示意图
1	车端面	略
2	粗车 ϕ24 外圆，留 0.5mm 余量	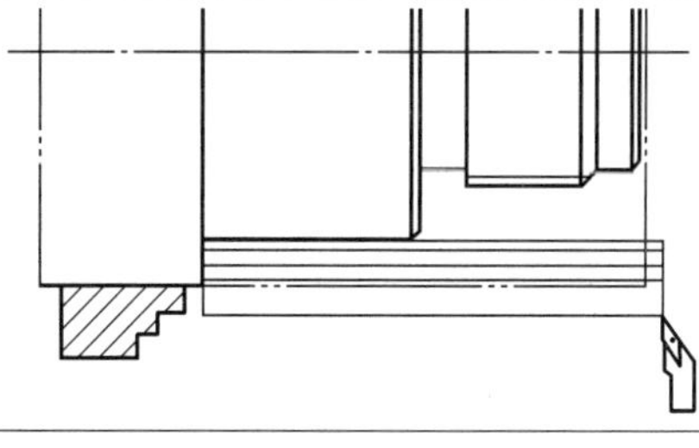
3	粗车螺纹外径 ϕ16.8mm	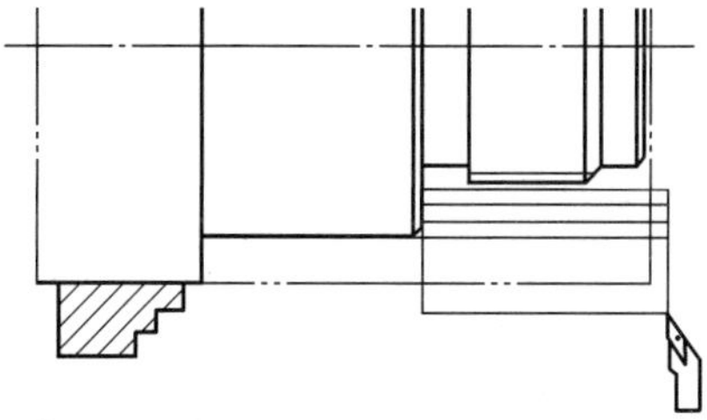

续表

工步号	工步内容	示意图
4	粗车 ϕ15 外圆，留 0.5mm 余量	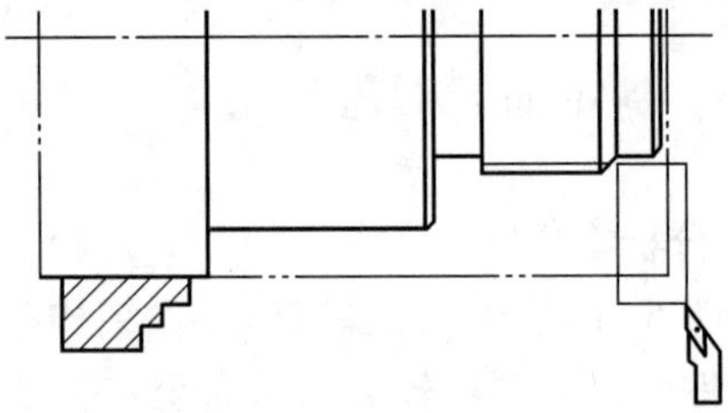
5	精车外轮廓到尺寸	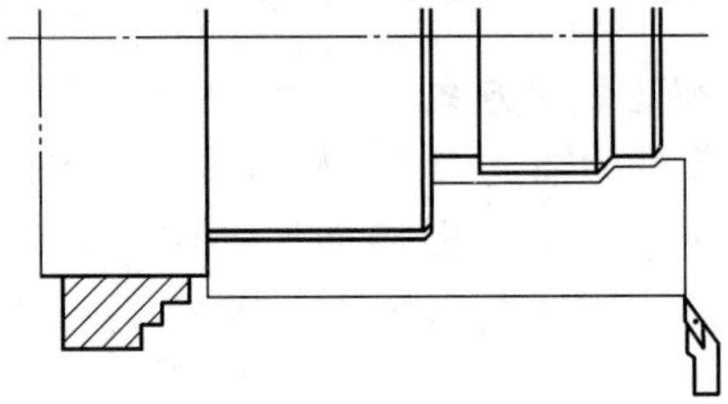
6	切槽	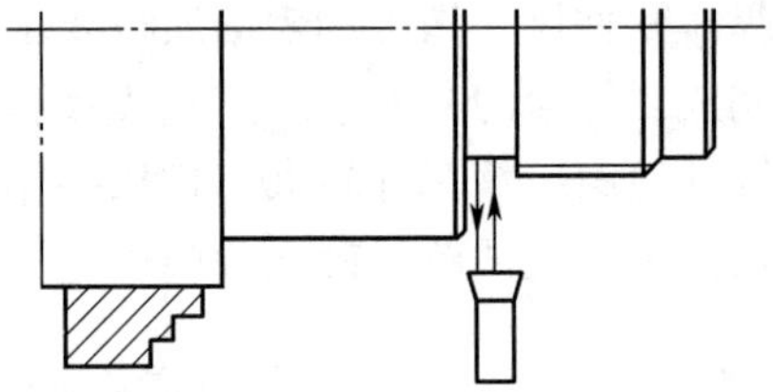
7	车螺纹	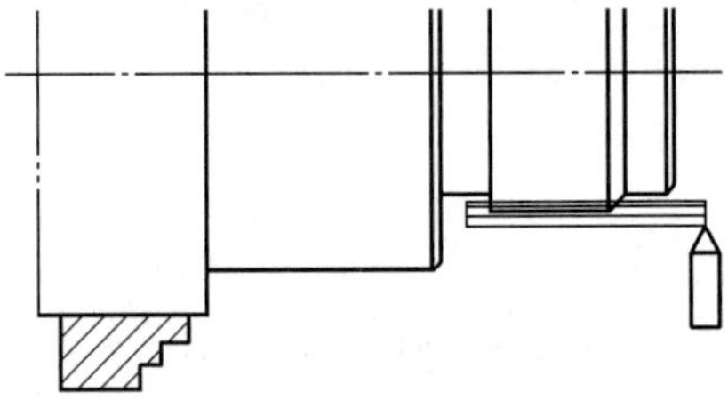
8	切断	略

4. 选择刀具

该零件车削外轮廓用一把刀即可完成所有外圆表面加工，换切槽刀切槽，再车螺纹，最后切断。零件有台阶面，故车刀主偏角应大于 90°，取 93°。根据学院实际条件选用可转位车刀，切断刀选用 3mm，螺纹刀选 60°可转位外螺纹车刀。刀具清单如表 5-9 所示。

表 5-9　　弹膛体零件刀具卡

序号	刀具号	刀具名称	规格型号	数量	加工内容	备注
1	T0101	90°外圆车刀	90°	1	用于车端面和粗、精车外圆	
2	T0202	切断刀	3mm	1	切螺纹退刀槽、切断	
3	T0303	螺纹刀	60°	1	车螺纹	

5. 切削参数选择

工件材料为 40Cr，粗加工背吃刀量可以取 1～2mm，进给量取 0. 1～0. 2mm/r，主轴转速取 900r/min。精加工背吃刀量取 0. 3～0. 5mm，进给量取 0. 08～0. 1mm/r，主轴转速取 1500r/min。

根据公式 $F=f\times n$ 计算出粗加工时 $F=0.16\times900=150$mm/min，精加工时 $F=120$ mm/min。

切槽、切断时，背吃刀量等于切槽刀宽，进给量取 0. 1mm/r，主轴转速取 300r/min。

根据公式 $F=f\times n$ 计算出切槽时 $F=30$ mm/min。

车螺纹时，主轴转速取 450r/min，F 取螺距值 1mm。

6. 制定工艺文件

经过上面的分析，制定销轴零件的数控加工工序卡如表 5-10 所示。

表 5-10　　弹膛体零件数控加工工序卡

材料	40Cr	零件图号			系统	FANUC	工序号
操作序号	工步内容（走刀路线）	装夹序号	刀具 T	切削用量			
				转速 S（n）/（r/min）	进给速度 F/（mm/min）	背吃刀量/mm	
（1）	车端面	1	T0101	900	50		
（2）	粗车 ϕ24、螺纹、ϕ15 外圆，留 0. 5mm 余量	1	T0101	900	150	1	
（3）	精车外轮廓到尺寸	1	T0101	1500	120	0. 5	
（4）	切槽	1	T0202	300	30		
（5）	车螺纹	1	T0303	450			
（6）	切断	1	T0202	300	30		

二、编程（原点、参考程序）

（1）设定编程原点，编程原点设在零件右端面中心。

（2）参考程序见表 5-11。

表 5-11　　　　弹膛体零件数控加工参考程序

<table>
<tr><td rowspan="3">数控车床程序卡</td><td>编程原点</td><td colspan="3">零件的右端面中心</td><td>编写日期</td><td></td></tr>
<tr><td>零件名称</td><td></td><td>零件图号</td><td></td><td>材料</td><td>40Cr</td></tr>
<tr><td>车床型号</td><td>CK6132</td><td>夹具名称</td><td>三爪卡盘</td><td>实训车间</td><td>数控基地</td></tr>
<tr><td>程序数</td><td colspan="3">1</td><td>编程系统</td><td colspan="2">FANUC 0i</td></tr>
<tr><td>序号</td><td colspan="3">程序</td><td colspan="3">简要说明</td></tr>
<tr><td></td><td colspan="3">O0001</td><td colspan="3"></td></tr>
<tr><td>N10</td><td colspan="3">T0101</td><td colspan="3">换 1 号刀，建立工件坐标系</td></tr>
<tr><td>N20</td><td colspan="3">G98　G97　G40</td><td colspan="3">程序初始设置</td></tr>
<tr><td>N30</td><td colspan="3">M03　S900</td><td colspan="3">启动主轴，转速 900r/min</td></tr>
<tr><td>N40</td><td colspan="3">G00 X30 Z0</td><td colspan="3">快速定位到端面切削起点</td></tr>
<tr><td>N50</td><td colspan="3">G01 X0 F80</td><td colspan="3">车端面</td></tr>
<tr><td>N60</td><td colspan="3">G00 X30 Z2</td><td colspan="3">快速定位到粗车外圆起始点</td></tr>
<tr><td>N70</td><td colspan="3">G90 X24. 5 Z-30 F150</td><td colspan="3" rowspan="6">粗车外轮廓，留 0. 5mm 余量</td></tr>
<tr><td>N80</td><td colspan="3">X22. 5 Z-14. 5</td></tr>
<tr><td>N90</td><td colspan="3">X20. 5</td></tr>
<tr><td>N100</td><td colspan="3">X18. 5</td></tr>
<tr><td>N110</td><td colspan="3">X16. 8</td></tr>
<tr><td>N120</td><td colspan="3">G90 X15. 5 Z-3 F150</td></tr>
<tr><td>N130</td><td colspan="3">S1500</td><td colspan="3"></td></tr>
<tr><td>N140</td><td colspan="3">G1 X14 F100</td><td colspan="3" rowspan="9">精车外轮廓</td></tr>
<tr><td>N150</td><td colspan="3">Z0</td></tr>
<tr><td>N160</td><td colspan="3">X15 Z-0. 5</td></tr>
<tr><td>N170</td><td colspan="3">Z-3</td></tr>
<tr><td>N180</td><td colspan="3">X16. 8　Z-4</td></tr>
<tr><td>N190</td><td colspan="3">Z-14. 5</td></tr>
<tr><td>N200</td><td colspan="3">X23</td></tr>
<tr><td>N210</td><td colspan="3">X24　Z-15</td></tr>
<tr><td>N220</td><td colspan="3">Z-30</td></tr>
</table>

续表

<table>
<tr><td rowspan="3">数控车床程序卡</td><td>编程原点</td><td colspan="3">零件的右端面中心</td><td>编写日期</td><td></td></tr>
<tr><td>零件名称</td><td></td><td>零件图号</td><td></td><td>材料</td><td>40Cr</td></tr>
<tr><td>车床型号</td><td>CK6132</td><td>夹具名称</td><td>三爪卡盘</td><td>实训车间</td><td>数控基地</td></tr>
<tr><td>程序数</td><td colspan="3">1</td><td>编程系统</td><td colspan="2">FANUC 0i</td></tr>
<tr><td>序号</td><td colspan="3">程序</td><td colspan="3">简要说明</td></tr>
<tr><td>N230</td><td colspan="3">G00　X50　Z100</td><td colspan="3">快速退刀</td></tr>
<tr><td>N240</td><td colspan="3">T0202　S300</td><td colspan="3">换 2 号刀，降低转速 S 至 300r/min</td></tr>
<tr><td>N250</td><td colspan="3">G0　X30</td><td colspan="3" rowspan="3">切槽</td></tr>
<tr><td>N260</td><td colspan="3">Z-14.5</td></tr>
<tr><td>N270</td><td colspan="3">G01　X15　F30</td></tr>
<tr><td>N280</td><td colspan="3">G0　X30</td><td colspan="3"></td></tr>
<tr><td>N290</td><td colspan="3">Z100</td><td colspan="3"></td></tr>
<tr><td>N300</td><td colspan="3">T0303</td><td colspan="3">换 3 号刀</td></tr>
<tr><td>N310</td><td colspan="3">S450</td><td colspan="3"></td></tr>
<tr><td>N320</td><td colspan="3">G0　X20　Z2</td><td colspan="3"></td></tr>
<tr><td>N330</td><td colspan="3">G92　X16.3　Z-13　F1</td><td colspan="3" rowspan="10">车螺纹循环</td></tr>
<tr><td>N340</td><td colspan="3">X16.0</td></tr>
<tr><td>N350</td><td colspan="3">X15.7</td></tr>
<tr><td>N360</td><td colspan="3">X15.5</td></tr>
<tr><td>N370</td><td colspan="3">X15.3</td></tr>
<tr><td>N380</td><td colspan="3">X15.0</td></tr>
<tr><td>N390</td><td colspan="3">X14.9</td></tr>
<tr><td>N400</td><td colspan="3">X14.8</td></tr>
<tr><td>N410</td><td colspan="3">X14.7</td></tr>
<tr><td>N420</td><td colspan="3">X14.7</td></tr>
<tr><td>N430</td><td colspan="3">G00　X50　Z100</td><td colspan="3">退回换刀点</td></tr>
<tr><td>N440</td><td colspan="3">M30</td><td colspan="3">程序结束，返回程序起点</td></tr>
</table>

三、弹膛体零件数控加工

将编好的数控程序传到 CK6132 数控车床，装夹毛坯，建立工件坐标系，加工零件。主要操作步骤如下：

（1）机床开机，回参考点，准备机床。

（2）输入数控程序，并检查。

（3）工件安装，夹住毛坯外圆，毛坯伸出卡盘端面 35mm。

（4）安装刀具，在 1 号刀位安装外圆车刀，在 2 号刀位安装切断刀，在 3 号刀位安装螺纹刀。安装时注意刀尖高度与工件的回转中心线等高，刀尖伸出长度约为刀具厚度的 1.5 倍。

（5）对刀操作，将外圆车刀、切槽刀、螺纹刀按采用试切法对刀。刀具对刀完成后，分别进行 *X*、*Z* 方向对刀验证，检验对刀是否正确。

螺纹刀对刀示意图如图 5-14 所示。

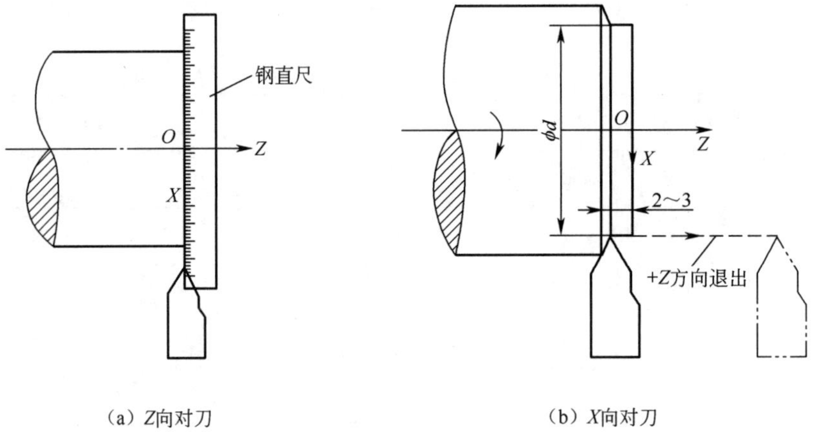

图 5-14　螺纹车刀对刀示意图

（6）启动程序，自动加工。

（7）停机后，按图纸要求检测工件，对工件进行误差及质量分析。

利用游标卡尺、外径千分尺、表面粗糙度工艺样板等量具测量工件，学生对自己加工的零件进行检测，包括尺寸精度的检测和零件加工质量的检测。

项目评价

1. 确定测量工具。

$\phi24^{+0.12}_{-0.20}$mm 外圆直径尺寸用外径千分尺测量，其余外径尺寸和台阶长度尺寸精度要求不高，选择游标卡尺测量就能达到要求。量具选用见表 5-12。

表 5-12　　弹膛体零件量具选用表

序号	名称	规格/mm	精度/mm	数量
1	游标卡尺	0~150	0.02	1
2	外径千分尺	0~25	0.01	1
3	螺纹环规	M17×1		1

2. 弹膛体零件质量检验单，见表 5-13。

表 5-13　　弹膛体零件质量检验单

项目名称	加工弹膛体		学号：				
检测项目	序号	检测内容	检测结果	结论			
长度	1	3					
	2	3					
	3	24					
	4	$9^{+0.1}_{0}$					
外圆	5	$\phi24^{+0.12}_{-0.20}$					
	6	$\phi15$					
螺纹	7	M17×1					
倒角	8	23 处 $C0.5$					
表面质量	9	$Ra3.2$					
弹膛体零件检测结论							
产品不合格原因分析							
改进措施							
记录员		监考员		检验员		考评员	

3.项目考核，见表 5-14。

表 5-14 **教学项目过程考核评价表**

<table>
<tr><td colspan="2">项目名称：　　　　班级：</td><td colspan="6">姓名：　　　　学号：　　　　指导教师：</td></tr>
<tr><td rowspan="3">评价项目</td><td rowspan="3">评价标准</td><td rowspan="3">评价依据
（信息、佐证）</td><td colspan="3">评价方式</td><td rowspan="3">得分小计</td><td rowspan="3">总分</td></tr>
<tr><td>学生自评</td><td>小组互评</td><td>教师评价</td></tr>
<tr><td>30%</td><td>30%</td><td>40%</td></tr>
<tr><td>职业素质（20%）</td><td>1.遵守企业管理规定、劳动纪律
2.按时完成学习及工作任务
3.工作积极主动、勤学好问</td><td>考勤
工作及学习态度</td><td></td><td></td><td></td><td></td><td rowspan="3"></td></tr>
<tr><td>专业技能（50%）</td><td>1.机床操作正确合理、安全文明生产
2.有零件的工艺分析能力、制定工艺合理
3.程序规范正确
4.夹具、刀具正确使用
5.零件质量合格
6.正确使用检测量具、量仪</td><td>工作过程
工艺过程卡
工序卡
程序单
零件质量检验单
安全操作、机床清理</td><td></td><td></td><td></td><td></td></tr>
<tr><td>展示创新（30%）</td><td>1.该小组介绍成果是否清晰
2.该小组演示的检测方法操作是否正确
3.该小组的检测量具、量仪保养是否完好
4.该小组的团队精神如何
5.能对不合理处分析原因并提出改进意见
6.做出技术或工艺改良报告，具有创新性</td><td>表述能力
展示方式及效果
口头或书面提议
技术或工艺改良报告</td><td></td><td></td><td></td><td></td></tr>
<tr><td>指导教师
综合评价</td><td colspan="7">指导老师签名：　　　　日期：</td></tr>
</table>

注：评价分值均为百分制。

拓展练习

毛坯为棒料，完成零件的数控编程并加工，车削尺寸按图 5-15、图 5-16 中要求。

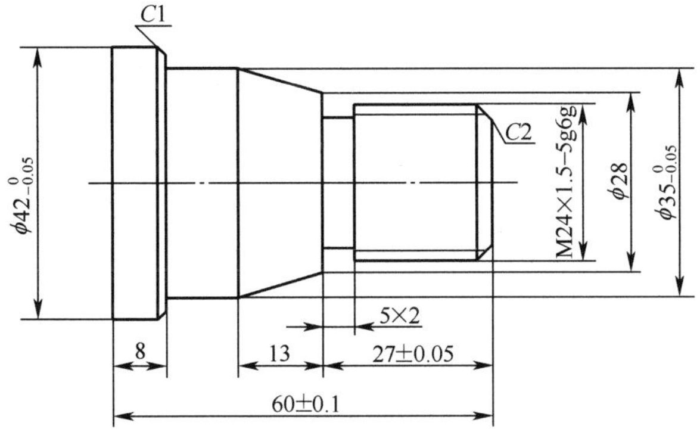

图 5-15　轴 1

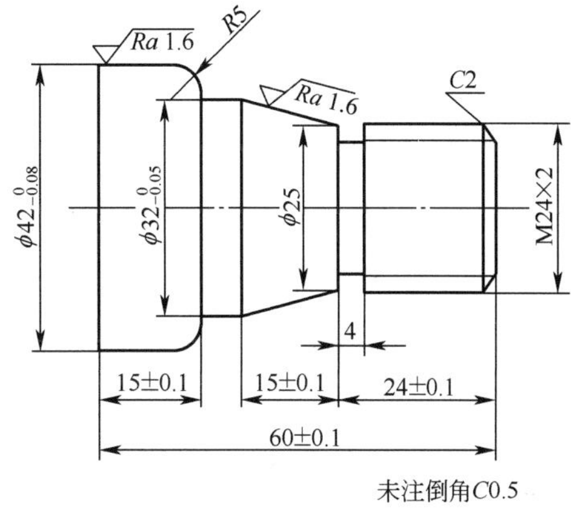

图 5-16　轴 2

项目六　加工复杂轴零件

学习目标

1. 掌握单调轮廓加工的特点及方法
2. 会制定复杂轴零件数控加工工艺
3. 掌握 G70、G71 指令的格式及应用
4. 会复杂轴零件的编程与加工
5. 培养学生的创新能力和团队协作精神

项目导读

中等复杂程度的轴一般都是多阶梯轴。常由圆柱面、圆锥面、台阶、端面、圆弧面等表面构成，其加工工艺由各表面加工知识综合而成，编程方法一般采用轮廓粗、精加工复合循环指令，以简化程序结构。

如图 6-1 所示复杂轴零件，材料为 45 钢，毛坯为 ϕ50mm×120mm，零件加工后的效果图如图 6-2 所示。

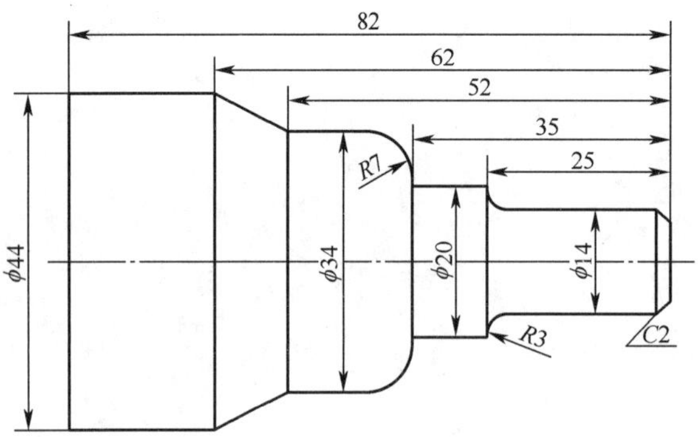

图 6-1　复杂轴零件图

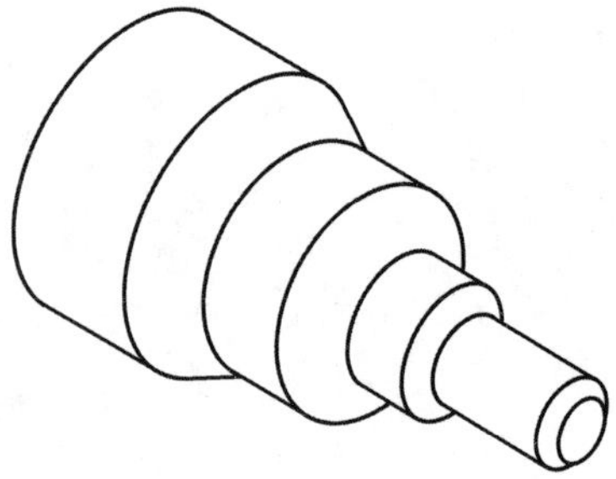

图 6-2　复杂轴零件实体图

知识链接

一、加工顺序和进给路线的确定

1. 加工顺序的确定

数控车削的加工顺序一般按照总体原则确定，下面针对数控车削的特点对这些原则进行详细的叙述。

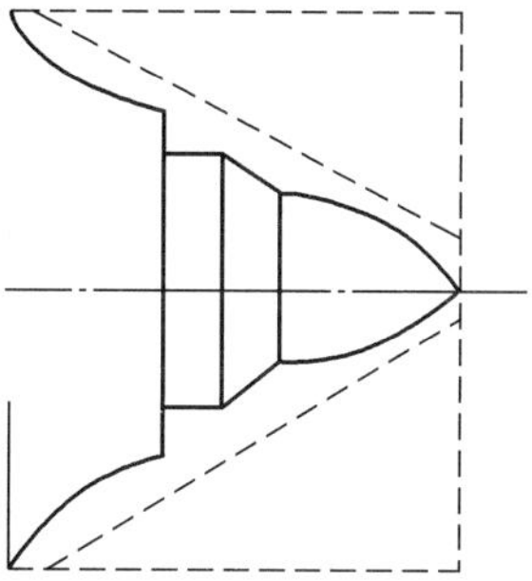

图 6-3　先粗后精示例

（1）先粗后精。为了提高生产效率并保证零件的精加工质量，在切削加工时，应先安排粗加工工序，在较短的时间内，将精加工前大量的加工余量去掉，如图 6-3 中的虚线内所示部分，同时尽量满足精加工的余量均匀性要求。

当粗加工工序安排完后，应接着安排换刀后进行的半精加工和精加工。其中，安排半精加工的目的是，当粗加工后所留余量的均匀性满足不了精加工要求时，则可安排半精加工作为过渡性工序，以便使精加工余量小而均匀。

在安排可以一刀或多刀进行的精加工工序时，其零件的最终轮廓应由最后一刀连续加工而成。这时，加工刀具的进退刀位置要考虑妥当，尽量不要在连续的轮廓中安排切入和切出或换刀及停顿，以免因切削力突然变化而造成弹性变形，致使光滑连接轮廓上产生表面划伤、形状突变或滞留刀痕等疵病。

（2）先近后远加工，减少空行程时间。这里所说的远与近，是按加工部位相对于对刀点的距离大小而言的。在一般情况下，特别是在粗加工时，通常安排离对刀点近的部位先加工，离对刀点远的部位后加工，以便缩短刀具移动距离，减少空行程时间。对于车削加工，先近后远有利于保持毛坯件或半成品件的刚性，改善其切削条件。

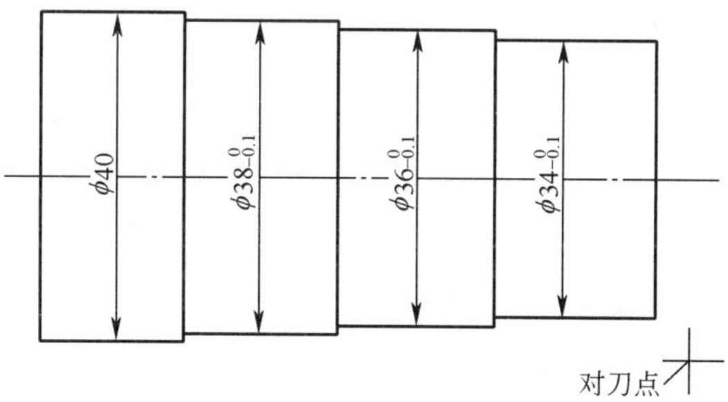

图 6-4　先近后远示例

例如，当加工如图 6-4 所示零件时，如果按 $\phi38mm \rightarrow \phi36mm \rightarrow \phi34mm$ 的次序安排车削，不仅会增加刀具返回对刀点所需的空行程时间，而且还可能使台阶的外直角处产生毛刺（飞边）。对这类直径相差不大的台阶轴，当第一刀的背吃刀量（图中最大背吃刀量约为 3mm）未超限时，宜按 ϕ34mm→ϕ36mm→ϕ38mm 的次序先近后远地安排车削。

（3）内外交叉。对既有内表面（内型腔），又有外表面需加工的零件，安排加工顺序时，应先进行内外表面粗加工，后进行内外表面精加工。切不可将零件上一部分表面（外表面或内表面）加工完毕后，再加工其他表面（内表面或外表面）。

（4）基面先行原则。用作精基准的表面应优先加工出来，因为定位基准的表面越精确，装夹误差就越小。例如轴类零件加工时，总是先加工中心孔，再以中心孔为基准加工外圆表面和端面。

上述原则并不是一成不变的，对于某些特殊情况，则需要采取灵活可变的方案。如有的工件就必须先精加工后粗加工，才能保证其加工精度与质量。这些都有赖于编程者实际加工经验的不断积累与学习。

2. 加工进给路线的确定

进给路线是刀具在整个加工工序中相对于工件的运动轨迹，它不但包括了工步的内容，而且也反映出工步的顺序。进给路线也是编程的依据之一。

加工路线的确定首先必须保持被加工零件的尺寸精度和表面质量，其次考虑数值计算简单、走刀路线尽量短、效率较高等。因精加工的进给路线基本上都是沿其零件轮廓顺序进行的，因此确定进给路线的工作重点是确定粗加工及空行程的进给路线。下面将具体分析：

（1）加工路线与加工余量的关系。在数控车床还未达到普及使用的条件下，一般应把毛坯件上过多的余量，特别是含有锻、铸硬皮层的余量安排在普通车床上加工。如必须用数控车床加工时，则要注意程序的灵活安排。安排一些子程序对余量过多的部位先作一定的切削加工。

1）对大余量毛坯进行阶梯切削时的加工路线。如图 6–5 所示为车削大余量工件的两种加工路线，图 6–5（a）是错误的阶梯切削路线，图 6–5（b）按 1→5 的顺序切削，每次切削所留余量相等，是正确的阶梯切削路线。因为在同样背吃刀量的条件下，按图 6–5（a）方式加工所剩的余量过多。

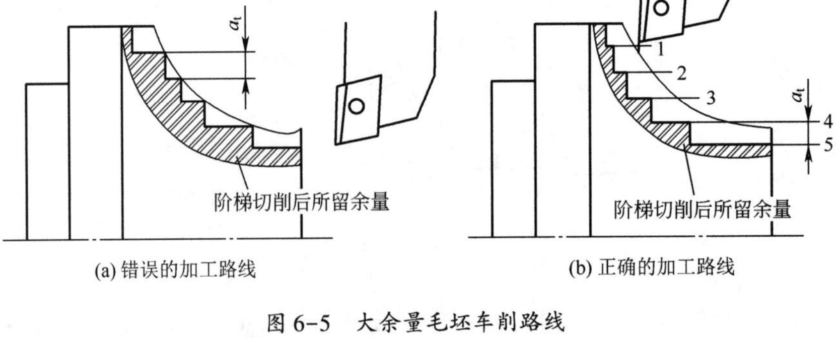

(a) 错误的加工路线　　(b) 正确的加工路线

图 6–5　大余量毛坯车削路线

根据数控加工的特点，还可以放弃常用的阶梯车削法，改用依次从轴向和径向进刀、顺工件毛坯轮廓走刀的路线（图 6-6）。

2）分层切削时刀具的终止位置。当某表面的余量较多需分层多次走刀切削时，从第二刀开始就要注意防止走刀到终点时背吃刀量的猛增。如图 6-7 所示，设以 90°主偏角刀分层车削外圆，合理的安排应是每一刀的切削终点依次提前一小段距离 e（例如可取 $e=0.05$mm）。如果 $e=0$，则每一刀都终止在同一轴向位置上，主切削刃就可能受到瞬时的重负荷冲击。当刀具的主偏角大于 90°，但仍然接近 90°时，也宜做出层层递退的安排，经验表明，这对延长粗加工刀具的寿命是有利的。

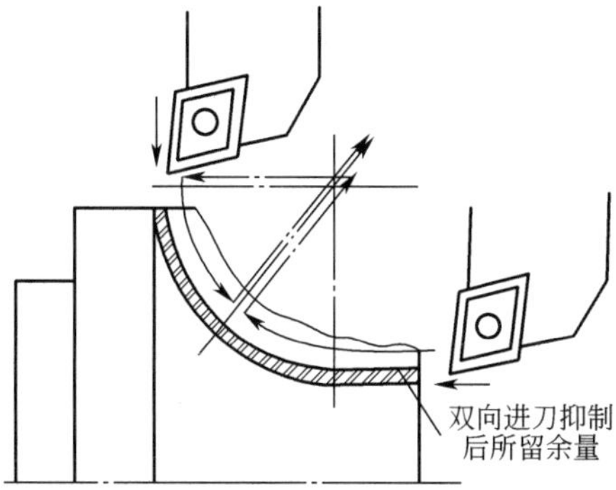

图 6-6　双向走刀路线

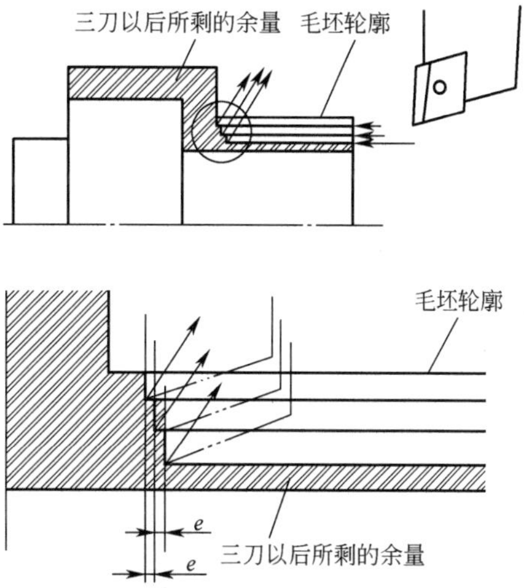

图 6-7　分层切削时刀具终止位置

（2）刀具的切入、切出。在数控机床上进行加工时，要安排好刀具的切入、切出路线，尽量使刀具沿轮廓的切线方向切入、切出。

尤其是车螺纹时，必须设置升速段 δ_1 和降速段 δ_2（图 6-8），这样可避免因车刀升降而影响螺距的稳定。

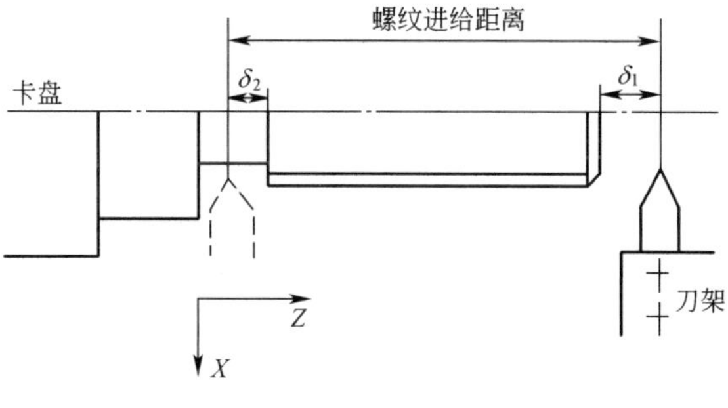

图 6-8　车螺纹时的引入段和超越距离

（3）确定最短的空行程路线。确定最短的走刀路线，除了依靠大量的实践经验外，还应善于分析，必要时辅以一些简单计算。现将实践中的部分设计方法或思路介绍如下。

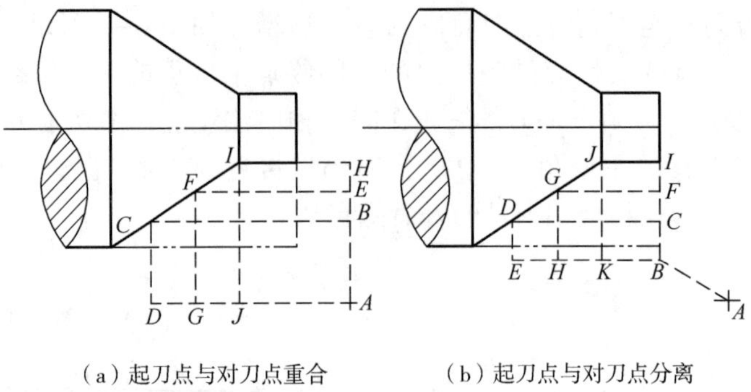

图 6-9　巧用起点

1）巧用对刀点。图 6-9（a）为采用矩形循环方式进行粗车的一般情况示例，其起刀点 *A* 的设定是考虑到精车等加工过程中需方便地换刀，故设置在离坯料较远的位置处，同时将起刀点与其对刀点重合在一起，按三刀粗车的走刀路线安排如下：

第一刀为 *A*→*B*→*C*→*D*→*A*

第二刀为 *A*→*E*→*F*→*G*→*A*

第三刀为 *A*→*H*→*I*→*J*→*A*

图 6-9（b）则是巧将起刀点与对刀点分离，并设于图示 *B* 点位置，仍按相同的切削用量进行三刀粗车，其走刀路线安排如下：

起刀点与对刀点分离的空行程为 *A*→*B*

第一刀为 *B*→*C*→*D*→*E*→*B*

第二刀为 *B*→*F*→*G*→*H*→*B*

第三刀为 *B*→*I*→*J*→*K*→*B*

显然，图 6-9（b）所示的走刀路线短。

2）巧设换刀点。为了考虑换（转）刀的方便和安全，有时将换（转）刀点也设置在离坯件较远的位置处，如图 6-9（a）中 *A* 点，那么，当换第二把刀后，进行精车时的空行程路线必然也较长；如果将第二把刀的换刀点也设置在图 6-9（b）中的 *B* 点位置上，则可缩短空行程距离。

3）合理安排“回零”路线。在手工编制较复杂轮廓的加工程序时，为使其计算过程尽量简化，既不易出错，又便于校核，编程者（特别是初学者）有时将每一刀加工完后的刀具终点通过执行“回零”（即返回对刀点）指令，使其全都返回到对刀点位置，然后再进行后续程序。这样会增加走刀路线的距离，从而大大降低生产效率。因此，在合理安排“回零”路线时，应使其前一刀终点与后一刀起点间的距离尽量减短，或者为零，即可满足走刀路线为最短的要求。

（4）确定最短的切削进给路线。切削进给路线短，可有效地提高生产效率，降低刀具损耗等。在安排粗加工或半精加工的切削进给路线时，应同时兼顾到被加工零件的刚性及加工的工艺性等要求，不要顾此失彼。

图 6-10 为粗车工件时几种不同切削进给路线的安排示例。其中，图 6-10（a）表示利用数控系统具有的封闭式复合循环功能而控制车刀沿着工件轮廓进行走刀的路线；图 6-10（b）为利用其程序循环功能安排的“三角形”走刀路线；图 6-10（c）为利用其矩形循环功能而安排的“矩形”走刀路线。

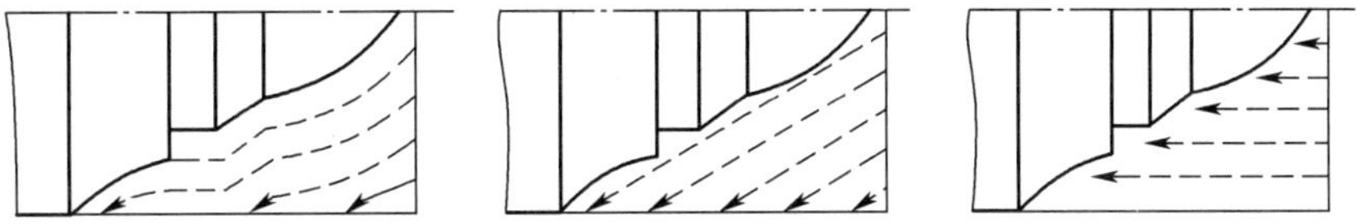

（a）沿工件轮廓走刀　　（b）“三角形”走刀　　（c）“矩形”走刀

图 6-10　走刀路线示例

对以上三种切削进给路线，经分析和判断后可知矩形循环进给路线的走刀长度总和为最短。因此，在同等条件下，其切削所需时间（不含空行程）为最短，刀具的损耗小。另外，矩形循环加工的程序段格式较简单，所以这种进给路线的安排，在制定加工方案时应用较多。

二、常用编程指令 G71、G70

1. 外圆粗车复合循环指令 G71

外圆车削固定循环指令 G71 适合于加工阶梯直径相差较小的轴套零件，可以有效缩短刀具长度，应用该指令，只需指定粗加工背吃刀量、精加工余量和精加工路线等参数，系统可以自动计算出粗加工路线和粗加工次数，完成内外轮廓表面的粗加工，其指令格式及说明见表 6-1。

表 6-1　　G71 指令格式、参数含义及使用说明

指令格式	G71 U（Δd）R（e） G71 P（ns）Q（nf）U（Δu）W（Δw）F（f）S（s）T（t） N（ns）…… ……… F____S____T____ N（nf）…… 从序号 ns 至 nf 的程序段，指定 *A* 及 *B* 间的移动指令
说明	该指令执行如参考图所示的粗加工

续表

参考图	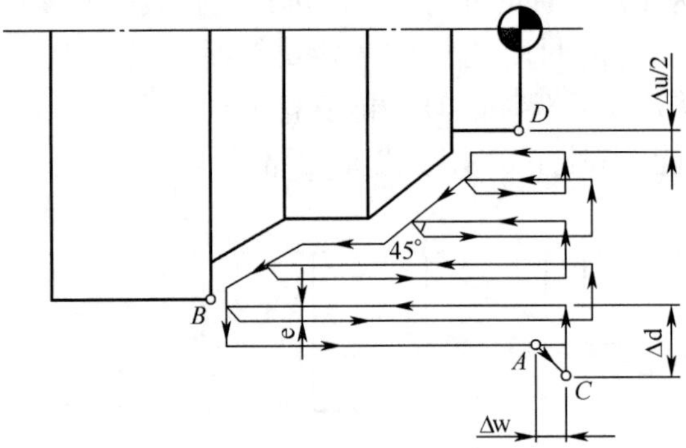
参 数	含　　义
U	Δd：背吃刀量，半径值。一般 45 钢取 1~2mm，铝合金取 1.5~3mm
R	e：每次退刀量，半径值，一般取 0.5~1mm
P	ns：精加工路径第一程序段的顺序号
Q	nf：精加工路径最后程序段的顺序号
U	Δu：*X* 方向精加工余量，直径值，一般取 0.5~0.8mm
W	Δw：*Z* 方向精加工余量，一般取 0.05~0.1mm
注意事项	1. 循环动作由带有地址 P 和 Q 的 G71 指令实现。在 ns 和 nf 程序段中指定的 F、S、T 功能无效，在 G71 程序段中或前面程序段中指定的 F、S、T 功能有效 2. 区别外圆、内孔。正、反阶梯由 *X*、*Z* 方向精加工余量（Δu、Δw）的正负值来确定 3. 精车程序段开始段（ns）应指定 G00 或 G01 指令，并且只能有 *X* 坐标，不能有 *Z* 坐标，否则会报警 4. 使用 G71 指令时，工件径向尺寸必须单向递增或递减 5. 调用 G71 前，刀具应处于循环起点 *A* 处，*A* 点位置随加工表面不同而不同 6. 顺序号 ns~nf 之间不得有固定循环、返回参考点、螺纹切削和调用子程序指令

2. 精加工循环指令 G70

用 G71、G72、G73 指令粗加工后，可用精加工循环指令 G70 进行轮廓精加工，其指令格式及说明见表 6-2。

表 6-2　G70 指令格式、参数含义及使用说明

指令格式	G70 P（ns）Q（nf）
说明	该指令执行 G71、G2、G73 指令中指定的精加工程序段

续表

参考图	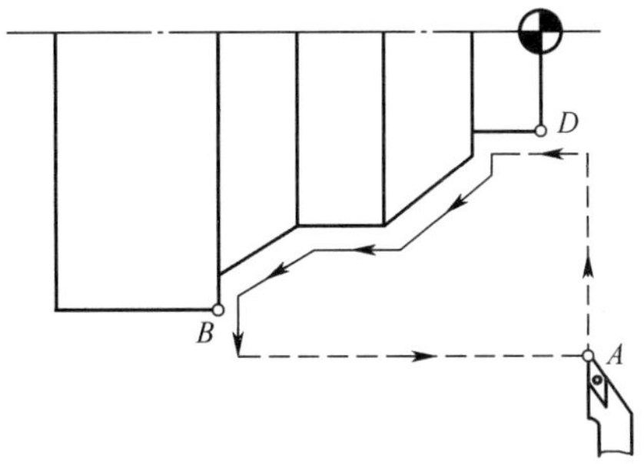
参 数	含　　义
P	ns：精加工路径第一程序段的顺序号
Q	nf：精加工路径最后程序段的顺序号
注意事项	1. 精车循环 G70 状态下，在 ns~nf 程序段中指定的 F、S、T 功能有效，当在 ns~nf 程序段中没有指定的 F、S、T 功能时，粗车循环 G71、G73 程序段中指定的 F、S、T 功能有效 2. G70 循环加工结束时，刀具返回起点并读下一个程序段 3. G70 中不能调用子程序

项目实施

一、制定加工工艺

1. 分析零件图

如图 6-11 所示，该复杂轴零件结构简单，由外圆柱面、圆锥面、圆弧面等组成，零件的尺寸精度不高。从右至左，零件的外径依次增大，属于单调递增类型。

根据零件图样形状和大小，复杂轴零件可选用 ϕ50mm×120mm，材料为 45 钢。

2. 确定装夹方案

该零件为轴类零件，轴线为工艺基准，加工外表面用三爪自定心卡盘夹持毛坯外圆，毛坯伸出卡盘端面 90mm，一次装夹完成加工，装夹示意图如图 6-11 所示。

3. 确定工艺路线及走刀路线

复杂轴零件尺寸精度和表面质量要求不高，但是各个外圆表面直径相差较大，需分粗、精加工完成，综合分析后拟定工艺路线为：车端面—粗车外轮廓—精车外轮廓—切断。

根据拟定的工艺路线确定复杂轴零件的主要加工工步及走刀路线见表 6-3。

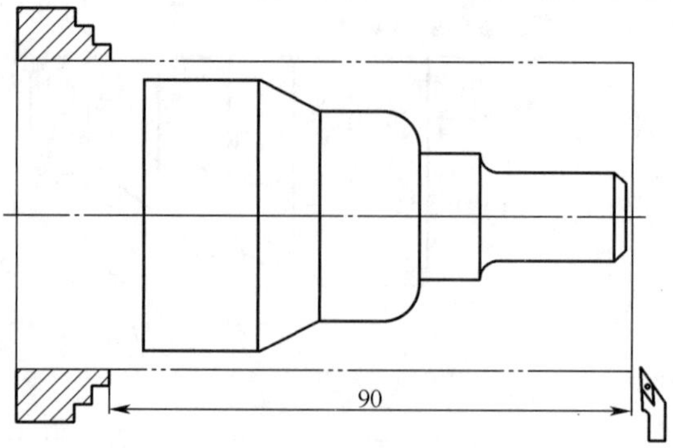

图 6-11　复杂轴零件装夹

表 6-3　　复杂轴零件主要工步走刀路线

工步号	工步内容	示意图
1	车端面	略
2	粗车外轮廓，留 0.5mm 余量	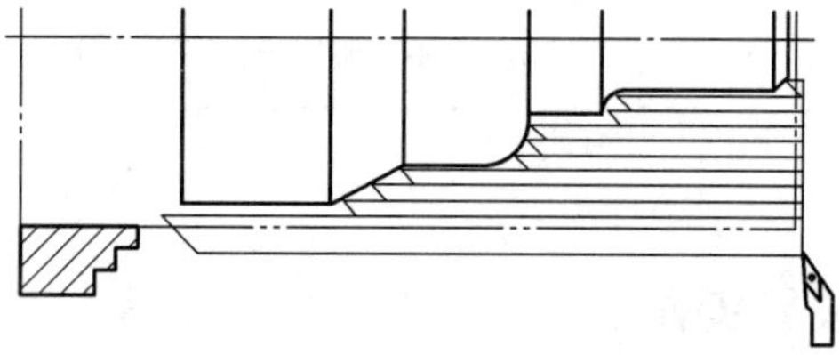
3	精车外轮廓	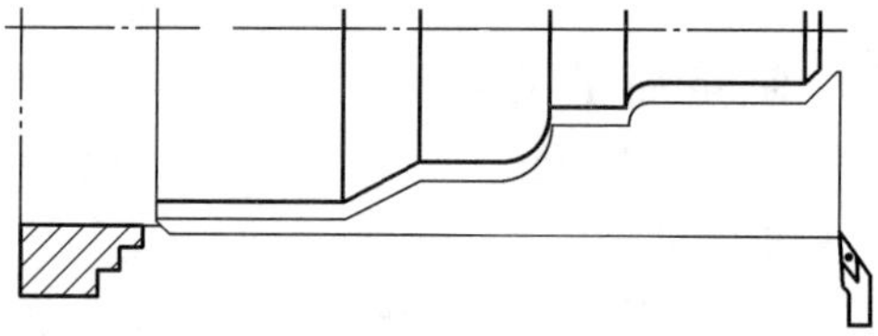
4	切断	略

4. 选择刀具

该零件车削外轮廓用一把刀即可完成所有外圆表面加工，零件有台阶面，故车刀主偏角应大于 90°，取 93°。根据学院实际条件选用可转位车刀，刀具清单如表 6-4 所示。

表 6-4　　复杂轴零件刀具卡

序号	刀具号	刀具名称	规格型号	数量	加工内容	备注
1	T0101	93°外圆车刀	93°	1	用于车端面和粗、精车外圆	
2	T0202	切断刀	3mm	1	用于切断工件	

5. 切削参数选择

工件材料为45钢，粗加工背吃刀量可以取1~2mm，进给量取0.1~0.2mm/r，主轴转速取900r/min。精加工背吃刀量取0.3~0.5mm，进给量取0.08~0.1mm/r，主轴转速取1500r/min。

根据公式 $F=f\times n$ 计算出粗加工时 $F=0.16\times900=150$mm/min，精加工时 $F=120$ mm/min。

切断时，背吃刀量等于切槽刀宽，进给量取0.1mm/r，主轴转速取300r/min。

根据公式 $F=f\times n$ 计算出切槽时 $F=30$ mm/min。

6. 制定工艺文件

经过上面的分析，制定复杂轴零件的数控加工工序卡如表6-5所示。

表6-5 复杂轴零件数控加工工序卡

材料	45钢	零件图号		系统	FANUC	工序号	
操作序号	工步内容（走刀路线）	装夹序号	刀具T	切削用量			
				转速 S (n) /（r/min）	进给速度 F/（mm/min）	背吃刀量/（mm）	
（1）	车端面	1	T0101	900	80		
（2）	粗车外轮廓，留0.5mm余量	1	T0101	900	150	1.5	
（3）	精车外轮廓到尺寸	1	T0101	1500	120	0.5	
（4）	切断	1	T0202	300	30		

二、编程（原点、参考程序）

（1）设定编程原点，编程原点设在零件右端面中心。

（2）参考程序见表6-6。

表6-6 复杂轴零件数控加工参考程序

数控车床程序卡	编程原点	零件的右端面中心			编写日期	
	零件名称		零件图号		材料	45钢
	车床型号	CK6132	夹具名称	三爪卡盘	实训车间	数控基地
程序数	1			编程系统	FANUC 0i	
序号	程序			简要说明		
	O0001					
N10	T0101			换1号刀，建立工件坐标系		

续表

数控车床程序卡	编程原点	零件的右端面中心			编写日期	
	零件名称		零件图号		材料	45 钢
	车床型号	CK6132	夹具名称	三爪卡盘	实训车间	数控基地
程序数	1			编程系统	FANUC 0i	
序号	程序			简要说明		
N20	G98 G97 G40			程序初始设置		
N30	M03　S900			启动主轴，转速 900r/min		
N40	G00 X55 Z0			快速定位到端面切削起点		
N50	G01 X0 F80			车端面		
N60	G00 X55 Z2			快速定位到粗车外圆起始点		
N70	G71 U2 R1			粗车外轮廓，留 0.5mm 余量		
N80	G71 P10 Q20 U0.5 W0 F150					
N90	G1 X10 F120			精车外轮廓程序段		
N100	Z0					
N110	X14 Z-2					
N120	Z-22					
N130	G2 X20 Z-25 R3					
N140	G1 Z-35					
N150	G3 X34 Z-42 R7					
N160	G1 Z-52					
N170	X44 Z-62					
N180	Z-86					
N190	S1500					
N200	G70 P10 Q20			精车外轮廓		
N210	G0 X50 Z100					
N220	T0202			换 2 号刀		
N230	S300			降低转速 S 至 300r/min		
N240	G0 X50					
N250	Z-85			切槽		
N260	G1 X0 F30					

续表

数控车床程序卡	编程原点	零件的右端面中心			编写日期	
	零件名称		零件图号		材料	45 钢
	车床型号	CK6132	夹具名称	三爪卡盘	实训车间	数控基地
程序数	1			编程系统	FANUC 0i	
序号	程序			简要说明		
N270	G00　X50　Z100			退回换刀点		
N280	M30			程序结束，返回程序起点		

三、复杂轴零件数控加工

将编好的数控程序传到 CK6132 数控车床，装夹毛坯，建立工件坐标系，加工零件。主要操作步骤如下：

（1）机床开机，回参考点，准备机床。

（2）输入数控程序，并检查。

（3）工件安装，夹住毛坯外圆，毛坯伸出卡盘端面 90mm。

（4）安装刀具，在 1 号刀位安装外圆车刀，在 2 号刀位安装切断刀，安装时注意刀尖高度与工件的回转中心线等高，刀尖伸出长度约为刀具厚度的 1.5 倍。

（5）对刀操作，将外圆车刀、切断刀采用试切法对刀。刀具对刀完成后，分别进行 *X*、*Z* 方向对刀验证，检验对刀是否正确。

（6）启动程序，自动加工。

（7）停机后，按图纸要求检测工件，对工件进行误差及质量分析。

利用游标卡尺、外径千分尺、表面粗糙度工艺样板等量具测量工件，学生对自己加工的零件进行检测，包括尺寸精度的检测和零件加工质量的检测。

项目评价

1. 确定测量工具。

$\phi24_{-0.20}^{-0.12}$mm 外圆直径尺寸用外径千分尺测量，其余外径尺寸和台阶长度尺寸精度要求不高，选择游标卡尺测量就能达到要求。量具选用见表 6-7。

表 6-7　　复杂轴零件量具选用表

序号	名称	规格/mm	精度/mm	数量
1	游标卡尺	0~150	0.02	1
2	外径千分尺	0~25	0.01	1
3	外径千分尺	25~50	0.01	1

2. 复杂轴零件质量检验单，见表 6-8。

表 6-8　　　　复杂轴零件质量检验单

<table>
<tr><td>项目名称</td><td colspan="2">加工复杂轴</td><td colspan="2">学号：</td></tr>
<tr><td>检测项目</td><td>序号</td><td>检测内容</td><td>检测结果</td><td>结论</td></tr>
<tr><td rowspan="5">长度</td><td>1</td><td>25</td><td></td><td></td></tr>
<tr><td>2</td><td>35</td><td></td><td></td></tr>
<tr><td>3</td><td>52</td><td></td><td></td></tr>
<tr><td>4</td><td>62</td><td></td><td></td></tr>
<tr><td>5</td><td>82</td><td></td><td></td></tr>
<tr><td rowspan="4">外圆</td><td>6</td><td>ϕ15</td><td></td><td></td></tr>
<tr><td>7</td><td>ϕ20</td><td></td><td></td></tr>
<tr><td>8</td><td>ϕ34</td><td></td><td></td></tr>
<tr><td>9</td><td>ϕ44</td><td></td><td></td></tr>
<tr><td>圆弧</td><td>10</td><td>R3</td><td></td><td></td></tr>
<tr><td></td><td>11</td><td>R7</td><td></td><td></td></tr>
<tr><td>倒角</td><td>12</td><td>C2</td><td></td><td></td></tr>
<tr><td>表面质量</td><td>13</td><td>Ra3. 2</td><td></td><td></td></tr>
<tr><td colspan="2">复杂轴零件检测结论</td><td colspan="3"></td></tr>
<tr><td colspan="2">产品不合格原因分析</td><td colspan="3"></td></tr>
<tr><td colspan="2">改进措施</td><td colspan="3"></td></tr>
</table>

记录员		监考员		检验员		考评员	

3.项目考核，见表6-9。

表6-9 **教学项目过程考核评价表**

<table>
<tr><td colspan="2">项目名称：</td><td>班级：</td><td colspan="2">姓名：</td><td colspan="2">学号：</td><td>指导教师：</td></tr>
<tr><td rowspan="3">评价项目</td><td rowspan="3">评价标准</td><td rowspan="3">评价依据
（信息、佐证）</td><td colspan="3">评价方式</td><td rowspan="3">得分小计</td><td rowspan="3">总分</td></tr>
<tr><td>学生自评</td><td>小组互评</td><td>教师评价</td></tr>
<tr><td>30%</td><td>30%</td><td>40%</td></tr>
<tr><td>职业素质（20%）</td><td>1.遵守企业管理规定、劳动纪律
2.按时完成学习及工作任务
3.工作积极主动、勤学好问</td><td>考勤
工作及学习态度</td><td></td><td></td><td></td><td></td><td></td></tr>
<tr><td>专业技能（50%）</td><td>1.机床操作正确合理、安全文明生产
2.有零件的工艺分析能力、制定工艺合理
3.程序规范正确
4.夹具、刀具正确使用
5.零件质量合格
6.正确使用检测量具、量仪</td><td>工作过程
工艺过程卡
工序卡
程序单
零件质量检验单
安全操作、机床清理</td><td></td><td></td><td></td><td></td><td></td></tr>
<tr><td>展示创新（30%）</td><td>1.该小组介绍成果是否清晰
2.该小组演示的检测方法操作是否正确
3.该小组的检测量具、量仪保养是否完好
4.该小组的团队精神如何
5.能对不合理处分析原因并提出改进意见
6.做出技术或工艺改良报告，具有创新性</td><td>表述能力
展示方式及效果
口头或书面提议
技术或工艺改良报告</td><td></td><td></td><td></td><td></td><td></td></tr>
<tr><td>指导教师
综合评价</td><td colspan="7">指导老师签名：　　　　日期：</td></tr>
</table>

注：评价分值均为百分制。

拓展练习

毛坯为棒料，完成零件的数控编程并加工，车削尺寸按图 6-12、图 6-13、图 6-14 中要求。

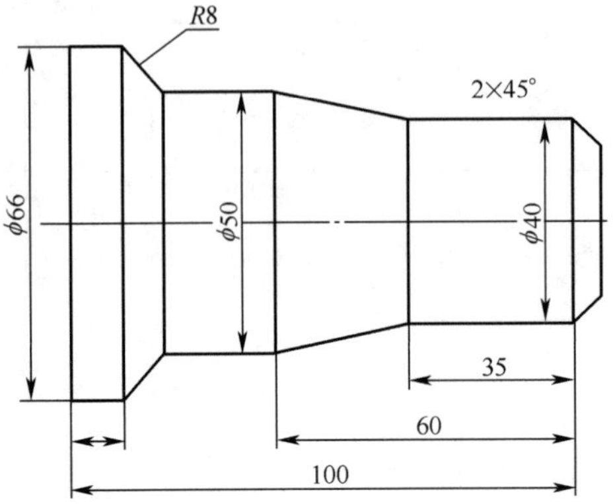

图 6-12　轴 1

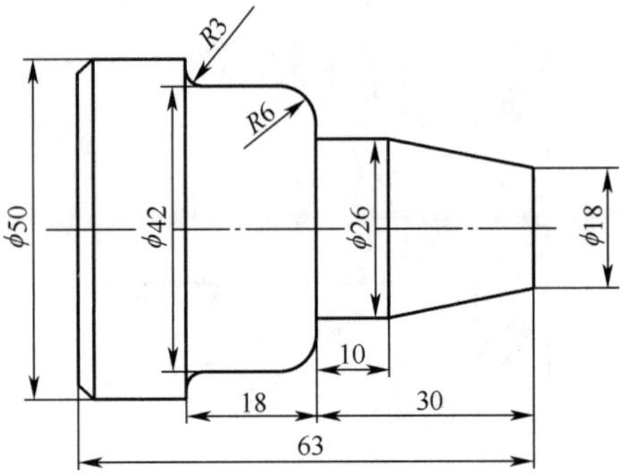

图 6-13　轴 2

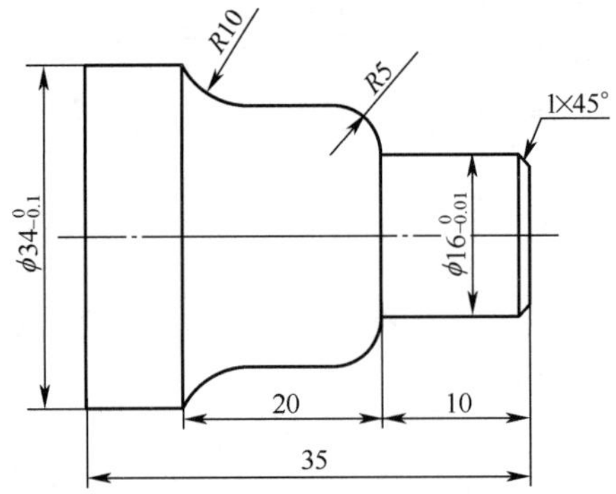

图 6-14　轴 3

项目七 加工定子轴零件

学习目标

1. 会制定定子轴零件车削加工工艺
2. 了解数控车床的特点、组成及分类
3. 掌握 G01 指令倒圆及倒角编程
4. 会仿真软件基本操作
5. 培养学生效率观

项目导读

轴由最基本的圆柱面、圆锥面、台阶、端面、成型面构成。这些表面及由这些表面构成的轴类零件是数控车床操作工的基本工作内容。如图 7-1、图 7-2 所示的定子轴零件，由外圆面、圆锥面、圆弧面和台阶面组成。

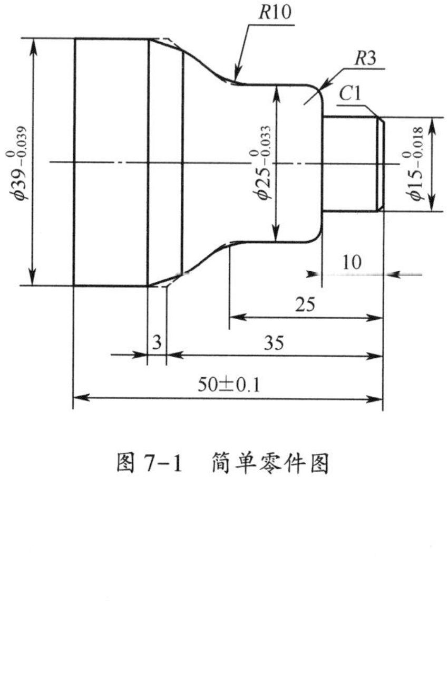

图 7-1 简单零件图

图 7-2 简单零件三维实体图

知识链接

一、数控机床的特点与分类

1. 数控机床的概述

（1）数控技术与数控机床。数控（numerical control，NC）技术是近代发展起来的一种自动控制技术，是用数字化信号对机床运动及其加工过程进行控制的一种方法。采用数控技术实现数字控制的一整套装置和设备，称为数控系统。

数控机床（numerical control machine tools）是用数字代码形式的信息（程序指令），控制刀具按给定的工作程序、运动速度和轨迹进行自动加工的机床，简称数控机床。常见的数控机床有数控车床、数控铣床、数控加工中心等。

（2）数控机床的产生和发展。数控机床是在机械制造技术和控制技术的基础上发展起来的，其过程大致如下：

1948 年，美国帕森斯公司接受美国空军委托，研制直升机螺旋桨叶片轮廓检验用样板的加工设备。由于样板形状复杂多样，精度要求高，一般加工设备难以适应，于是提出采用数字脉冲控制机床的设想。

1949 年，该公司与美国麻省理工学院（MIT）开始共同研究，并于 1952 年试制成功第一台三坐标数控铣床，当时的数控装置采用电子管元件。

1959 年，数控装置采用了晶体管元件和印刷电路板，出现带自动换刀装置的数控机床，称为加工中心（machining center，MC），使数控装置进入了第二代。

1965 年，出现了第三代的集成电路数控装置，不仅体积小，功率消耗少，且可靠性提高，价格进一步下降，促进了数控机床品种和产量的发展。

20 世纪 60 年代末，先后出现了由一台计算机直接控制多台机床的直接数控系统（简称 DNC），又称群控系统；采用小型计算机控制的计算机数控系统（简称 CNC），使数控装置进入了以小型计算机化为特征的第四代。

1974 年，研制成功使用微处理器和半导体存储器的微型计算机数控装置（简称 MNC），这是第五代数控系统。

20 世纪 80 年代初，随着计算机软、硬件技术的发展，出现了能进行人机对话式自动编制程序的数控装置；数控装置愈趋小型化，可以直接安装在机床上；数控机床的自动化程度进一步提高，具有自动监控刀具破损和自动检测工件等功能。

20 世纪 90 年代后期，出现了 PC+CNC 智能数控系统，即以 PC 机为控制系统的硬件部分，在 PC 机上安装 NC 软件系统，系统维护方便，易于实现网络化制造。

2. 数控机床的特点

（1）数控机床与普通机床的区别。数控机床对零件的加工过程，是严格按照加工程序所规定的参数及动作执行的。它是一种高效能自动或半自动机床，与普通机床相比，具有以下明显特点：

1）适合于复杂异形零件的加工。数控机床可以完成普通机床难以完成或根本不能加工的复杂零件的加工，因此在宇航、造船、模具等加工业中得到广泛应用。

2）加工精度高。

3）加工稳定可靠。实现计算机控制，排除人为误差，零件的加工一致性好，质量稳定可靠。

4）高柔性。加工对象改变时，一般只需要更改数控程序，体现出很好的适应性，可大大节省生产准备时间。在数控机床的基础上，可以组成具有更高柔性的自动化制造系统——FMS。

5）高生产率。数控机床本身的精度高、刚性大，可选择有利的加工用量，生产率高，一般为普通机床的3~5倍，对某些复杂零件的加工，生产效率可以提高十几倍甚至几十倍。

6）劳动条件好。机床自动化程度高，操作人员劳动强度降低，工作环境较好。

7）有利于管理现代化。采用数控机床有利于向计算机控制与管理生产方面发展，为实现生产过程自动化创造了条件。

8）投资大，使用费用高。

9）生产准备工作复杂。由于整个加工过程采用程序控制，数控加工的前期准备工作较为复杂，包含工艺确定、程序编制等。

10）维修困难。数控机床是典型的机电一体化产品，技术含量高，对维修人员的技术要求很高。

（2）数控机床的适用范围。基于数控机床的上述特点，适用于数控加工的零件有：

1）批量小而又多次重复生产的零件。

2）几何形状复杂的零件。

3）需要全部检验的零件。

4）试制件。

对以上零件采用数控加工，才能最大限度地发挥出数控加工的优势。

3. 数控机床的组成

数控机床一般由输入输出设备、CN装置（或称CNC单元）、伺服单元、驱动装置（或称执行机构）及电气控制装置、辅助装置、机床本体、测量反馈装置等组成。

（1）机床本体。数控机床由于切削用量大、连续加工发热量大等因素，对加工精度有一定影响，加工中又是自动控制，不能像普通车床那样由人工进行调整、补偿，所以其设计要求比普通机床更严格，制造要求更精密，采用了许多新结构，以加强刚性、减小热变形、提高加工精度。

（2）数控装置。数控装置是数控系统的核心，主要包括微处理器CPU、存储器、局部总线、外围逻辑电路，以及与数控系统的其他组成部分联系的各种接口等。数控机床的数控系统完全由软件处理输入信息，可处理逻辑电路难以处理的复杂信息，使数字控制系统的性能大大提高。

（3）输入/输出设备。输入设备：主要用来输入程序和数据。常用的输入设备：键盘、光电输入机。

输出设备：主要用于将各种信息和数据提供给操作人员，以便及时了解控制过程的情况。常用的输出设备：打印机、记录仪、数码显示器和CRT显示器及纸带穿孔机等。

（4）伺服单元。伺服单元是数控装置和机床本体的联系环节，它将来自数控装置的微弱指令信号放大成控制驱动装置的大功率信号。按接收指令的不同，伺服单元有数字式和模拟式之分，而模拟式伺服单元按电源种类又可分为直流伺服单元和交流伺服单元。

（5）驱动装置。驱动装置把经放大的指令信号转变为机械运动，通过机械传动部件驱动机床主轴、刀架、工作台等精确定位或按规定的轨迹作严格的相对运动，最后加工出图纸所要求的零件。和伺服单元相对应，驱动装置有步进电机、直流伺服电机和交流伺服电机等。

伺服单元和驱动装置合称为伺服驱动系统，它是机床工作的动力装置，数控装置的指令要靠伺服驱动系统付诸实施。所以，伺服驱动系统是数控机床的重要组成部分。从某种意义上说，数控机床功能的强弱主要取决于数控装置，而数控机床性能的好坏主要取决于伺服驱动系统。

4. 数控机床的分类

（1）按加工方式和工艺用途分类。

1）普通数控机床。普通数控机床一般指在加工工艺过程中的一个工序上实现数字控制的自动化机床，如数控铣床、数控车床、数控钻床、数控磨床与数控齿轮加工机床等。普通数控机床在自动化程度上还不够完善，刀具的更换与零件的装夹仍需人工来完成。

2）加工中心。加工中心是带有刀库和自动换刀装置的数控机床，它将数控铣床、数控镗床、数控钻床的功能组合在一起，零件在一次装夹后，可以对其大部分加工面进行铣、镗、钻、扩、铰及攻螺纹等多工序加工。由于加工中心能有效地避免多次安装造成的定位误差，所以它适用于产品更换频繁、零件形状复杂、精度要求高、生产批量不大而生产周期短的产品。

3）特种数控机床。如电火花和线切割机床，其他类型数控机床等。

（2）按运动方式分类。

1）点位控制数控机床。如图7-3所示，点位控制是指数控系统只控制刀具或工作台从一点移至另一点的准确定位，然后进行定点加工，而点与点之间的路径不需控制。采用这类控制的有数控钻床、数控镗床和数控坐标镗床等。

2）点位直线控制数控机床。如图7-4所示，点位直线控制是指数控系统除控制直线轨迹的起点和终点的准确定位外，还要控制在这两点之间以指定的进给速度进行直线切削。采用这类控制的有数控铣床、数控车床和数控磨床等。

3）轮廓控制数控机床。亦称连续轨迹控制数控机床，如图7-5所示，能够连续控制两个或两个以上坐标方向的联合运动。为了使刀具按规定的轨迹加工工件的曲线轮廓，数控装置具有插补运算的功能，使刀具的运动轨迹以最小的误差逼近规定的轮廓曲线，并协调各坐标方向的运动速度，以便在切削过程中始终保持规定的进给速度。采用这类控制的有数控铣床、数控车床、数控磨床和加工中心等。

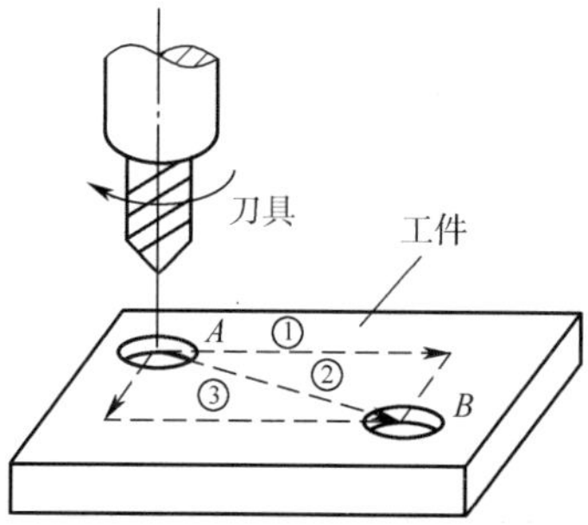

图 7-3　点位控制数控机床

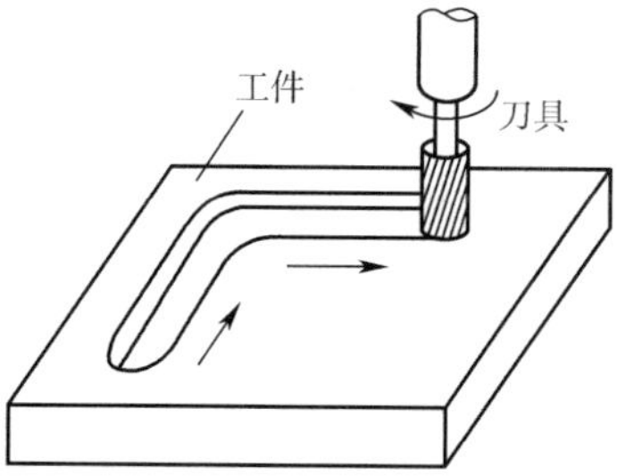

图 7-4　点位直线控制数控机床

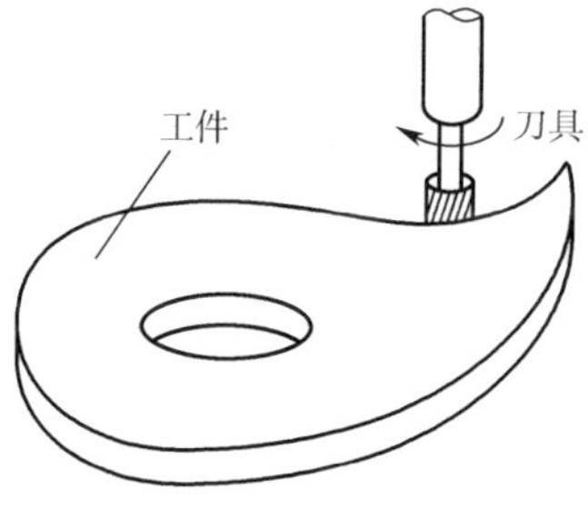

图 7-5　轮廓控制数控机床

（3）按控制方式分类。

1）开环控制系统。开环控制系统是指不带反馈装置的控制系统，由步进电机驱动线路和步进电机组成，如图 7-6 所示。数控装置经过控制运算发出脉冲信号，每一脉冲信号使步进电机转动一定的角度，通过滚珠丝杠推动工作台移动一定的距离。这种伺服机构比较简单，工作稳定，容易掌握使用，但精度和速度的提高受到限制。

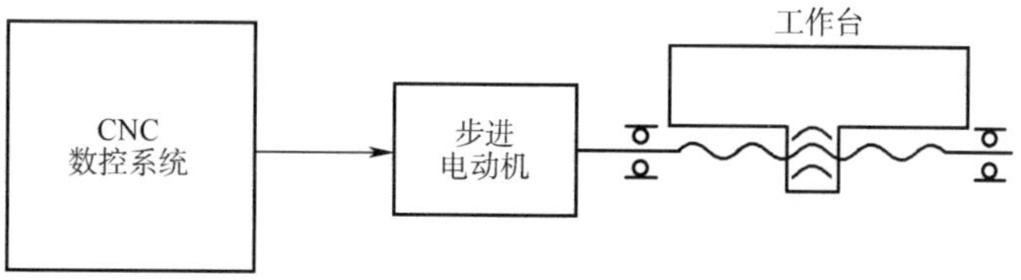

图 7-6　开环控制系统

2）闭环控制系统。如图 7-7 所示，闭环控制系统是在机床移动部件位置上直接装有直线位置检测装置，将检测到的实际位移反馈到数控装置的比较器中，与输入的原指令位移值进行比较，用比较后的差值控制移动部件作补充位移，直到差值消除时才停止移动，达到精确定位的控制系统。

闭环控制系统的定位精度高于半闭环控制，但结构比较复杂，调试维修的难度较大，常用于高精度和大型数控机床。

3）半闭环控制系统。如图 7-8 所示，半闭环控制系统是在开环控制系统的伺服机构中装有角位移检测装置，通过检测伺服机构的滚珠丝杠转角间接检测移动部件的位移，然后反馈到数控装置的比较器中，与输入原指令位移值进行比较，用比较后的差值进行控制，使移动部件补充位移，直到差值消除为止的控制系统。这种伺服机构所能达到的精度、速度和动态特性优于开环伺服机构，为大多数中小型数控机床所采用。

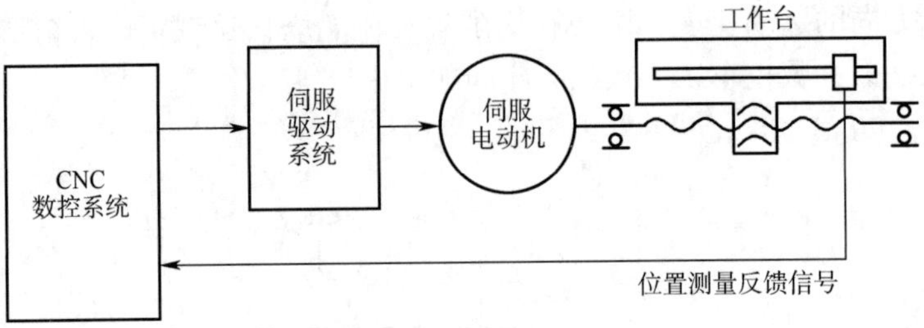

图 7-7 闭环控制系统

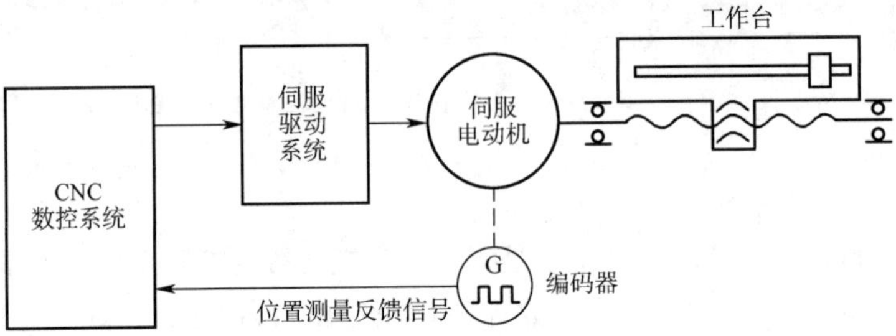

图 7-8 半闭环控制系统

（4）按联动轴数分类。

数控系统控制几个坐标轴按需要的函数关系同时协调运动，称为坐标联动，按照联动轴数可以分为：

1）两轴联动。数控机床能同时控制两个坐标轴联动，适于数控机床加工旋转曲面或数控铣床铣削平面轮廓，如图 7-9 所示。

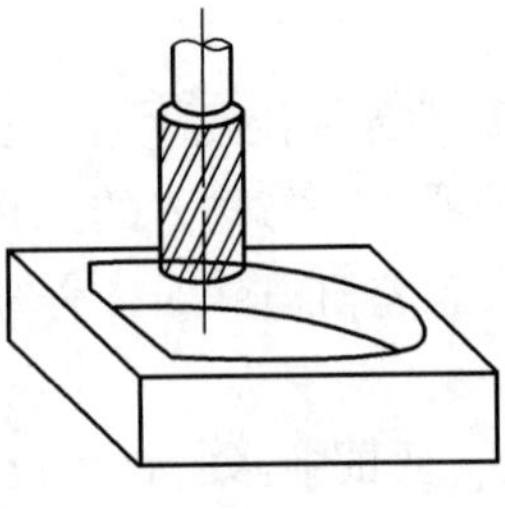

图 7-9 两轴联动数控机床

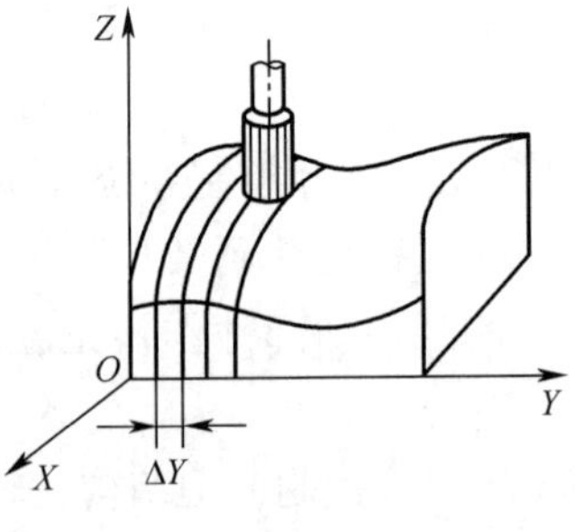

图 7-10 两轴半联动数控机床

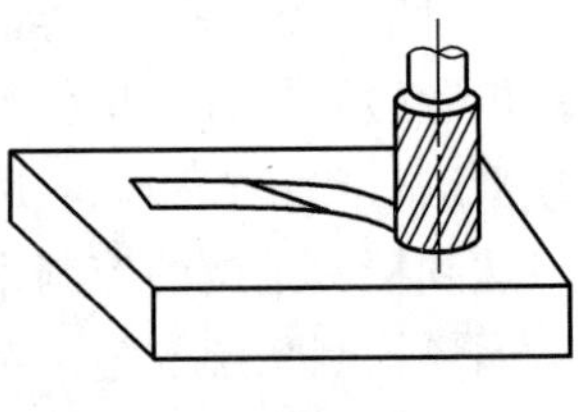

图 7-11 三轴联动数控机床

2）两轴半联动。在两轴的基础上增加了 Y 轴的移动，当机床坐标系的 X、Z 轴联动时，Y 轴可以作周期性进给。两轴半联动加工可以实现分层加工，如图 7-10 所示。

3）三轴联动。数控机床能同时控制三个坐标轴的联动，用于一般曲面的加工，一般的型腔模具均可以用三轴加工完成，如图 7-11 所示。

4）多坐标联动。数控机床能同时控制四个以上坐标轴的联动，如图 7-12 所示。多坐标数控机床的结构复杂，精度要求高，程序编制复杂，适于加工形状复杂的零件，如叶轮叶片类零件。

图 7-12　六轴加工中心

通常三轴机床可以实现二轴、二轴半、三轴加工；五轴机床也可以只用到三轴联动加工，而其他两轴不联动。

（5）按功能水平分类。按照功能水平，可以将数控机床分为低（经济型）、中、高三档。这种分类方法的界线是相对的，不同时期的划分标准会有所不同。就目前的发展水平来看，不同档次数控机床的功能和指标如表 7-1 所示。

表 7-1　各档次数控机床的功能和指标

功能	低档（经济型）	中档	高档
进给分辨率/μm	10	1	0.1
快速进给速度	3~10	10~20	20~100
伺服系统结构	开环	半闭环	半闭环或闭环
进给驱动元件	步进电机	伺服电机	伺服电机
联动轴数	2~3 轴	2~4 轴	5 轴以上
显示功能	LED 数码管	CRT 显示	CRT 显示、三维图形
内装 PLC	无	有	有
通信能力	无	RS232	RS232、网络接口

二、常用编程指令 G01 倒角、G96/G97

1. G01 倒角、倒圆

G01 倒角（直线过渡）指令是在直线与直线插补或直线与圆弧插补之间自动插入直线过渡，G01 倒圆（直线过渡）指令是在直线与直线插补或直线与圆弧插补之间自动插入圆弧过渡。指令格式及参数含义见表 7-2。

表 7-2　　G01 倒角、倒圆指令格式、参数含义及使用说明

指令格式	G01 X___ Z___ F___ , C___ （G01 倒角） G01 X___ Z___ F___ , R___ （G01 倒圆）
说明	在直线与直线插补或直线与圆弧插补之间自动插入直线过渡，如参考图所示
参考图	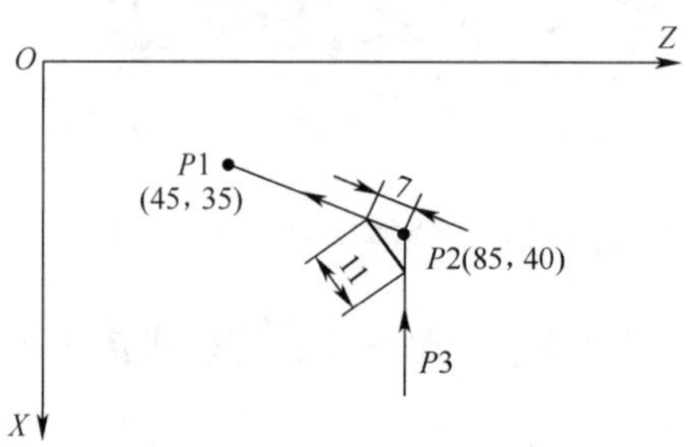 P3→P2→P1 G01 X85 Z40 F100，C7 G01 X45 Z35
参 数	含　　义
X、Z	拐角点的坐标
F	进给速度
C	拐角顶点到拐角起点或拐角终点的距离
R	拐角处圆弧半径
注意事项	1. 指定倒角程序段后面必须是直线插补 G01 或圆弧插补 G02、G03 移动程序段，其间可以插入 G04 程序段，否则会报警 2. 直线插补 G01 或圆弧插补 G02、G03 以外的程序段指定倒角，*C* 值将被忽略 3. 在指定了倒角 *C* 或倒圆 *R* 的程序段中，*X* 或 *Z* 的移动距离小于 *C* 或 *R* 会产生报警 4. 指定倒角后使插补超出原先的移动范围，将会有报警

2. 主轴转速功能设定指令 G96/G97

在加工端面、圆弧、圆锥、阶梯直径相差较大时，随着工件直径的变化，切削速度在不断变化，而主轴转速不变，导致工件表面粗超度不一，为了控制工件表面加工质量，可以使用恒限速控制功能指令进行切削。

恒限速功能指令 G96 是通过改变主轴转速来控制相应的工件直径变化时维持稳定的

恒定的切削线速度，其指令格式及使用说明见表 7-3。

表 7-3　　恒线速/恒转速功能指令格式、参数含义及使用说明

指令名称	格式	使用说明
恒线速功能	G50 S；S 为最大主轴转速（r/min） G96 S；S 为线速度（m/min）	常用于精加工，获得较好的表面质量，使用 G96 编程必须先用 G50 设定主轴最高转速
恒转速功能	G97 S ；S 为主轴转速（r/min）	常用于粗加工
注意事项	1. 机床锁住时恒线速度功能也有效 2. 主电机是变频或伺服驱动时才具有恒线速度功能 3. 恒线速度指令在切削螺纹时也有效，因此建议在开始涡形螺纹或锥螺纹加工前用 G97 指令取消恒线速度功能	

三、宇龙数控加工仿真软件操作

宇龙数控加工仿真系统是基于虚拟现实的仿真软件。本软件是为了满足企业数控加工仿真和教育部门数控技术教学的需要，由上海宇龙软件工程有限公司研制开发。本系统可以实现对数控铣和数控车加工全过程的仿真，其中包括毛坯定义与夹具，刀具定义与选用，零件基准测量和设置，数控程序输入、编辑和调试，加工仿真以及各种错误的检测功能。

1. 仿真软件界面介绍

（1）MDI 键盘介绍。如图 7-13 所示为 FANUC 0i 系统的 MDI 键盘（右半部分）和 CRT 界面（左半部分）。MDI 键盘用于程序编辑、参数输入等功能。MDI 键盘上各个键的功能列于表 7-4。

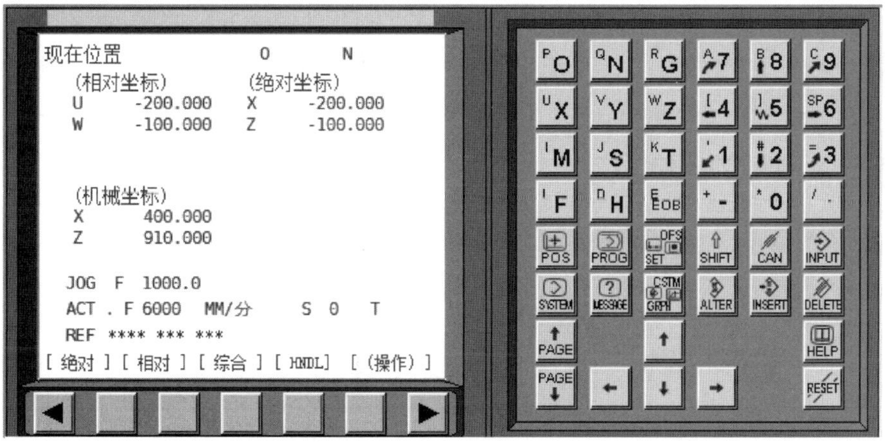

图 7-13　FANUC 0i 系统的 MDI 键盘

表 7-4　　**FANUC 0i 系统的 MDI 键盘说明**

MDI 软键	功能
↑PAGE　↓PAGE	软键↑PAGE实现左侧 CRT 中显示内容的向上翻页；软键↓PAGE实现左侧 CRT 显示内容的向下翻页
↑　←　↓　→	移动 CRT 中的光标位置。软键↑实现光标的向上移动；软键↓实现光标的向下移动；软键←实现光标的向左移动；软键→实现光标的向右移动
O P　N Q　G R X U　Y V　Z W M I　S J　T K F L　H D　EOB E	实现字符的输入，点击SHIFT键后再点击字符键，将输入右下角的字符。例如：点击O P将在 CRT 的光标所在位置输入“O”字符，点击软键SHIFT后再点击O P将在光标所在位置处输入 P 字符；软键中的“EOB”将输入“;”号表示换行结束
7 A　8 B　9 C 4 [　5]　6 SP 1 ,　2 #　3 = - +　0 *　. /	实现字符的输入，例如：点击软键5将在光标所在位置输入“5”字符，点击软键SHIFT后再点击5将在光标所在位置处输入“］”

POS	在 CRT 中显示坐标值	CAN	删除单个字符
PROG	CRT 将进入程序编辑和显示界面	INPUT	将数据域中的数据输入到指定的区域
OFFSET SETTING	CRT 将进入参数补偿显示界面	ALTER	字符替换
SYS-TEM	本软件不支持	INSERT	将输入域中的内容输入到指定区域
MESS-AGE	本软件不支持	DELETE	删除一段字符
CUSTOM GRAPH	在自动运行状态下将数控显示切换至轨迹模式	HELP	本软件不支持
SHIFT	输入字符切换键	RESET	机床复位

（2）CRT 机床位置界面。点击POS进入坐标位置界面。点击菜单软键［绝对］［相

对］［综合］，对应CRT界面将对应相对坐标界面（图7-14）、绝对坐标界面（图7-15）和综合坐标界面（图7-16）。

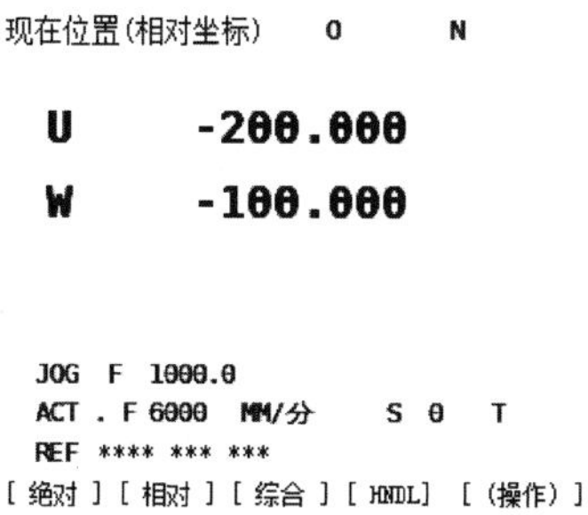

图7-14 相对坐标界面

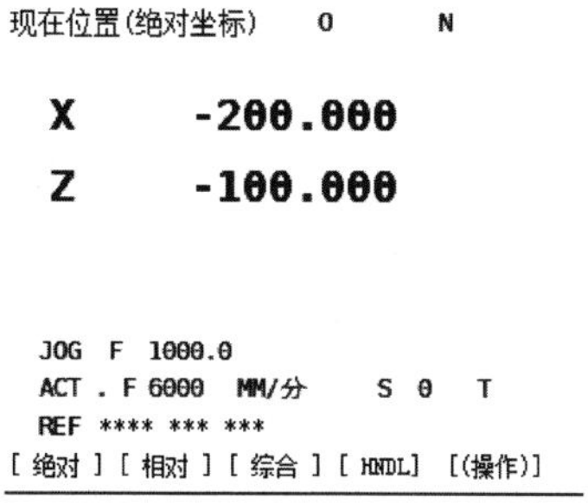

图7-15 绝对坐标界面

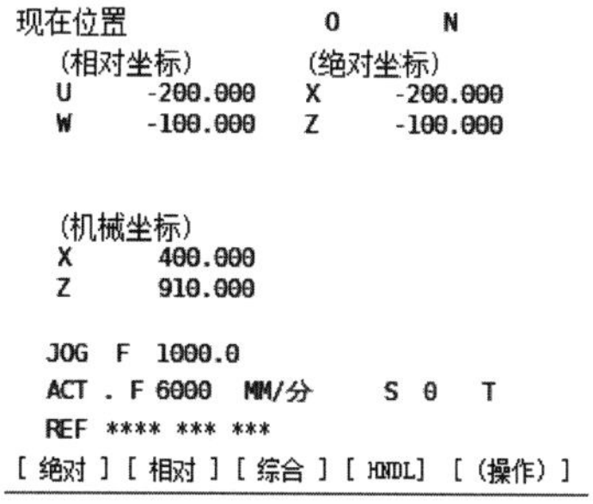

图7-16 综合坐标界面

（3）程序管理界面。点击进入程序管理界面，点击菜单软键［LIB］，将列出系统中所有的程序名称，如图7-17所示，在所列出的程序列表中选择某一程序名，点击将显示该程序，如图7-18所示。

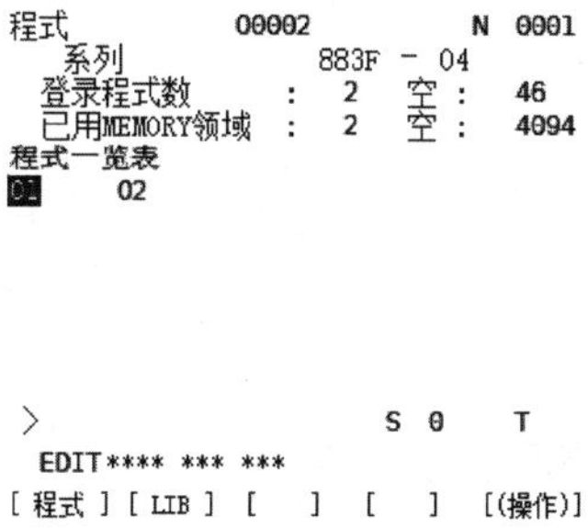

图7-17 显示程序列表

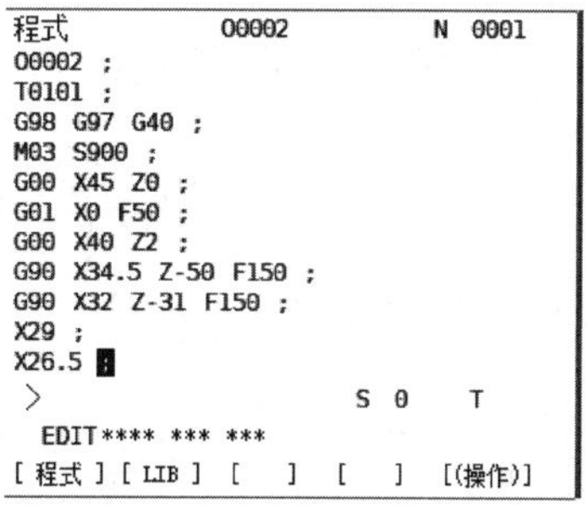

图7-18 显示当前程序

（4）参数设置界面。在MDI键盘上点击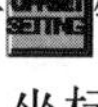键，按菜单软键［磨耗］［形状］，进入刀具补偿参数设定界面。按［坐标系］，进入坐标系参数设定界面，输入“0×”（01表示G54，02表示G55，以此类推），按菜单软键［NO检索］，光标停留在选定的坐标系参数设定区域，也可以用方位键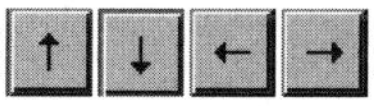选择所需的坐标系和坐标轴，如图7-19、图7-20、图7-21所示。

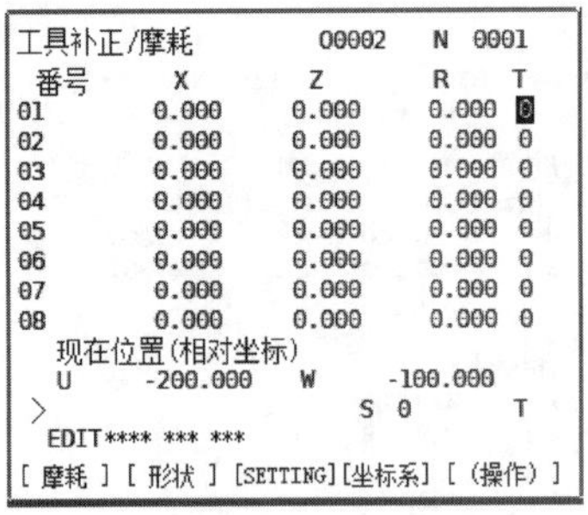

图 7-19 刀具磨耗补偿表

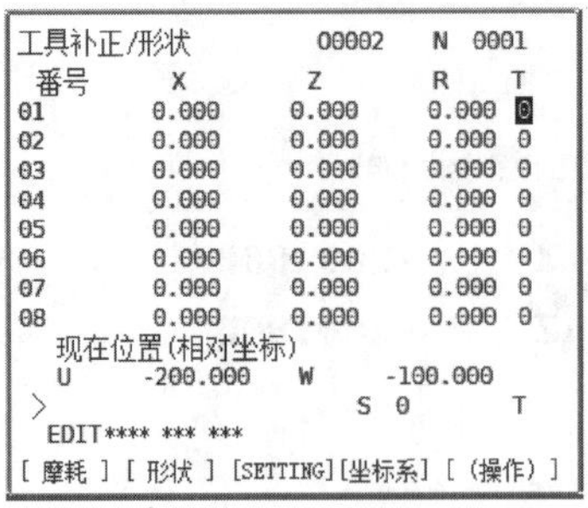

图 7-20 刀具长度补偿表

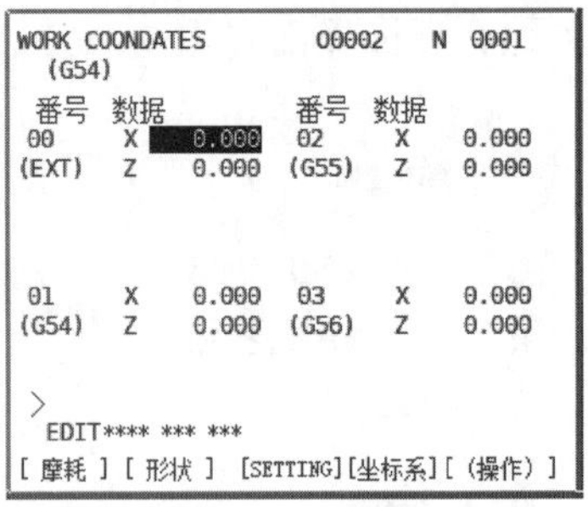

图 7-21 工件坐标系设置表

（5）机床面板介绍。图 7-22 所示为 FANUC 0i 系统的车床标准面板。面板上各个键的功能列于表 7-5。

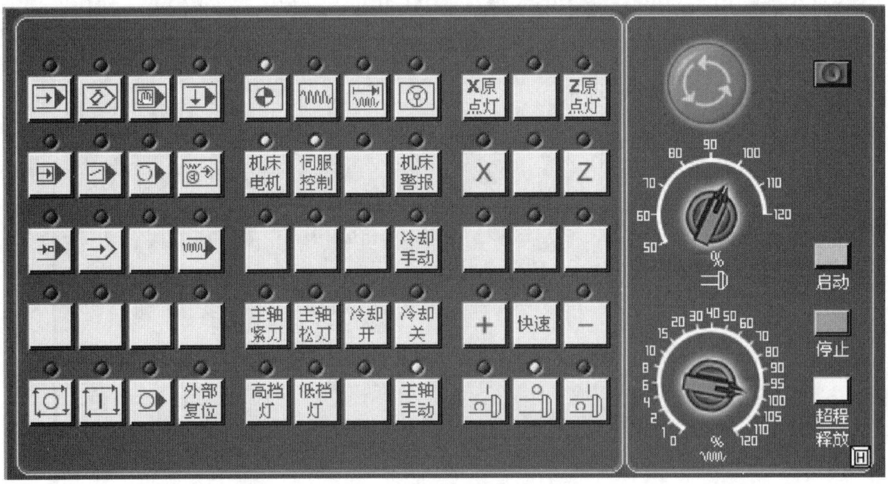

图 7-22 FANUC 0i 车床标准面板

表 7-5 FANUC 0i 车床标准面板功能按键说明

按钮	名称	功能说明
	自动运行	此按钮被按下后，系统进入自动加工模式
	编辑	此按钮被按下后，系统进入程序编辑状态，用于直接通过操作面板输入数控程序和编辑程序
	MDI	此按钮被按下后，系统进入 MDI 模式，手动输入并执行指令

续表

按钮	名称	功能说明
	远程执行	此按钮被按下后，系统进入远程执行模式即 DNC 模式，输入输出资料
	单节	此按钮被按下后，运行程序时每次执行一条数控指令
	单节忽略	此按钮被按下后，数控程序中的注释符号“/”有效
	选择性停止	当此按钮按下后，“M01”代码有效
	机械锁定	锁定机床
	试运行	机床进入空运行状态
	进给保持	程序运行暂停，在程序运行过程中，按下此按钮运行暂停。按“循环启动”恢复运行
	循环启动	程序运行开始；系统处于“自动运行”或“MDI”位置时按下有效，其余模式下使用无效
	循环停止	程序运行停止，在数控程序运行中，按下此按钮停止程序运行
	回原点	机床处于回零模式；机床必须首先执行回零操作，然后才可以运行
	手动	机床处于手动模式，可以手动连续移动
	手动脉冲	机床处于手轮控制模式
	手动脉冲	机床处于手轮控制模式
	*X* 轴选择按钮	在手动状态下，按下该按钮则机床移动 *X* 轴

续表

按钮	名称	功能说明
	Z 轴选择按钮	在手动状态下，按下该按钮则机床移动 Z 轴
	正方向移动按钮	手动状态下，点击该按钮系统将向所选轴正向移动。在回零状态时，点击该按钮将所选轴回零
	负方向移动按钮	手动状态下，点击该按钮系统将向所选轴负向移动
	快速按钮	按下该按钮，机床处于手动快速状态
	主轴倍率选择旋钮	将光标移至此旋钮上后，通过点击鼠标的左键或右键来调节主轴旋转倍率
	进给倍率	调节主轴运行时的进给速度倍率
	急停按钮	按下急停按钮，使机床移动立即停止，并且所有的输出如主轴的转动等都会关闭
	超程释放	系统超程释放
	主轴控制按钮	从左至右分别为：正转、停止、反转
	手轮显示按钮	按下此按钮，则可以显示出手轮面板
	手轮面板	点击按钮将显示手轮面板
	手轮轴选择旋钮	手轮模式下，将光标移至此旋钮上后，通过点击鼠标的左键或右键来选择进给轴

续表

按钮	名称	功能说明
	手轮进给倍率旋钮	手轮模式下将光标移至此旋钮上后，通过点击鼠标的左键或右键来调节手轮步长。×1、×10、×100 分别代表移动量为 0.001mm、0.01mm、0.1mm
	手轮	将光标移至此旋钮上后，通过点击鼠标的左键或右键来转动手轮
	启动	启动控制系统
	关闭	关闭控制系统

2. 仿真软件基本操作

（1）机床选择。打开菜单“机床/选择机床…”或者点击图标，如图 7-23 所示。在选择机床对话框中选择控制系统类型（FANUC-FANUC 0i）和相应的机床［车床-（标准平床身前置刀架）］并按确定按钮。

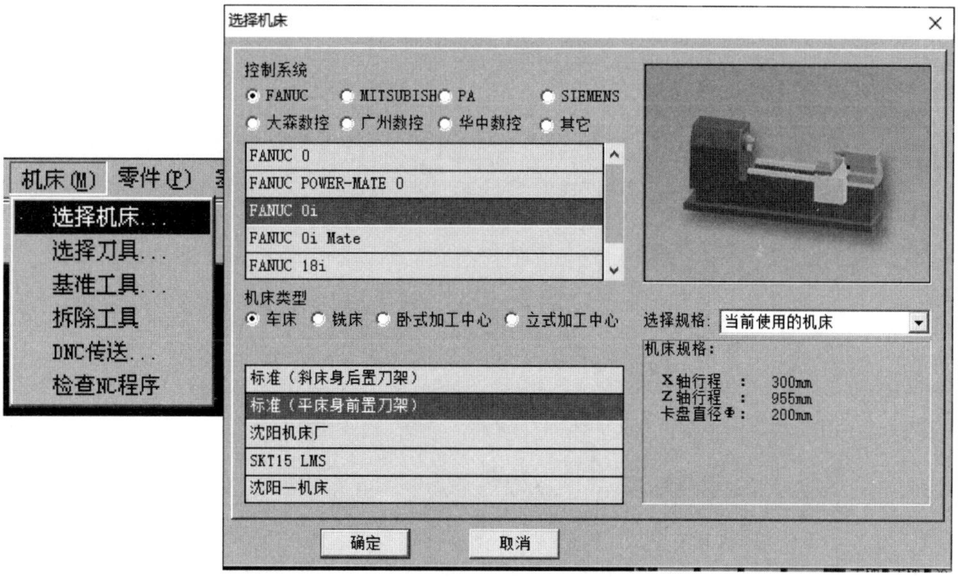

图 7-23　机床选择

（2）定义毛坯。打开菜单“零件/定义毛坯”或在工具条上选择“ ”，系统打开毛坯设置对话框，系统提供可以设置的毛坯有圆柱形和 U 形两种。如图 7-24、图 7-25 所示，设置好参数，点击确定按钮即可生成毛坯。

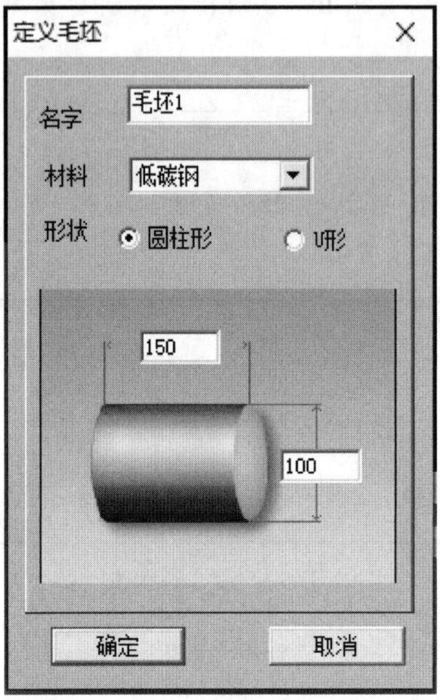

图 7-24　定义圆柱形毛坯

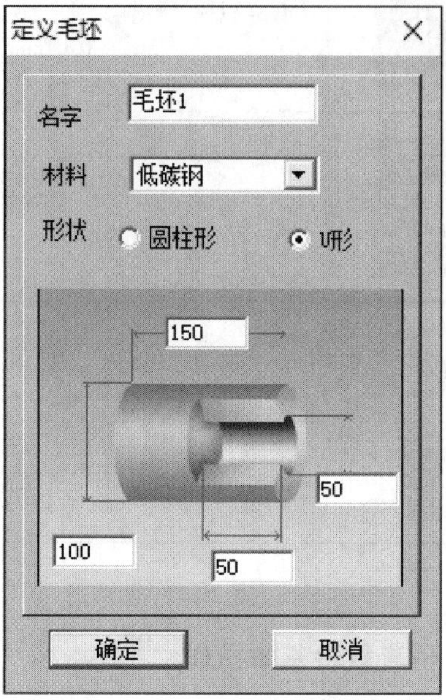

图 7-25　定义 U 形毛坯

（3）选择零件。打开菜单“零件/选择零件”命令或者在工具条上选择 图标，系统弹出操作对话框，如图 7-26 所示。

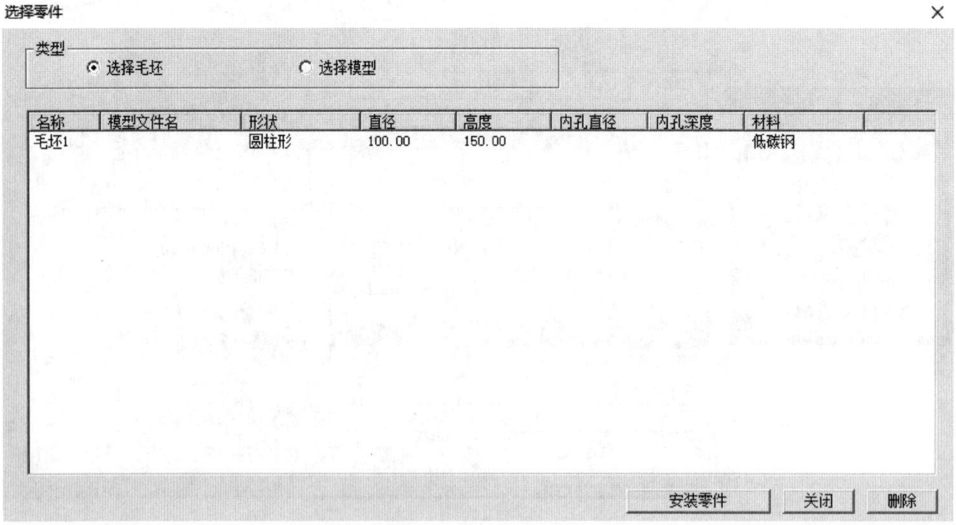

图 7-26　“选择零件”对话框

在列表中点击所需的零件，选中的零件信息加亮显示，按下“安装零件”按钮，系统自动关闭对话框，零件将被放到机床的卡盘上，如图 7-27 所示，点击图 7-28 的图标，毛坯将被掉头。

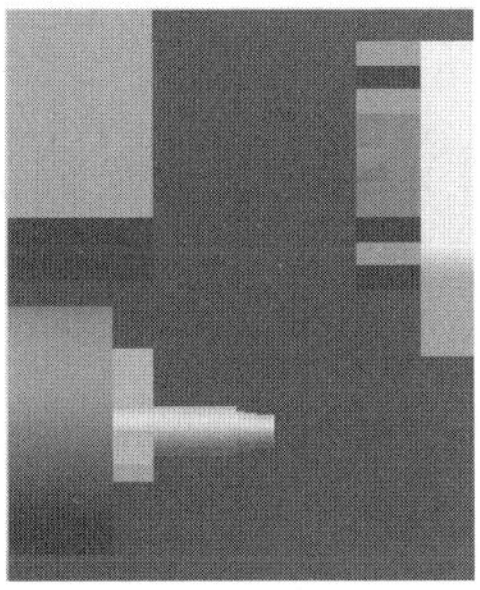

图 7-27　装夹毛坯示意图

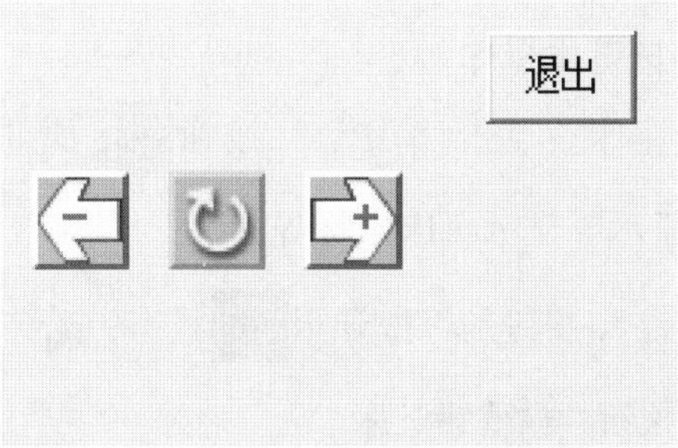

图 7-28　毛坯掉头

（4）选择刀具。打开菜单“机床/选择刀具”或者在工具条中选择“ ”，系统弹出刀具选择对话框。系统中数控车床允许同时安装 8 把刀具（后置刀架）或者 4 把刀具（前置刀架）。前置刀架对话框如图 7-29 所示。

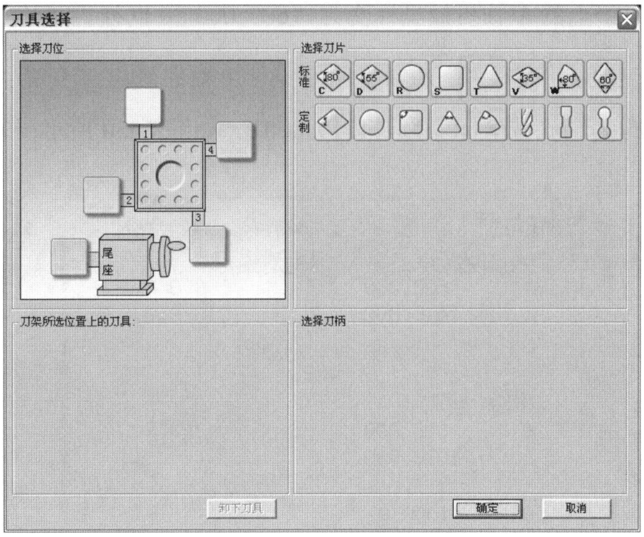

图 7-29　车刀选择对话框

1）选择、安装车刀。

①在刀架图中点击所需的刀位。该刀位对应程序中的 T01～T04。

②选择刀片类型。

③在刀片列表框中选择刀片。

④选择刀柄类型。

⑤在刀柄列表框中选择刀柄。

2）变更刀具长度和刀尖半径："选择车刀"完成后，该界面的左下部位显示出刀架所选位置上的刀具，其中显示的"刀具长度"和"刀尖半径"均可以由操作者修改。

3）拆除刀具：在刀架图中点击要拆除刀具的刀位，点击"卸下刀具"按钮。

4）确认操作完成：点击"确认"按钮。

3. 仿真机床基本操作

（1）激活车床。点击"启动"按钮，此时车床电机和伺服控制的指示灯变亮，系统显示屏显示机床坐标界面。

检查"急停"按钮是否松开至状态，若未松开，点击"急停"按钮，将其松开，并按复位键重置机床。

（2）机床回参考点。检查操作面板上回原点指示灯是否亮，若指示灯亮，则已进入回原点模式；若指示灯不亮，则点击"回原点"按钮，转入回原点模式。

在回原点模式下，先将 *X* 轴回原点，点击操作面板上的"*X* 轴选择"按钮，使 *X* 轴方向移动指示灯变亮，点击"正方向移动"按钮，此时 *X* 轴将回原点，*X* 轴回原点灯变亮，CRT 上的 *X* 轴机械坐标变为"600.000"。同样，再点击"*Z* 轴选择"按钮，使指示灯变亮，点击，*Z* 轴将回原点，*Z* 轴回原点灯变亮，，此时 CRT 界面 CRT 上的 *Z* 轴机械坐标变为"1010.000"，如图 7-30 所示。

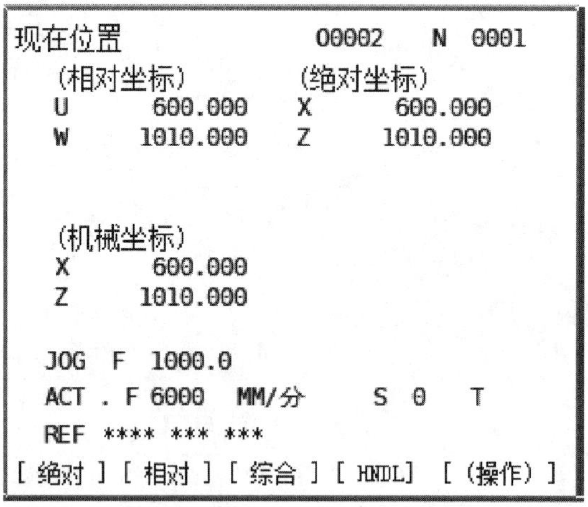

图 7-30 机床回原点

（3）手动操作。

1）手动/连续方式。点击操作面板上的"手动"按钮，使其指示灯亮，机床进入手动模式，分别点击X，Z键，选择移动的坐标轴，分别点击+，-键，控制机床的移动方向。点击控制主轴的转动和停止。

注：刀具切削零件时，主轴需转动。加工过程中刀具与零件发生非正常碰撞后（非正常碰撞包括车刀的刀柄与零件发生碰撞；铣刀与夹具发生碰撞等），系统弹出警告对话框，同时主轴自动停止转动，调整到适当位置，继续加工时需再次点击按钮，使主轴重新转动。

2）手动脉冲方式。在手动/连续方式或在对刀，需精确调节机床时，可用手动脉冲方式调节机床。点击操作面板上的“手动脉冲”按钮或，使指示灯变亮。点击按钮，显示手轮，鼠标对准“轴选择”旋钮，点击左键或右键，选择坐标轴。鼠标对准“手轮进给速度”旋钮，点击左键或右键，选择合适的脉冲当量。鼠标对准手轮，点击左键或右键，精确控制机床的移动。

（4）MDI 操作。该功能主要是运行在 MDI 模式下输入的程序段，一般是启动/关闭主轴、换刀等。下面以启动主轴，并且主轴转速为 S800r/min 为例，说明 MDI 的一般操作流程：点击 MDI 图标和图标PROG，输入“M03 S800;”，点击插入图标INSERT，程序段会显示在 CRT 屏幕，点击循环启动按钮I，程序段运行，同时机床的主轴转动。

在 MDI 模式下输入程序指令时在 MDI 键盘上点击数字/字母键，第一次点击为字母输出，其后点击均为数字输出。按CAN键，删除输入域中最后一个字符。若重复输入同一指令字，后输入的数据将覆盖前输入的数据。按键盘上INPUT键，将输入域中的内容输入到指定位置。按RESET键，已输入的 MDI 程序被请空。输入完整数据指令后，按循环启动按钮运行程序。运行结束后 CRT 界面上的数据被清空。

（5）程序管理操作。

1）导入数控程序。数控程序可以通过记事本或写字板等编辑软件输入并保存为文本格式（＊.txt 格式）文件，也可直接用 FANUC 0i 系统的 MDI 键盘输入。

将机床置于编辑模式，点击图标和PROG图标。点击软键［操作］和向后翻页键，找到［F 检索］并点击对应软键，在打开的对话框中通过浏览找到电脑中程序位置，选中将要导入的程序，点击打开，如图 7-31 所示。用 MDI 键盘在程序管理界面输入 O××××，（O 后输入 1~9999 的整数）点击软键［READ］和［EXEC］，即可输入预先编辑好的数控程序。

注：程序中调用子程序时，主程序和子程序需分开导入。

2）打开现有数控程序。经过导入数控程序操作后，点击 MDI 键盘上的PROG，CRT 界面转入编辑页面。利用 MDI 键盘输入“O×”（×为数控程序目录中显示的程序号），按↓

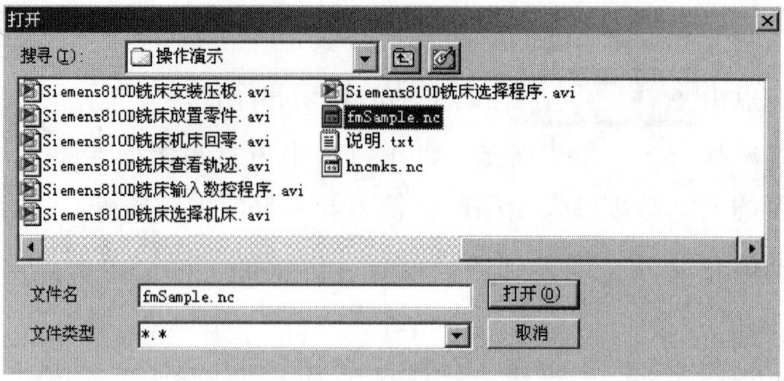

图 7-31　打开程序对话框

键开始搜索，搜索到后“OX”显示在屏幕首行程序号位置，NC 程序将显示在屏幕上。

3）删除一个数控程序。点击操作面板上的编辑键，编辑状态指示灯变亮，此时已进入编辑状态。利用 MDI 键盘输入“O××××”（要删除的程序号），按键，程序即被删除。

4）新建一个 NC 程序。点击操作面板上的编辑键，编辑状态指示灯变亮，此时已进入编辑状态。点击 MDI 键盘上的，CRT 界面转入编辑页面。利用 MDI 键盘输入“O×”（×为程序号，但不能与已有程序号重复），按键，CRT 界面上将显示一个空程序，可以通过 MDI 键盘开始程序输入。输入一段代码后，按键则数据输入域中的内容将显示在 CRT 界面上，用回车换行键结束一行的输入后换行。

5）删除全部数控程序。点击操作面板上的编辑键，编辑状态指示灯变亮，此时已进入编辑状态。点击 MDI 键盘上的，CRT 界面转入编辑页面。利用 MDI 键盘输入“O-9999”，按键，全部数控程序即被删除。

6）数控程序处理。点击操作面板上的编辑键，编辑状态指示灯变亮，此时已进入编辑状态。点击 MDI 键盘上的，CRT 界面转入编辑页面。选定了一个数控程序后，此程序显示在 CRT 界面上，可对数控程序进行编辑操作。

移动光标：按和用于翻页，按方位键移动光标。

插入字符：先将光标移到所需位置，点击 MDI 键盘上的数字/字母键，将代码输入到输入域中，按键，把输入域的内容插入到光标所在代码后面。

删除输入域中的数据：按键用于删除输入域中的数据。

删除字符：先将光标移到所需删除字符的位置，按键，删除光标所在的代码。

查找：输入需要搜索的字母或代码；按开始在当前数控程序中光标所在位置后搜索（代码可以是：一个字母或一个完整的代码。例如：“N0010”“M”等）。如果此数控程序中有所搜索的代码，则光标停留在找到的代码处；如果此数控程序中光标所在位置后没有所搜索的代码，则光标停留在原处。

替换：先将光标移到所需替换字符的位置，将替换成的字符通过 MDI 键盘输入到输入域中，按键，把输入域的内容替代为光标所在处的代码。

（6）自动加工方式。NC 程序导入后，可检查程序运行轨迹。点击操作面板上的“自动运行”按钮，使其指示灯变亮，转入自动加工模式，点击 MDI 键盘上的按钮，点击数字/字母键，输入“O××××”，按开始搜索，找到后，程序显示在 CRT 界面上。点击按钮，进入检查运行轨迹模式，点击操作面板上的“循环启动”按钮，即可观察数控程序的运行轨迹，此时也可通过“视图”菜单中的动态旋转、动态放缩、动态平移等方式对三维运行轨迹进行全方位的动态观察。

程序轨迹检查正确，完成对刀后，可以进行自动加工，自动加工时应先检查机床是否回零，若未回零，先将机床回零。导入数控程序或自行编写一段程序。点击操作面板上的“自动运行”按钮，使其指示灯变亮。点击操作面板上的“循环启动”按钮，程序开始执行。

数控程序在运行过程中可根据需要暂停，急停和重新运行。数控程序在运行时，按“进给保持”按钮，程序停止执行；再点击“循环启动”按钮，程序从暂停位置开始执行。数控程序在运行时，按下“急停”按钮，数控程序中断运行，继续运行时，先将急停按钮松开，再按“循环启动”按钮，余下的数控程序从中断行开始作为一个独立的程序执行。

（7）对刀。数控程序一般按工件坐标系编程，对刀的过程就是建立工件坐标系与机床坐标系之间关系的过程。下面具体说明车床对刀的方法，其中将工件右端面中心点设为工件坐标系原点。将工件上其他点设为工件坐标系原点的方法与对刀方法类似。

试切法设置 G54～G59；

测量工件原点，直接输入工件坐标系 G54～G59。

1）切削外径：点击操作面板上的“手动”按钮，手动状态指示灯变亮，机床进入手动操作模式，点击控制面板上的按钮，使 X 轴方向移动指示灯变亮，点击或，使机床在 X 轴方向移动；同样使机床在 Z 轴方向移动。通过手动方式将机床移到如图 7-32 所示的大致位置。

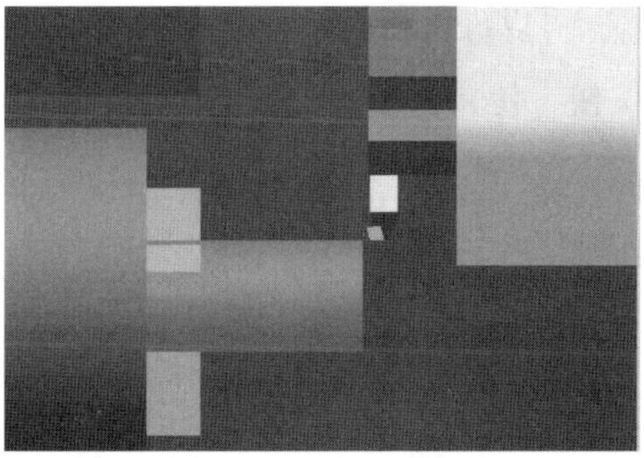

图 7-32　G54 对刀

点击操作面板上的或按钮，使其指示灯变亮，主轴转动。再点击“Z 轴方向选择”按钮，使 Z 轴方向指示灯变亮，点击，用所选刀具来试切工件外圆。然后按按钮，X 方向保持不动，刀具退出。

2）测量切削位置的直径：点击操作面板上的按钮，使主轴停止转动，点击菜单“测量/坐标测量”，如图 7-33 所示，点击试切外圆时所切线段，选中的线段由红色变为黄色。记下下半部对话框中对应的 X 的值（即直径），这里假设为 α。

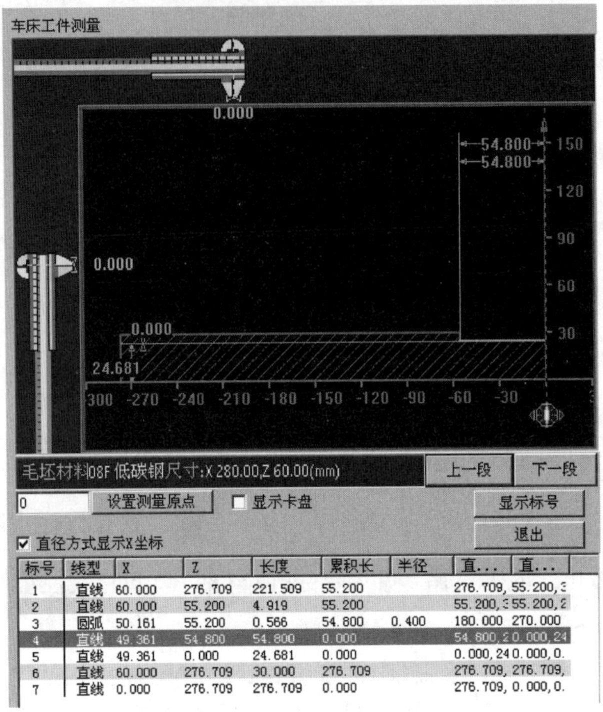

图 7-33　测量工件

3）按下控制箱键盘上的键。

4）把光标定位在需要设定的坐标系上。

5）光标移到 X。

6）输入直径值 $X\alpha$。

7）按菜单软键［测量］（通过按软键［操作］，可以进入相应的菜单）。

8）切削端面：点击操作面板上的或按钮，使其指示灯变亮，主轴转动。点击控制面板上的 X 按钮，使 X 轴方向移动指示灯变亮，点击 − 按钮，切削工件端面。然后按 + 按钮，Z 方向保持不动，刀具退出。

9）点击操作面板上的“主轴停止”按钮，使主轴停止转动。

10）把光标定位在需要设定的坐标系上。

11）在 MDI 键盘面板上按下需要设定的轴“Z”键。

12）输入工件坐标系原点的距离（由于编程原点在工件右端面中心，这里输入 Z0）。

13）按菜单软键［测量］，自动计算出坐标值填入。

（8）刀具补偿测定设置。选择一把刀为标准刀具，采用试切法或自动设置坐标系法完成对刀，把工件坐标系原点放入 G54～G59，然后通过设置偏置值完成其他刀具的对刀，下面介绍刀具偏置值的获取办法。

点击 MDI 键盘上POS键和［相对］软键，进入相对坐标显示界面，选定的标准刀试切工件端面，将刀具当前的 Z 轴位置设为相对零点（设零前不得有 Z 轴位移）。依次点击 MDI 键盘上的SHIFT，Z_W，0输入“W0”，按软键［预定］，则将 Z 轴当前坐标值设为相对坐标原点。

标准刀试切零件外圆，将刀具当前 X 轴的位置设为相对零点（设零前不得有 X 轴位移）：依次点击 MDI 键盘上的SHIFT，X_U，0输入“U0”，按软键［预定］，则将 X 轴当前坐标值设为相对坐标原点。此时 CRT 界面如图 7-34 所示。

图 7-34　标准刀相对坐标预制

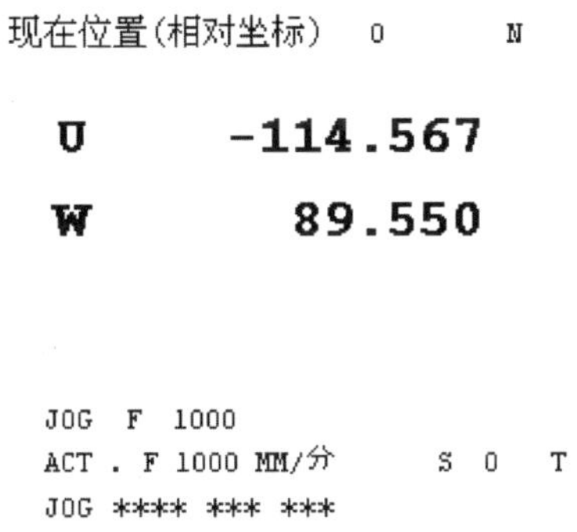

图 7-35　待测刀的相对坐标

换刀后，移动刀具使刀尖分别与标准刀切削过的表面接触。接触时显示的相对值，即为该刀相对于标准刀的偏置值 ΔX，ΔZ。（为保证刀准确移到工件的基准点上，可采用手动脉冲进给方式），此时 CRT 界面如图 7-35 所示，所显示的值即为偏置值。

将偏置值输入到形状参数补偿表内。

注：MDI 键盘上的SHIFT键用来切换字母键，如X_U键，直接按下输入的为“X”，按SHIFT键，再按X_U，输入的为“U”。

项目实施

一、制定加工工艺

1. 分析零件图

如图 7-1 所示，该零件结构简单，由端面、外圆柱面、外圆锥面及圆弧面组成，零件的外径尺寸精度要求高，长度尺寸要求不高。从右至左，零件的外径依次增大，可以采用 G71 指令粗车。

2. 确定装夹方案

该零件为轴类零件，轴线为工艺基准，加工外表面用三爪自定心卡盘夹持毛坯外圆，一次装夹完成加工，毛坯伸出卡盘端面 65mm，如图 7-36 所示。

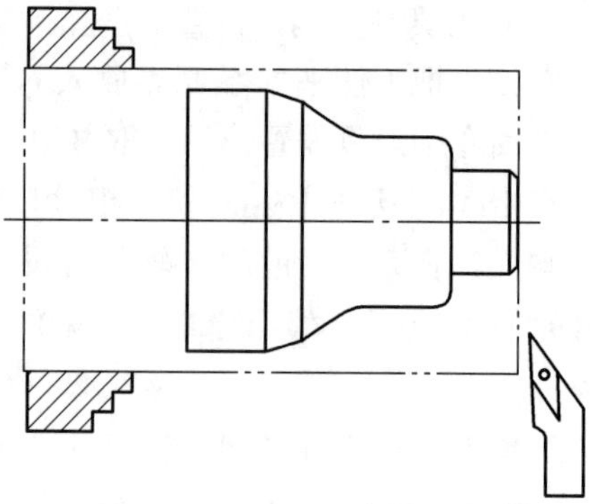

图 7-36　定子轴零件装夹

3. 确定加工方案

经过分析，确定零件的加工方案如下：

（1）夹外圆左端，毛坯伸出卡盘端面 65mm，平端面。

（2）粗加工零件外轮廓，留 0.5mm 余量。

（3）精加工外轮廓至尺寸要求。

（4）切断。

4. 选择刀具

该零件尺寸和表面质量要求较高，用一把刀即可完成所有表面加工。零件有一个台阶面，故车刀主偏角应大于 90°，取 93°。根据学院实际条件选用可转位车刀，切断刀选用 3mm 宽的硬质合金切断刀，如表 7-6 所示。

表 7-6　　定子轴零件刀具卡

序号	刀具号	刀具名称	规格型号	数量	加工内容	备注
1	1	外圆车刀	93°	1	车端面，粗、精车外轮廓	
2	2	切断刀	3mm	1	切断	

5. 切削参数选择

（1）背吃刀量的选择。粗车外轮廓时选用 $a_p = 1$mm，精车外轮廓时选用 $a_p = 0.5$mm。

（2）主轴转速的选择。选择外轮廓粗加工转速 900r/min，精车为 1500r/min。切断的主轴转速 300r/min。

（3）进给速度的选择。根据背吃刀量和主轴转速选择进给速度，分别选择外轮廓粗精车的进给速度为 150mm/min 和 120mm/min，切断的进给速度为 40mm/min。

6. 制定工艺文件

根据前面的分析和计算，制定定子轴零件的数控加工工序卡如表 7-7 所示。

表 7-7　　定子轴零件数控加工工序卡

材料	45 钢	零件图号		系统	FANUC	工序号	
操作序号	工步内容（走刀路线）	装夹序号	刀具 T	切削用量			
				转速 S（n）/（r/min）	进给速度 F/（mm/min）	背吃刀量/mm	
（1）	车端面，见平	1	T0101	900	80		
（2）	粗车外轮廓，留 0.5mm	1	T0101	900	150	1	
（3）	精车外轮廓	1	T0101	1500	120	0.5	
（4）	切断	1	T0202	300	40		

二、编程（原点、参考程序）

（1）设定编程原点，编程原点设在零件右端面中心。

（2）参考程序见表 7-8。

表 7-8　　定子轴零件数控加工参考程序

数控车床程序卡	编程原点	零件的右端面中心			编写日期	
	零件名称		零件图号		材料	45 钢
	车床型号	CK6132	夹具名称	三爪卡盘	实训车间	数控基地
程序数	1			编程系统	FANUC 0i	
序号	程序			简要说明		
	O0001					
N10	T0101			换 1 号刀，建立加工坐标系		
N20	G98 G97 G40			程序初始设置		
N30	M3 S900			启动主轴，转速 900r/min		
N40	G0 X50 Z0			车端面		
N50	G1 X0 F80					
N60	G0 X50 Z2					
N70	G71 U2 R1			外圆粗车循环		
N80	G71 P10 Q20 U0.5 W0 F150					

续表

<table>
<tr><td rowspan="3">数控车床程序卡</td><td>编程原点</td><td colspan="3">零件的右端面中心</td><td>编写日期</td><td></td></tr>
<tr><td>零件名称</td><td></td><td>零件图号</td><td></td><td>材料</td><td>45 钢</td></tr>
<tr><td>车床型号</td><td>CK6132</td><td>夹具名称</td><td>三爪卡盘</td><td>实训车间</td><td>数控基地</td></tr>
<tr><td>程序数</td><td colspan="3">1</td><td>编程系统</td><td colspan="2">FANUC 0i</td></tr>
<tr><td>序号</td><td colspan="3">程序</td><td colspan="3">简要说明</td></tr>
<tr><td>N90</td><td colspan="3">G1 X0 F120</td><td colspan="2"></td><td rowspan="8">精车程序段</td></tr>
<tr><td>N100</td><td colspan="3">Z0</td><td colspan="2"></td></tr>
<tr><td>N110</td><td colspan="3">X15，C1</td><td colspan="2">G01 倒角 C1</td></tr>
<tr><td>N120</td><td colspan="3">Z-10</td><td colspan="2"></td></tr>
<tr><td>N130</td><td colspan="3">X25，R3</td><td colspan="2">G01 倒圆 R3</td></tr>
<tr><td>N140</td><td colspan="3">Z-25，R10</td><td colspan="2">G01 倒圆 R10</td></tr>
<tr><td>N150</td><td colspan="3">X39 Z-35，C3</td><td colspan="2">G01 倒角 C3</td></tr>
<tr><td>N160</td><td colspan="3">G1 Z-55</td><td colspan="2"></td></tr>
<tr><td>N170</td><td colspan="3">S1500</td><td colspan="3" rowspan="2">外圆精车循环</td></tr>
<tr><td>N180</td><td colspan="3">G70 P10 Q20</td></tr>
<tr><td>N190</td><td colspan="3">G00 X50 Z100</td><td colspan="3">退回换刀点</td></tr>
<tr><td>N200</td><td colspan="3">T0202</td><td colspan="3">换 2 号刀</td></tr>
<tr><td>N210</td><td colspan="3">S300</td><td colspan="3">调整转速，300r/min</td></tr>
<tr><td>N220</td><td colspan="3">G0 X45</td><td colspan="3" rowspan="2">快速定位到切断位置</td></tr>
<tr><td>N230</td><td colspan="3">Z-53</td></tr>
<tr><td>N240</td><td colspan="3">G1 X0 F40</td><td colspan="3">切断工件</td></tr>
<tr><td>N250</td><td colspan="3">G0 X50 Z100</td><td colspan="3"></td></tr>
<tr><td>N260</td><td colspan="3">M30</td><td colspan="3">程序结束，返回程序起点</td></tr>
</table>

三、定子轴零件数控加工

将编好的数控程序传到 CK6132 数控车床，装夹毛坯，建立工件坐标系，加工零件。主要操作步骤如下：

（1）机床开机，回参考点，准备机床。

（2）输入数控程序，并检查。

（3）工件安装，夹住毛坯外圆，毛坯伸出卡盘端面 65mm，找正、夹紧。

（4）安装刀具，在1号刀位安装外圆车刀，在2号刀位安装切断刀。安装时注意刀尖高度与工件的回转中心线等高，刀尖伸出长度约为刀具厚度的1.5倍。

（5）建立工件坐标系G54，对刀操作完成刀具补偿参数设置。

（6）启动程序，自动加工。

（7）停机后，按图纸要求检测工件，对工件进行误差及质量分析。

利用游标卡尺、外径千分尺、表面粗糙度工艺样板等量具测量工件，学生对自己加工的零件进行检测，包括尺寸精度的检测和零件加工质量的检测。

项目评价

1. 确定测量工具。

外圆直径尺寸用外径千分尺测量，长度尺寸精度要求不高，选择游标卡尺测量就能达到要求。量具选用见表7-9。

表7-9　　量具选用表

序号	名称	规格/mm	精度/mm	数量
1	游标卡尺	0~150	0.02	1
2	外径千分尺	0~25	0.01	1
3	外径千分尺	25~50	0.01	1

2. 定子轴零件质量检验单，见表7-10。

表7-10　　定子轴零件质量检验单

项目名称			学号：	
检测项目	序号	检测内容	检测结果	结论
长度	1	10		
	2	25		
	3	35		
	4	3		
	5	50±0.1		
外圆	6	$\phi15_{-0.018}^{0}$		
	7	$\phi25_{-0.033}^{0}$		
	8	$\phi39_{-0.039}^{0}$		

续表

<table>
<tr><th>项目名称</th><th colspan="2"></th><th colspan="2">学号：</th></tr>
<tr><th>检测项目</th><th>序号</th><th>检测内容</th><th>检测结果</th><th>结论</th></tr>
<tr><td rowspan="2">圆弧</td><td>9</td><td>$R3$</td><td></td><td></td></tr>
<tr><td>10</td><td>$R10$</td><td></td><td></td></tr>
<tr><td>倒角</td><td>11</td><td>$C1$</td><td></td><td></td></tr>
<tr><td>表面质量</td><td>12</td><td>$Ra1.6$</td><td></td><td></td></tr>
<tr><td colspan="2">定子轴零件检测结论</td><td colspan="3"></td></tr>
<tr><td colspan="2">产品不合格原因分析</td><td colspan="3"></td></tr>
<tr><td colspan="2">改进措施</td><td colspan="3"></td></tr>
</table>

记录员		监考员		检验员		考评员	

3.项目考核，见表 7-11。

表 7-11　　教学项目过程考核评价表

项目名称：	班级：	姓名：	学号：	指导教师：			
评价项目	评价标准	评价依据（信息、佐证）	评价方式			得分小计	总分
			学生自评	小组互评	教师评价		
			30%	30%	40%		
职业素质（20%）	1.遵守企业管理规定、劳动纪律 2.按时完成学习及工作任务 3.工作积极主动、勤学好问	考勤 工作及学习态度					
专业技能（50%）	1.机床操作正确合理、安全文明生产 2.有零件的工艺分析能力、制定工艺合理 3.程序规范正确 4.夹具、刀具正确使用 5.零件质量合格 6.正确使用检测量具、量仪	工作过程 工艺过程卡 工序卡 程序单 零件质量检验单 安全操作、机床清理					
展示创新（30%）	1.该小组介绍成果是否清晰 2.该小组演示的检测方法操作是否正确 3.该小组的检测量具、量仪保养是否完好 4.该小组的团队精神如何 5.能对不合理处分析原因并提出改进意见 6.做出技术或工艺改良报告，具有创新性	表述能力 展示方式及效果 口头或书面提议 技术或工艺改良报告					
指导教师综合评价	指导老师签名：　　日期：						

注：评价分值均为百分制。

拓展练习

编制如图 7-37、图 7-38 所示的加工程序并加工。

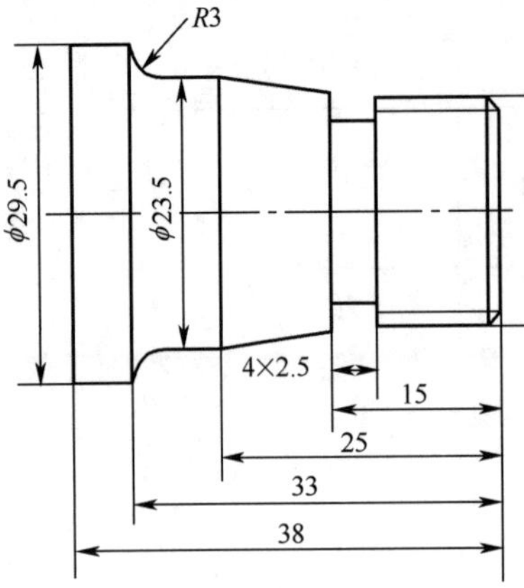

图 7-37　轴 1

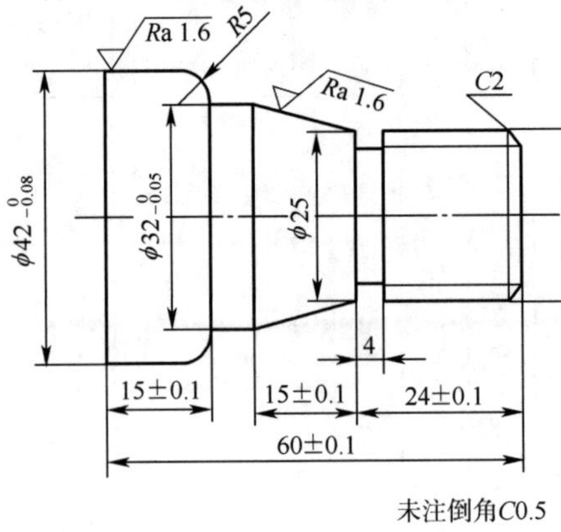

图 7-38　轴 2

项目八 加工球头拉杆零件

学习目标

1. 会制定球头拉杆零件车削加工工艺
2. 能根据切削条件正确选择切削用量
3. 掌握 G73 指令格式及编程方法
4. 能正确编写球头拉杆零件的程序并加工
5. 培养学生爱岗敬业的工作作风

项目导读

球头拉杆是汽车转向器中实现行驶转向作用的重要零件，如图 8-1 所示。该零件材料 45 钢，毛坯为 ϕ40mm×120mm 棒料。零件除由外圆面、台阶面和端面组成，还有两段圆弧构成的回转面。其形状复杂，表面粗糙度要求较高，外圆尺寸精度要求也高。球头拉杆加工后的效果图如图 8-2 所示。

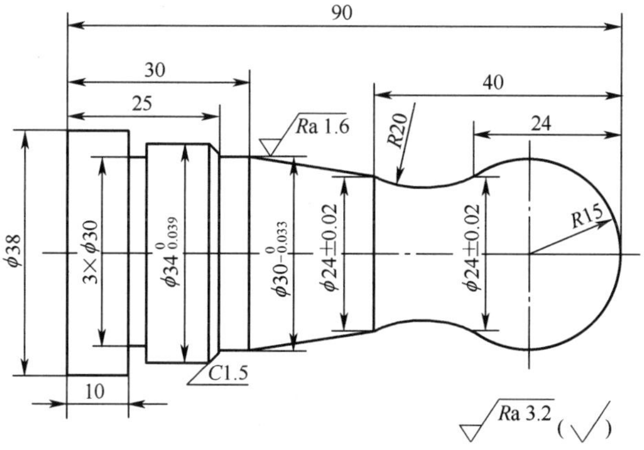

图 8-1　球头拉杆零件图

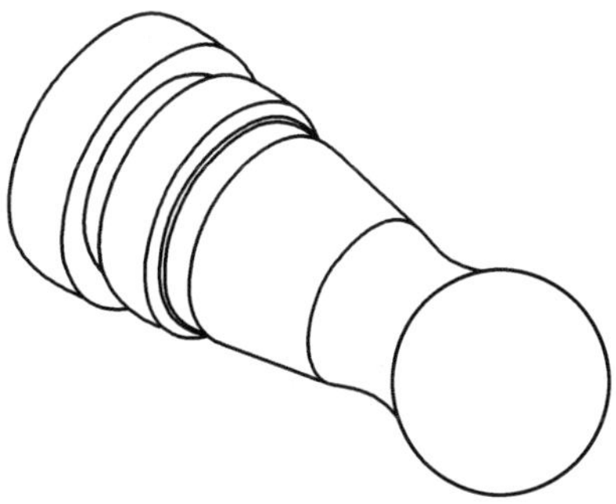

图 8-2　球头拉杆三维实体图

知识链接

一、凸圆弧面的加工

车削凸圆弧面类零件与凹圆弧面零件相似，需要考虑粗车路径及编程方法等因素。

1. 凸圆弧面的车削方法

精车凸圆弧面时刀具沿着轮廓面进行，只需考虑刀具在切削中怎样避免发生干涩即可。而粗车凸圆弧面时，由于各部分余量不等，需要采用相应的车削路径来粗车，主要方法有车锥法和车球法，见表 8-1。

表 8-1　凸圆弧面粗车方法

进刀方式	图例	特点及应用
车锥法	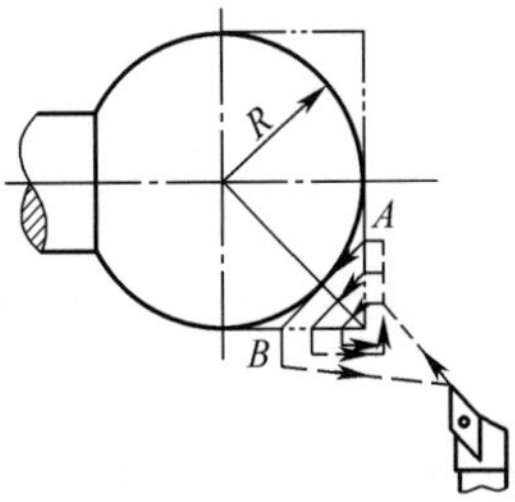	编程坐标计算简单，适用于圆心角小于 90°并且不跨象限的圆弧面。粗车时不能超过 *AB* 临界圆锥面，否则会损坏圆弧表面
车球法	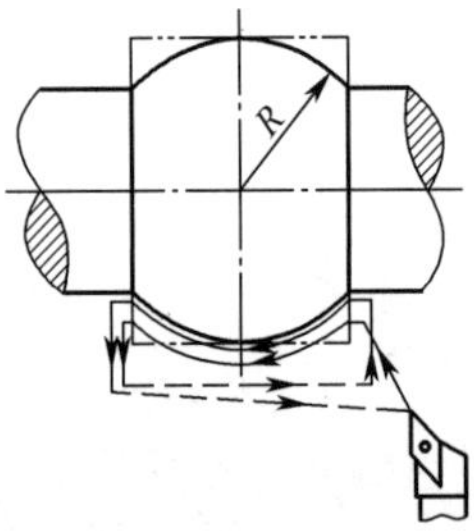	用一组同心圆或等半径圆车凸圆弧余量，编程计算简单，但车刀空行程长，适用于圆心角大于 90°且不跨象限的圆弧表面车削

2. 加工凸圆弧面的车刀

加工凸圆弧面的车刀有成型车刀、尖形车刀和菱形车刀 3 种，其加工特点见表 8-2。

表 8-2　　加工凸圆弧面的车刀及特点

刀具名称	图例	特点
成型车刀	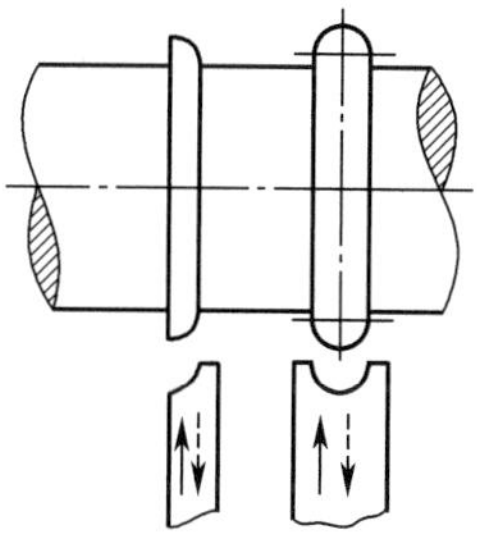	常用高速钢刀片刃磨而成，加工尺寸较小的凸圆弧面
菱形车刀	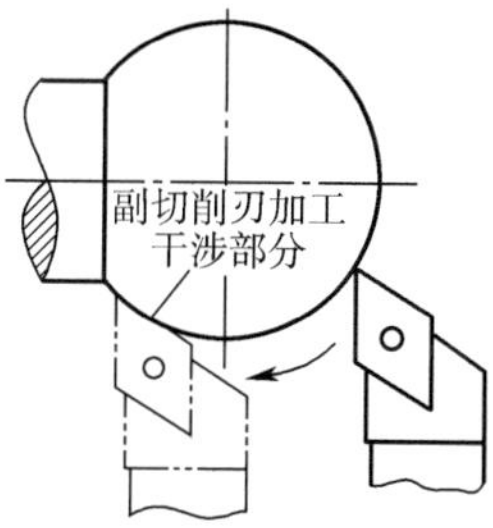	常用可转位式，可以加工凹圆弧及凸圆弧表面，加工中常会有干涉
尖形车刀	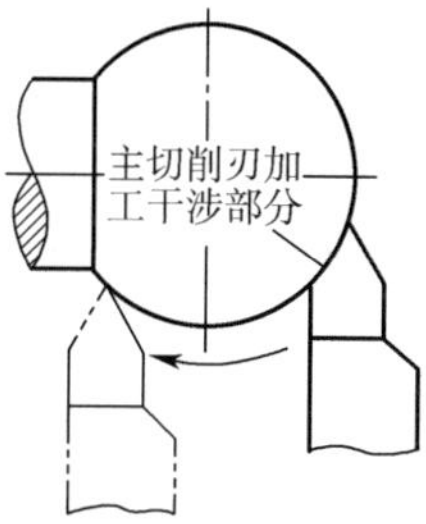	常用可转位式，可以加工凹圆弧及凸圆弧表面，用于不带台阶的成型面加工

二、加工余量及切削用量的选择

1. 加工余量的选择

加工余量有加工总余量（毛坯余量）和工序余量之分；加工总余量是指从毛坯到成品之间的整个工艺过程中所切除的材料层的厚度；工序余量是指完成某工序所需要切除的材料层的厚度。通常零件的加工要经过粗加工、半精加工和精加工才能达到图纸要求，因此，零件的加工总余量等于中间工序加工余量之和。

工件加工余量的大小，将直接影响工件的加工质量、生产效率和经济性。例如，加工余量太小时，不易去掉上道工序所遗留下来的表面缺陷及表面的相互位置误差而造成废品；加工余量太大时会造成加工工时和材料的浪费，甚至因余量太大而引起很大的切削热和切削力，使工件变形，影响加工质量。

在选择加工余量时，应考虑以下几个因素：

（1）零件的大小不同，切削力、内应力引起的变形也不同，通常工件越大，变形也越大，所以加工余量也相应的大一些。

（2）零件在热处理后要发生变形，因此这类零件要适当增大一点加工余量。

（3）加工方法、装夹方式和工艺装备的刚性，也会引起零件的变形，所以也要考虑加大余量。

2. 切削用量的确定

切削用量又称切削要素，它是度量主运动和进给运动大小的参数。它包括背吃刀量、进给量和切削速度（称为切削三要素）。正确地选用切削用量，对保证产品质量、提高切削效率和经济效益具有重要作用。

（1）背吃刀量（a_p）。车削工件上已加工表面之间的垂直距离，称为背吃刀量，即每次进给车刀时车刀切入工件的深度（单位：mm）。

外圆车削时：

$$a_p = d_w - d_m / 2$$

式中 a_p——背吃刀量，mm；

d_w——工件待加工表面的直径，mm；

d_m——工件已加工表面的直径，mm。

（2）进给量。刀具在进给方向上相对于工件的位置移动量称为进给量。进给量有两种表示方法：

①每转进给量f：工具每转一转，刀具相对于工件沿进给方向移动的距离（mm/r）。

②进给速度V_f：刀具每分钟沿进给方向移动的距离（mm/min）。

两种给进量之间的关系：

$$V_f = Fn$$

式中 n——主轴转速，r/min；

F——每转进给量，mm/r；

V_f——进给速度，mm/min。

（3）切削速度（V_c）。在切削加工中，刀具切削上的某一点相对于工件待加工表面在主运动方向上的瞬时速度（m/min）。也可理解为车刀在1min内车削工件表面的理论展开直线长度（假定切削没有变形或收缩）。切削速度的计算公式为

$$V_c = \pi Dn / 1000$$

式中 V_c——切削速度，m/min；

D——工件待加工表面直径，mm；

n——车床主轴转速，r/min。

车时，当转速一定时，工件上不同直径的切削速度是不同的，在计算时应取最大的切削速度，在车端面或切断、切槽时切削速度随直径的变化而变化。有写加工中为了保证工件表面质量，可采用恒速切削指令G96。

在实际生产加工中，往往是已知工件的直径，然后根据刀具材料、工件材料和加工性质等因素来选择切削速度，再根据切削速度求出合理的主轴转速范围给到加工程序中。

计算公式为

$$n = 1000V_c / \pi d$$

3. 合理选择切削用量的目的

在工件材料、刀具材料、刀具几何参数、车床等切削条件一定的情况下，合理选择切削用量，不仅对切削阻力、切削热、积屑瘤、工件的加工精度、表面粗糙度有很大的影响，而且还与提高生产率、降低生产成本有密切关系。虽然加大切削用量对提高生产率有利，但过分增加切削用量却会增加刀具磨损，影响工件质量，甚至会撞坏刀具，严重时还会产生“憋车”现象，所以必须合理地选择切削用量。

4. 选择切削用量的一般原则

切削用量的选择主要依据工件材料、加工精度和表面粗糙度的要求，还应考虑刀具合理的耐用度、工件系统刚度及机床功率等条件。其基本原则是：应首先选择一个尽可能大的背吃刀量；其次选择一个较大的进给量；最后，在刀具耐用度和机床功率允许的条件下选择一个合理的切削速度。

粗车时，加工余量较大，主要应考虑尽可能提高生产率和保证必要的刀具寿命。加工中对刀具寿命影响最小的是背吃刀量 a_p，其次是进给量 f，影响最大的是切削速度 V_c。这是因为切削速度对切削温度影响最大，切削速度增大导致切削温度升高，刀具磨损加快，刀具使用寿命明显下降。所以，应首先选择尽可能大的背吃刀量，然后再选择合适的进给量，最后在保证刀具经济耐用度的条件下，尽可能选择较大的切削速度。

（1）选择背吃刀量 a_p。背吃刀量应根据工件的加工余量和工艺系统的刚性来选择。在保留半精加工余量（1~3mm）和精加工余量（0.1~0.5mm）后，应尽量将剩下的余量一次切除，以减少走刀次数。

若加工余量太大，一次切去所有的余量将引起明显振动，或者刀具强度不允许，机床功率也不够，这时就分两次或多次进刀，但第一次进刀必须选得大一些。特别是当切削表面层有硬皮的铸铁、锻件毛坯或切削不锈钢等冷硬现象较严重的材料时，应尽量使背吃刀量超过硬皮或冷硬层厚度，以避免刀尖过早磨钝或破损。

（2）选择进给量 f。制约进给量的主要因素是切削力和表面粗糙度要求。粗车时，对加工表面的粗糙度要求不高，只要工艺系统的刚性和刀具强度允许，可以选择较大的进给量，否则应适当减少。

（3）选择切削速度 V_c。粗车时切削速度的选择，主要考虑切削的经济性，既要保证刀具的经济耐用度，又要保证切削负荷不超过机床的额定功率。

5. 切削速度的选择

（1）刀具的耐热性好，则切削速度可选高些。用硬质合金车刀比用高速钢车刀切削的切削速度高。

（2）工件的强、硬度高或塑性太大或太小，切削速度均应选得低些。

（3）断续切削时，也应取较低的切削速度。

（4）半精车和精车时切削用量选择半精车、精车时的切削用量，应以保证加工质量为主，并兼顾生产率和必要的刀具寿命。半精车、精车时背吃刀量是根据加工精度和表面粗糙度的要求由粗车后留下的余量确定的，半精车、精车的背吃刀量较小，产生的切削力不大，加大进给量对工艺系统的强度和刚性的影响较小，主要受表面粗糙度的限制。此时，应尽可能选择较高的切削速度。

6. 选择切削用量的意义

（1）选择切削速度。为了抑制切削瘤的产生，提高表面粗糙度，当用硬质合金刀切削时，一般可选用较高的切削速度，目前有些涂层刀具的切削速度可以达到250m/min以上，这样既可以提高生产率，又可以提高工件表面质量。但是如果采用高速钢刀时，则要选用较低的切削速度，以降低切削温度。

（2）选择进给量。半精车和精车时，制约增大进给量的主要因素是表面粗糙度，尤其精车时通常选择较小的进给量。

（3）选择背吃刀量。半精车和精车的背吃刀量，是根据加工精度和表面粗糙度的要求并由粗加工立下的余量决定的。若精车时选用的是硬质合金刀具，由于其刃口和砂轮上不易磨得很锋利（至少有 *R*0.2mm 的刀尖圆弧）。由此，最后一刀的背吃刀量不宜选得过小，一般大于刀尖圆弧半径，否则很难满足工件的表面粗糙度要求。若选用高速钢车刀，则可选较小的背吃刀量。一般半精加工时，背吃刀量可取 0.5~2mm；精加工时，可取 0.2~0.4mm。

数控车削加工中常用切削用量见表 8-3。

表 8-3　　外圆车削背吃刀量选择表

刀具材料	工件材料	粗加工			精加工		
		切削速度/(m/min)	进给量/mm	背吃刀量/mm	切削速度/(m/min)	进给量/mm	背吃刀量/mm
硬质合金	碳钢	220	0.2	3	260	0.1	0.4
	低合金钢	180	0.2	3	220	0.1	0.4
	高合金钢	120	0.2	3	160	0.1	0.4
	铸铁	80	0.2	3	120	0.1	0.4
	不锈钢	80	0.2	2	60	0.1	0.4
	钛合金	40	0.2	1.5	150	0.1	0.4
	铝合金	250	0.2	1.5	300	0.1	0.5

三、宇龙数控加工仿真软件操作

宇龙数控仿真软件提供的数控系统主要有 FANUC、SIEMENS、广数和华中等，其中华中数控系统与FANUC数控系统的操作相似，在机床选择、毛坯定义、放置零件及刀具选择方面都是相同的，但是不同的数控系统，其机床操作方法有区别，特别是对刀方法不一样。下面讲解华中数控系统的对刀方法，以自动设置坐标系法为例。

自动设置坐标系法对刀采用的是在刀偏表中设定试切直径和试切长度，选择需要的工件坐标系，机床自动计算出工件端面中心点在机床坐标系中的坐标值。

（1）打开华中世纪星数控系统，设置好刀具、毛坯，机床准备好。

（2）按 MDI F4 软键，在弹出的下级子菜单中按软键 MDI F4，进入刀偏数据设置页面，如图8-3所示。

刀偏号	X偏置	Z偏置	X磨损	Z磨损	试切直径	试切长度
#0001	-230.000	-100.000	0.000	0.000	30.000	0.000
#0002	-229.800	-101.000	0.000	0.000	29.800	1.000
#0003	0.000	0.000	0.000	0.000	0.000	0.000
#0004	0.000	0.000	0.000	0.000	0.000	0.000
#0005	0.000	0.000	0.000	0.000	0.000	0.000
#0006	0.000	0.000	0.000	0.000	0.000	0.000
#0007	0.000	0.000	0.000	0.000	0.000	0.000
#0008	0.000	0.000	0.000	0.000	0.000	0.000
#0009	0.000	0.000	0.000	0.000	0.000	0.000
#0010	0.000	0.000	0.000	0.000	0.000	0.000
#0011	0.000	0.000	0.000	0.000	0.000	0.000
#0012	0.000	0.000	0.000	0.000	0.000	0.000
#0013	0.000	0.000	0.000	0.000	0.000	0.000

图8-3　刀偏表

（3）用刀具试切零件外圆，然后沿 Z 轴方向退刀，主轴停止转动后，点击菜单“工艺分析/测量”，在弹出的对话框中点击刀具所切线段，线段由红色变为黄色，记下下面对话框中对应的 X 的值，此为试切后工件的直径值，将 X 填入刀偏表中“试切直径”栏。

（4）用刀具试切工件端面，然后沿 X 轴方向退刀，刀偏表中“试切长度”栏输入工件坐标系 Z 轴零点到试切端面的有向距离。

如果有其他刀具，重复（3）、（4）步骤。

注：

①采用自动设置坐标系对刀前，机床必须先回机械零点，试切零件时主轴需转动，Z 轴试切长度有正负之分。

②试切零件外圆后，未输入试切直径时，不得移动 X 轴；试切工件端面后，未输入试切长度时，不得移动 Z 轴。

③试切直径和试切长度都需输入，确认。打开刀偏表试切长度和试切直径均显示为“0.000”，即使实际的试切长度或试切直径也为零，仍然必须手动输入“0.000”，按 Enter 键确认。

④采用自动设置坐标系对刀后，机床根据刀偏表中输入的“试切直径”和“试切长度”，经过计算自动确定选定坐标系的工件坐标原点，在数控程序中可直接调用。

四、常用编程指令 G73

轮廓车削固定循环指令 G73 不要求工件轮廓单向增加或减少，轮廓方向由编程的 ns、nf 次序决定，适合于车削锻件、铸件等毛坯轮廓形状与工件轮廓形状基本接近的工件，也用来车削棒料毛坯，轮廓凹凸不平的工件，其指令格式及说明见表 8-4。

表 8-4　　G73 指令格式、参数含义及使用说明

指令格式	G73 U（Δi）W（Δk）R（d） G73 P（ns）Q（nf）U（Δu）W（Δw）F（f）S（s）T（t） N（ns）…… ………　　从序号 ns 至 nf 的程序段， F_S_T_　　指定 *A A′B* 间的移动指令 N（nf）……
说明	该指令执行如参考图所示的粗加工，其中精加工路线为 *A* →*A′*→*B*→*A*
参考图	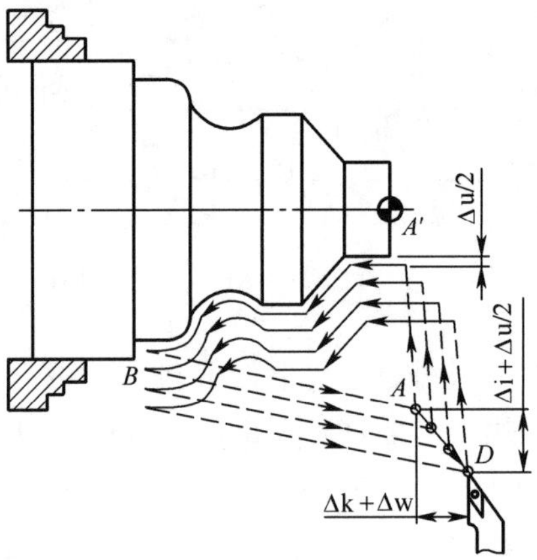
参 数	含　　义
U	Δi：*X* 轴方向退刀距离（半径指定），用于粗车棒料时，可以理解为总的粗车余量
W	Δk：*Z* 轴方向退刀距离
R	d：分割次数，这个值与粗加工重复次数相同
P	ns：精加工路径第一程序段（即图中 *A A′*）的顺序号
Q	nf：精加工路径最后程序段（即图中 *B A*）的顺序号
U	Δu：*X* 方向精加工余量，直径值，一般取 0. 5～0. 8mm，加工内轮廓时为负值
W	Δw：*Z* 方向精加工余量，一般取 0. 05～0. 1mm

续表

注意事项	1. 循环动作由带有地址 P 和 Q 的 G73 指令实现。在 ns 和 nf 程序段中指定的 F、S、T 功能无效，在 G73 程序段中或前面程序段中指定的 F、S、T 功能有效 2. 精车形状与 G73 一样有四种循环 3. 精车程序段开始段（ns）应指定 G00 或 G01 指令，否则会报警 4. 调用 G73 前，刀具应处于循环起点 *A* 处，*A* 点位置应距离零件 1～2mm，粗车循环结束后，刀具返回 *A* 点 5. G73 指令较 G71 走刀路径长，空行程路线较多

项目实施

一、制定加工工艺

1. 分析零件图

如图 8-1 所示，零件除由外圆面、台阶面和端面组成，还有两段圆弧构成的回转面。其形状复杂，表面粗糙度要求较高，外圆尺寸精度要求也高。零件轮廓不属于单调递增或递减的情况，不能用 G71 指令编程，但是可以使用 G73 指令或子程序编程，本例采用 G73 指令粗车，再用 G70 精车。

2. 确定装夹方案

该零件为轴类零件，轴线为工艺基准，加工外表面用三爪自定心卡盘夹持毛坯外圆，一次装夹完成加工，毛坯伸出卡盘端面 100mm，如图 8-4 所示。

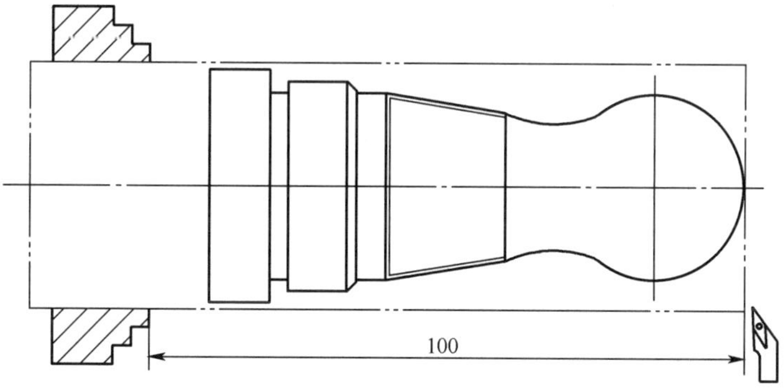

图 8-4　球头拉杆零件装夹

3. 确定加工方案

经过分析，确定零件的加工方案如下：

（1）夹毛坯左端，毛坯伸出卡盘端面 100mm，平端面。

（2）粗加工零件外轮廓，留 0.5mm 余量。

(3) 精加工外轮廓至尺寸要求。
(4) 切槽。
(5) 切断。

4. 选择刀具

该零件尺寸和表面质量要求较高，用一把刀即可完成所有表面加工，零件有一个台阶面，故车刀主偏角应大于90°，取93°。根据学院实际条件选用可转位车刀，切断刀选用3mm宽的硬质合金切断刀，同时加工槽和切断，如表8-5所示。

表8-5　球头拉杆零件刀具卡

序号	刀具号	刀具名称	规格型号	数量	加工内容	备注
1	1	外圆车刀	93°	1	车端面，粗、精车外轮廓	
2	2	切断刀	3mm	1	切槽、切断	

5. 切削参数选择

(1) 背吃刀量的选择。粗车外轮廓时选用 $a_p=1$mm，精车外轮廓时选用 $a_p=0.5$mm，切槽、切断的背吃刀量等于切槽刀的宽度3mm。

(2) 主轴转速的选择。选择外轮廓粗加工转速为900r/min，精车为1500r/min。切槽、切断的主轴转速为300r/min。

(3) 进给速度的选择。根据背吃刀量和主轴转速选择进给速度，分别选择外轮廓粗精车的进给速度为150mm/min和120mm/min；切槽、切断的进给速度为40mm/min。

6. 制定工艺文件

根据前面的分析和计算，制定球头拉杆零件的数控加工工序卡如表8-6所示。

表8-6　球头拉杆零件数控加工工序卡

<table>
<tr><td>材料</td><td>45钢</td><td colspan="2">零件图号</td><td></td><td>系统</td><td>FANUC</td><td>工序号</td></tr>
<tr><td rowspan="2">操作序号</td><td rowspan="2">工步内容
(走刀路线)</td><td rowspan="2">装夹序号</td><td rowspan="2" colspan="2">刀具T</td><td colspan="3">切削用量</td></tr>
<tr><td>转速S(n)/(r/min)</td><td>进给速度F/(mm/min)</td><td>背吃刀量/mm</td></tr>
<tr><td>(1)</td><td>车端面，见平</td><td>1</td><td colspan="2">T0101</td><td>900</td><td>80</td><td></td></tr>
<tr><td>(2)</td><td>粗车外轮廓，留0.5mm</td><td>1</td><td colspan="2">T0101</td><td>900</td><td>150</td><td>1</td></tr>
<tr><td>(3)</td><td>精车外轮廓</td><td>1</td><td colspan="2">T0101</td><td>1500</td><td>120</td><td>0.5</td></tr>
<tr><td>(4)</td><td>切槽</td><td>1</td><td colspan="2">T0202</td><td>300</td><td>40</td><td></td></tr>
<tr><td>(5)</td><td>切断</td><td>1</td><td colspan="2">T0202</td><td>300</td><td>40</td><td></td></tr>
</table>

二、编程（原点、参考程序）

（1）设定编程原点，编程原点设在零件右端面中心。

（2）参考程序见表 8-7。

表 8-7　　球头拉杆零件数控加工参考程序

<table>
<tr><td rowspan="3">数控车床程序卡</td><td>编程原点</td><td colspan="3">零件的右端面中心</td><td>编写日期</td><td></td></tr>
<tr><td>零件名称</td><td></td><td>零件图号</td><td></td><td>材料</td><td>45 钢</td></tr>
<tr><td>车床型号</td><td>CK6132</td><td>夹具名称</td><td>三爪卡盘</td><td>实训车间</td><td>数控基地</td></tr>
<tr><td>程序数</td><td colspan="3">1</td><td>编程系统</td><td colspan="2">FANUC 0i</td></tr>
<tr><td>序号</td><td colspan="3">程序</td><td colspan="3">简要说明</td></tr>
<tr><td></td><td colspan="3">O0001</td><td colspan="3"></td></tr>
<tr><td>N10</td><td colspan="3">T0101</td><td colspan="3"></td></tr>
<tr><td>N20</td><td colspan="3">G98 G97 G40</td><td colspan="3"></td></tr>
<tr><td>N30</td><td colspan="3">M3 S900</td><td colspan="3"></td></tr>
<tr><td>N40</td><td colspan="3">G0 X45 Z0</td><td colspan="3"></td></tr>
<tr><td>N50</td><td colspan="3">G1 X0 F80</td><td colspan="3">车端面</td></tr>
<tr><td>N60</td><td colspan="3">G0 X45 Z2</td><td colspan="3"></td></tr>
<tr><td>N70</td><td colspan="3">G73 U10 W0 R10</td><td colspan="3" rowspan="2">粗车循环</td></tr>
<tr><td>N80</td><td colspan="3">G73 P10 Q20 U0. 5 W0 F150</td></tr>
<tr><td>N90</td><td colspan="3">G1 X0 F120</td><td colspan="3" rowspan="11">精加工轮廓程序段</td></tr>
<tr><td>N100</td><td colspan="3">Z0</td></tr>
<tr><td>N110</td><td colspan="3">G3 X24 Z-24 R15</td></tr>
<tr><td>N120</td><td colspan="3">G2 X24 Z-40 R20</td></tr>
<tr><td>N130</td><td colspan="3">G1 X30 Z-60</td></tr>
<tr><td>N140</td><td colspan="3">Z-65</td></tr>
<tr><td>N150</td><td colspan="3">X31</td></tr>
<tr><td>N160</td><td colspan="3">X34 Z-66. 5</td></tr>
<tr><td>N170</td><td colspan="3">Z-80</td></tr>
<tr><td>N180</td><td colspan="3">X38</td></tr>
<tr><td>N190</td><td colspan="3">Z-95</td></tr>
</table>

续表

数控车床程序卡	编程原点	零件的右端面中心			编写日期	
	零件名称		零件图号		材料	45 钢
	车床型号	CK6132	夹具名称	三爪卡盘	实训车间	数控基地
程序数	1			编程系统	FANUC 0i	
序号	程序			简要说明		
N200	S1500					
N210	G70 P10 Q20			精车轮廓		
N220	G0 X50 Z100					
N230	T0202					
N240	S300					
N250	G0 X40					
N260	Z-80					
N270	G1 X30 F40			切槽		
N280	X40					
N290	Z-93					
N300	X0			切断		
N310	G0 X50 Z100					
N320	T0101					
N330	M30			程序结束，返回程序起点		

三、球头拉杆零件数控加工

将编好的数控程序传到 CK6132 数控车床，装夹毛坯，建立工件坐标系，加工零件。主要操作步骤如下：

（1）机床开机，回参考点，准备机床。

（2）输入数控程序，并检查。

（3）工件安装，夹住毛坯外圆，毛坯伸出卡盘端面 100mm，找正、夹紧。

（4）安装刀具，在 1 号刀位安装外圆车刀，在 2 号刀位安装切断刀。安装时注意刀尖高度与工件的回转中心线等高，刀尖伸出长度约为刀具厚度的 1.5 倍。

（5）建立工件坐标系 G54，对刀操作完成刀具补偿参数设置。

（6）启动程序，自动加工。

（7）停机后，按图纸要求检测工件，对工件进行误差及质量分析。利用游标卡尺、外径千分尺、表面粗糙度工艺样板等量具测量工件，学生对自己加工的零件进行检测，包括尺寸精度的检测和零件加工质量的检测。

项目评价

1. 确定测量工具。

外圆直径尺寸用外径千分尺测量，长度尺寸精度要求不高，选择游标卡尺测量就能达到要求。量具选用见表 8-8。

表 8-8　量具选用表

序号	名称	规格/mm	精度/mm	数量
1	游标卡尺	0~150	0.02	1
2	外径千分尺	25~50	0.01	1

2. 球头拉杆零件质量检验单，见表 8-9。

表 8-9　球头拉杆零件质量检验单

项目名称			学号：	
检测项目	序号	检测内容	检测结果	结论
长度	1	10		
	2	25		
	3	30		
	4	40		
	5	24		
	6	90±0.1		
外圆	7	$\phi38$		
	8	$\phi30_{-0.033}^{0}$		
	9	$\phi34_{-0.039}^{0}$		
	10	$\phi24\pm0.022$ 处		
圆弧	11	$R15$		
	12	$R20$		
倒角	13	$C1.5$		
表面质量	14	$Ra1.6$		

续表

项目名称			学号：	
检测项目	序号	检测内容	检测结果	结论
球头拉杆零件检测结论				
产品不合格原因分析				
改进措施				

记录员		监考员		检验员		考评员	

3.项目考核，见表 8-10。

表 8-10　**教学项目过程考核评价表**

<table>
<tr><td colspan="2">项目名称：　　　　班级：</td><td colspan="3">姓名：　　　　学号：</td><td colspan="3">指导教师：</td></tr>
<tr><td rowspan="3">评价项目</td><td rowspan="3">评价标准</td><td rowspan="3">评价依据
（信息、佐证）</td><td colspan="3">评价方式</td><td rowspan="3">得分小计</td><td rowspan="3">总分</td></tr>
<tr><td>学生自评</td><td>小组互评</td><td>教师评价</td></tr>
<tr><td>30%</td><td>30%</td><td>40%</td></tr>
<tr><td>职业素质（20%）</td><td>1.遵守企业管理规定、劳动纪律
2.按时完成学习及工作任务
3.工作积极主动、勤学好问</td><td>考勤
工作及学习态度</td><td></td><td></td><td></td><td></td><td rowspan="3"></td></tr>
<tr><td>专业技能（50%）</td><td>1.机床操作正确合理、安全文明生产
2.有零件的工艺分析能力、制定工艺合理
3.程序规范正确
4.夹具、刀具正确使用
5.零件质量合格
6.正确使用检测量具、量仪</td><td>工作过程
工艺过程卡
工序卡
程序单
零件质量检验单
安全操作、机床清理</td><td></td><td></td><td></td><td></td></tr>
<tr><td>展示创新（30%）</td><td>1.该小组介绍成果是否清晰
2.该小组演示的检测方法操作是否正确
3.该小组的检测量具、量仪保养是否完好
4.该小组的团队精神如何
5.能对不合理处分析原因并提出改进意见
6.做出技术或工艺改良报告，具有创新性</td><td>表述能力
展示方式及效果
口头或书面提议
技术或工艺改良报告</td><td></td><td></td><td></td><td></td></tr>
<tr><td>指导教师
综合评价</td><td colspan="7">
指导老师签名：　　　　　　日期：</td></tr>
</table>

注：评价分值均为百分制。

拓展练习

编制如图 8-5、图 8-6、图 8-7 所示的加工程序并加工。

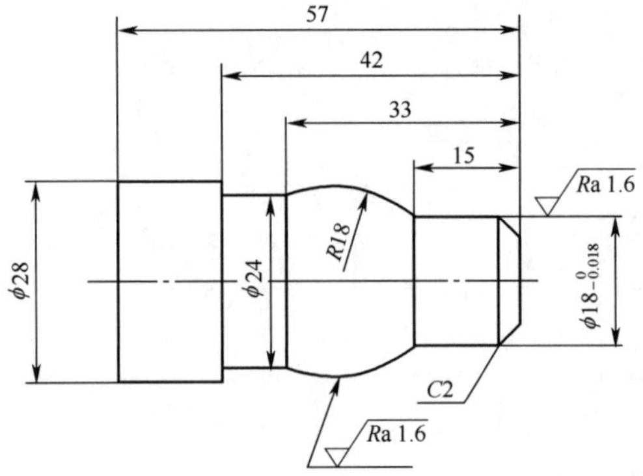

图 8-5　轴 1

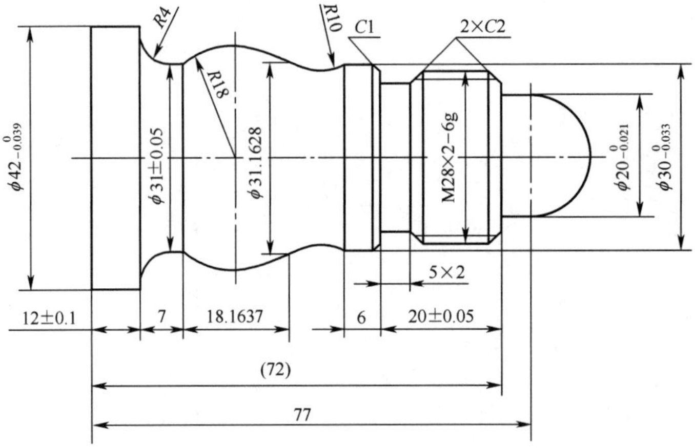

图 8-6　轴 2

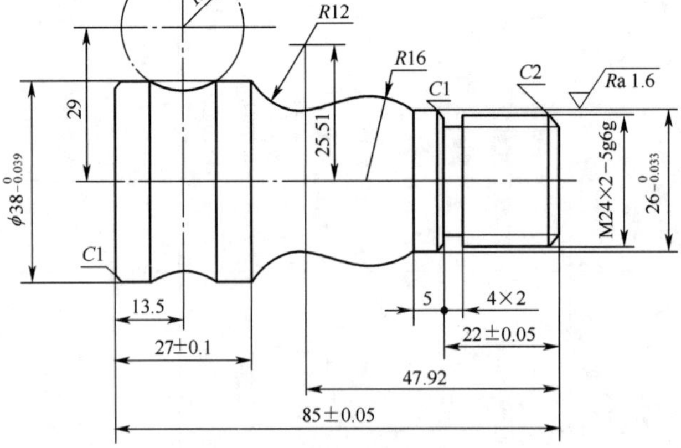

图 8-7　轴 3

项目九 加工传动轴零件

学习目标

1. 掌握多次装夹零件加工的特点及方法
2. 掌握 G72 指令格式及应用
3. 能完成传动轴零件的编程与加工
4. 能正确选用量具测量传动轴零件
5. 培养学生的沟通能力和精益求精精神

项目导读

传动轴是一个高转速、少支承的旋转体。一般传动轴在出厂前都要进行动平衡试验，并在平衡机上进行调整。图 9-1 是一个典型的传动轴零件，需要在数控车床上完成加工，加工后的效果图如图 9-2 所示。

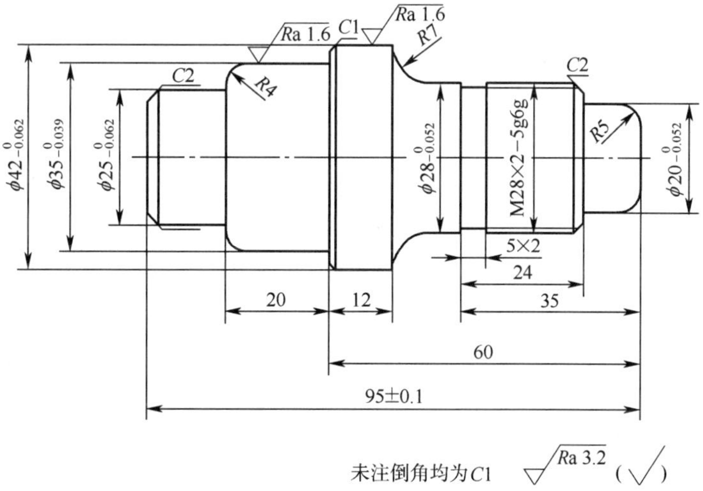

图 9-1 传动轴零件图

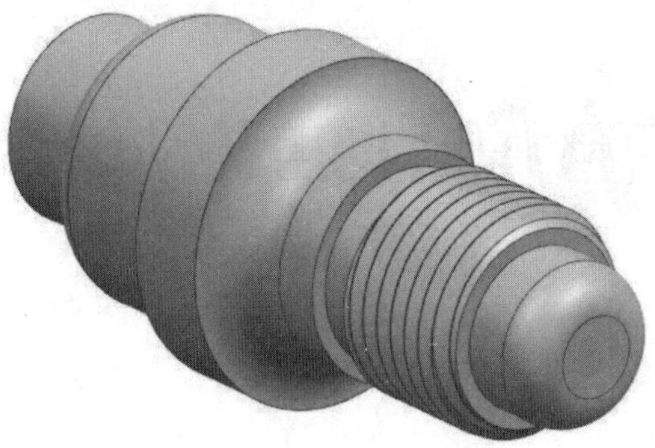

图 9-2 传动轴零件三维实体图

知识链接

一、二次装夹零件分析

如图 9-3 所示，由于大部分机床同时采用左右切削生产效率不高，因此对该类零件一般采用多次装夹完成加工。换装后第二次对刀与第一次对刀在 Z 向方法不同，需要在已加工端面找一基准完成对刀。

另外，端面切削是车削加工中不可避免的内容，尤其是大余量端面切削需采用不同的方法完成，故需专门对端面切削的方法进行讲解。

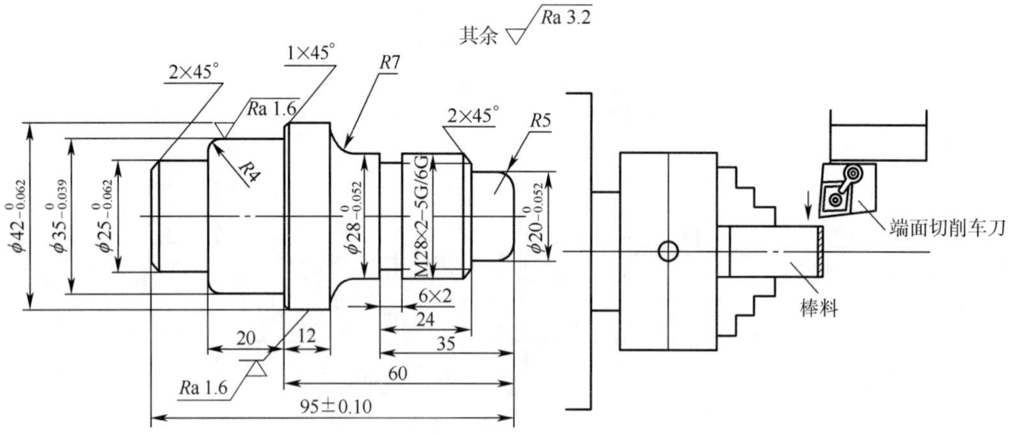

图 9-3 二次装夹零件图

二、常用编程指令 G72

端面车削固定循环指令 G72 是平行于 *X* 轴进行多次分层切削。适合于加工 *Z* 向余量小、*X* 向余量大的孔盘零件粗加工，可以有效缩短刀具长度，提高刀具刚性，其指令格式及说明如表 9-1 所示。

表 9-1　　G72 指令格式、参数含义及使用说明

指令格式	G72 W（Δd）R（e） G72 P（ns）Q（nf）U（Δu）W（Δw）F（f）S（s）T（t） N（ns）…… ……… F_S_T_ N（nf）…… （N（ns）至 N（nf）：从序号 ns 至 nf 的程序段，指定 *A* 及 *B* 间的移动指令）
说明	该指令执行如参考图所示的粗加工
参考图	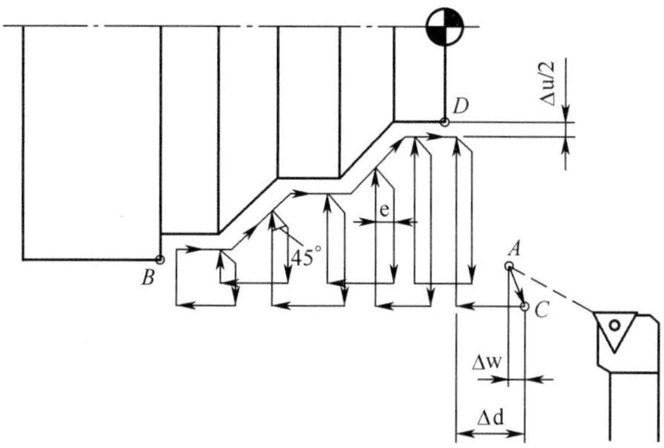
参 数	含　　义
U	Δd：背吃刀量（*Z* 向切削宽度）
R	e：每次退刀量，一般取 0.5~1mm
P	ns：精加工路径第一程序段
Q	nf：精加工路径最后程序段
U	Δu：*X* 方向精加工余量，直径值，一般取 0.5~0.8mm
W	Δw：*Z* 方向精加工余量，一般取 0.05~0.1mm
注意事项	1. 精车程序段开始段（ns）应指定 G00 或 G01 指令，并且只能有 *Z* 坐标，不能有 *X* 坐标，否则会报警 2. 进行平行于 *X* 轴的分层粗车、一层精车，轮廓路径为（ns~ nf 程序段），动作过程在 *X* 向类似于 G71，其他注意事项同样类似于 G71

项目实施

一、制定加工工艺

1. 分析零件图

如图 9-1 所示，材料为 45 钢，零件由圆弧面、圆锥面、槽及梯形螺纹组成，零件轮廓两端小，中间大，采用一次装夹加工时对刀具要求较高，且很难加工，因此，采用两次装夹完成零件的加工。毛坯尺寸为 ϕ45mm×100mm 棒料，而加工后零件总长度为 95mm。长度超出约 5mm，在掉头装夹后用 G72 指令切端面，保证总长。

2. 确定装夹方案

本项目零件需要分两次装夹才能完成加工，第一次装夹时夹住毛坯一端，毛坯伸出 55mm，如图 9-4 所示。第二次装夹时夹持已加工的 $\phi35_{-0.039}^{\ 0}$mm 表面，如图 9-5 所示，为了避免夹伤工件，可用铜皮保护已加工表面。

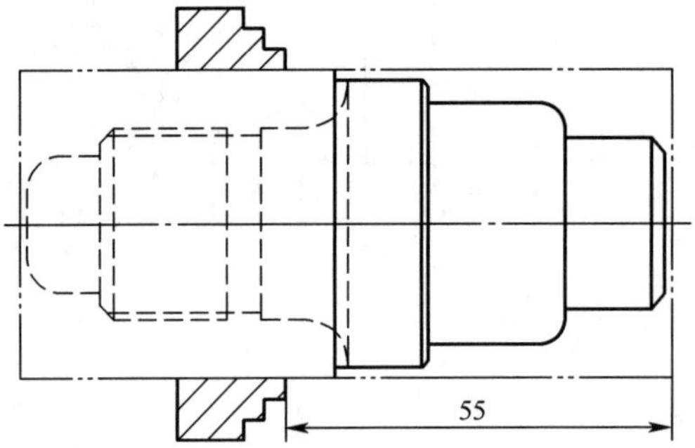

图 9-4　第一次装夹

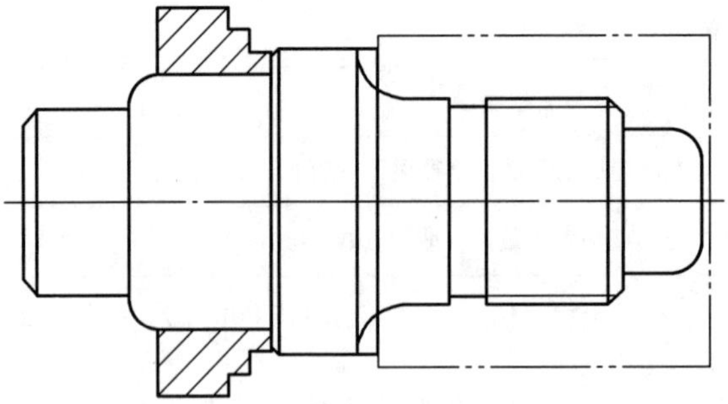

图 9-5　第二次装夹

3. 确定加工方案

（1）夹持毛坯一端，毛坯伸出卡盘端面55mm，加工零件左端的轮廓。

（2）掉头装夹，夹持 $\phi35_{-0.039}^{0}$ mm 外圆，台阶面贴紧卡盘端面，加工外轮廓、槽及螺纹。

4. 选择刀具

根据前面的分析，选用的刀具见表 9-2。

表 9-2　　　传动轴零件刀具卡

序号	刀具号	刀具名称	规格型号	数量	加工内容	备注
1	T0101	90°外圆车刀	90°	1	粗、精车外轮廓	
2	T0202	切槽刀	5mm	1	螺纹退刀槽	
3	T0303	螺纹刀	60°	1	M286×2 梯形螺纹	

5. 切削参数计算

（1）背吃刀量的选择。粗车外轮廓时选用 a_p = 1. 5mm，精车外轮廓时选用 a_p = 0. 5mm，切槽、切断的背吃刀量等于切槽刀的宽度3mm，车螺纹每刀切深按查表数据执行。

（2）主轴转速的选择。选择外轮廓粗加工转速900r/min，精车为1500r/min。切槽、切断的主轴转速300r/min，车螺纹主轴转速450 r/min。

（3）进给速度的选择。根据背吃刀量和主轴转速选择进给速度，分别选择外轮廓粗精车的进给速度为150mm/min和120mm/min；切槽、切断的进给速度为40mm/min，车螺纹的进给速度不用指定，数控系统会根据主轴转速和螺纹的螺距自动换算。

6. 制定工艺文件

根据前面分析，制定梯形螺纹的工序卡见表 9-3。

表 9-3　　　传动轴零件数控加工工序卡

<table>
<tr><td>材料</td><td>45 钢</td><td colspan="2">零件图号</td><td></td><td colspan="2">系统</td><td>FANUC</td><td colspan="2">工序号</td><td></td></tr>
<tr><td rowspan="2">操作序号</td><td colspan="2" rowspan="2">工步内容（走刀路线）</td><td rowspan="2">装夹序号</td><td rowspan="2">刀具 T</td><td colspan="6">切削用量</td></tr>
<tr><td colspan="2">转速 S（n）/（r/min）</td><td colspan="2">进给速度 F/（mm/min）</td><td colspan="2">背吃刀量/mm</td></tr>
<tr><td>（1）</td><td colspan="2">第一次装夹，车端面</td><td>1</td><td>T0101</td><td colspan="2">900</td><td colspan="2">80</td><td colspan="2"></td></tr>
<tr><td>（2）</td><td colspan="2">粗车左端外轮廓，留 0. 5 余量</td><td>1</td><td>T0101</td><td colspan="2">900</td><td colspan="2">150</td><td colspan="2">1</td></tr>
<tr><td>（3）</td><td colspan="2">精车左端外轮廓</td><td>1</td><td>T0101</td><td colspan="2">1500</td><td colspan="2">120</td><td colspan="2">0. 5</td></tr>
</table>

续表

材料	45 钢	零件图号			系统	FANUC	工序号	
操作序号	工步内容（走刀路线）		装夹序号	刀具 T	切削用量			
					转速 S（n）/（r/min）	进给速度 F/（mm/min）	背吃刀量/mm	
（4）	掉头装夹，车端面，保总长		2	T0101	900	80		
（5）	粗车右端外轮廓，留 0.5 余量		2	T0101	900	150	1	
（6）	精车右端外轮廓		2	T0101	1500	120	0.5	
（7）	切槽		2	T0202	300	40		
（8）	车螺纹		2	T0303	450			

二、编程（原点、参考程序）

（1）设定编程原点，两次装夹的编程原点都设在零件装夹后右端面中心。

（2）参考程序见表 9-4。

表 9-4　传动轴零件数控加工参考程序

数控车床程序卡	编程原点	零件的右端面中心			编写日期	
	零件名称		零件图号		材料	45 钢
	车床型号	CK6132	夹具名称	三爪卡盘	实训车间	数控基地
程序数	1			编程系统	FANUC 0i	
序号	程序			简要说明		
	O0001			第一次装夹		
N10	T0101					
N20	G98 G97 G40					
N30	M3 S900					
N40	G0 X50 Z0					
N50	G1 X0 F80			车端面		
N60	G0 X50 Z2					
N70	G71 U1.5 R1			粗车循环		
N80	G71 P10 Q20 U0.5 W0 F150					

续表

数控车床程序卡	编程原点	零件的右端面中心		编写日期	
	零件名称		零件图号	材料	45 钢
	车床型号	CK6132	夹具名称	三爪卡盘	实训车间	数控基地
程序数	1		编程系统	FANUC 0i	
序号	程序		简要说明		
	O0001		第一次装夹		
N90	G1 X21 F120		精车轮廓程序段		
N100	Z0				
N110	X25 Z-2				
N120	X27				
N130	G3 X35 Z-19 R4				
N140	G1 Z-35				
N150	X40				
N160	X42 Z-36				
N170	Z-50				
N180	S1500				
N190	G70 P10 Q20				
N200	G0 X50 Z100				
N210	M30				
N220					
	O0002		第二次装夹		
N230	G54 G98 G97 G0 X50 Z100				
N240	M3 S900				
N250	T0101				
N260	G0 X50 Z10				
N270	G72 W2 R1		粗车端面循环		
N280	G72 P10 Q20 U0.5 W0.5 F100				
N290	G1 Z0 F80		精车端面程序段		
N300	X0				

续表

<table>
<tr><td rowspan="3">数控车床程序卡</td><td>编程原点</td><td colspan="3">零件的右端面中心</td><td>编写日期</td><td></td></tr>
<tr><td>零件名称</td><td></td><td>零件图号</td><td></td><td>材料</td><td>45 钢</td></tr>
<tr><td>车床型号</td><td>CK6132</td><td>夹具名称</td><td>三爪卡盘</td><td>实训车间</td><td>数控基地</td></tr>
<tr><td>程序数</td><td colspan="3">1</td><td>编程系统</td><td colspan="2">FANUC 0i</td></tr>
<tr><td>序号</td><td colspan="3">程序</td><td colspan="3">简要说明</td></tr>
<tr><td></td><td colspan="3">O0002</td><td colspan="3">第二次装夹</td></tr>
<tr><td>N310</td><td colspan="3">S1500</td><td colspan="3"></td></tr>
<tr><td>N320</td><td colspan="3">G70 P10 Q20</td><td colspan="3">精车端面</td></tr>
<tr><td>N330</td><td colspan="3">G0 X50 Z2</td><td colspan="3"></td></tr>
<tr><td>N340</td><td colspan="3">G71 U1.5 R2</td><td colspan="3" rowspan="2">粗车轮廓循环</td></tr>
<tr><td>N350</td><td colspan="3">G71 P30 Q40 U0.5 W0 F150</td></tr>
<tr><td>N360</td><td colspan="3">G1 X10 F120</td><td colspan="3" rowspan="11">精车轮廓程序段</td></tr>
<tr><td>N370</td><td colspan="3">Z0</td></tr>
<tr><td>N380</td><td colspan="3">G3 X20 Z-5 R5</td></tr>
<tr><td>N390</td><td colspan="3">G1 Z-11</td></tr>
<tr><td>N400</td><td colspan="3">X24</td></tr>
<tr><td>N410</td><td colspan="3">X27.8 Z-13</td></tr>
<tr><td>N420</td><td colspan="3">Z-35</td></tr>
<tr><td>N430</td><td colspan="3">X28</td></tr>
<tr><td>N440</td><td colspan="3">Z-41</td></tr>
<tr><td>N450</td><td colspan="3">G2 X42 Z-41 R7</td></tr>
<tr><td>N460</td><td colspan="3">G1 X45</td></tr>
<tr><td>N470</td><td colspan="3">S1500</td><td colspan="3"></td></tr>
<tr><td>N480</td><td colspan="3">G70 P10 Q20</td><td colspan="3">精车轮廓</td></tr>
<tr><td>N490</td><td colspan="3">G0 X50 Z100</td><td colspan="3"></td></tr>
<tr><td>N500</td><td colspan="3">T0202</td><td colspan="3"></td></tr>
<tr><td>N510</td><td colspan="3">S300</td><td colspan="3"></td></tr>
<tr><td>N520</td><td colspan="3">G0 X30</td><td colspan="3"></td></tr>
<tr><td>N530</td><td colspan="3">Z-35</td><td colspan="3"></td></tr>
</table>

续表

数控车床程序卡	编程原点	零件的右端面中心			编写日期	
	零件名称		零件图号		材料	45 钢
	车床型号	CK6132	夹具名称	三爪卡盘	实训车间	数控基地
程序数	1			编程系统	FANUC 0i	
序号	程序			简要说明		
	O0002			第二次装夹		
N540	G1 X24 F30			切槽		
N550	X30					
N560	G0 X50Z100					
N570	T0303					
N580	S450					
N590	G0 X30					
N600	Z-5					
N610	G92 X27. 4 Z-32 F2			车 M28×2 螺纹循环		
N620	X26. 9					
N630	X26. 5					
N640	X26. 2					
N650	X25. 9					
N660	X25. 7					
N670	X25. 56					
N680	X25. 44					
N690	X25. 44					
N700	G0 X50					
N710	Z100					
N720	T0101					
N730	M30					

三、传动轴零件数控加工

将编好的数控程序传到 CK6132 数控车床，装夹毛坯，建立工件坐标系，加工零件。主要操作步骤如下：

（1）机床开机，回参考点，准备机床。

（2）输入数控程序，并检查。

（3）工件安装，夹住毛坯外圆，第一次装夹时毛坯伸出卡盘端面 55mm，掉头装夹时夹持 $\phi35_{-0.039}^{\ 0}$mm 外圆车削零件右端面轮廓及 M28×2 螺纹。

（4）安装刀具，在 1 号刀位安装外圆车刀，在 2 号刀位安装切断刀，在 3 号刀位安装螺纹刀。安装时注意刀尖高度与工件的回转中心线等高，刀尖伸出长度约为刀具厚度的 1.5 倍。

（5）建立工件坐标系 G54，对刀操作完成刀具补偿参数设置。

（6）启动程序，自动加工。

（7）停机后，按图纸要求检测工件，对工件进行误差及质量分析。

利用游标卡尺、外径千分尺、表面粗糙度工艺样板等量具测量工件，学生对自己加工的零件进行检测，包括尺寸精度的检测和零件加工质量的检测。

项目评价

1. 确定测量工具。

外圆直径尺寸用外径千分尺测量，长度尺寸选择游标卡尺测量，螺纹用螺纹环规测量，圆弧用 R 规测量。量具选用见表 9-5。

表 9-5　　量具选用表

序号	名称	规格/mm	精度/mm	数量
1	游标卡尺	0~150	0.02	1
2	外径千分尺	0~25	0.01	1
3	外径千分尺	25~50	0.01	1
4	螺纹环规	M28×2		1
5	R 规	1~8		1

2. 传动轴零件质量检查单，见表 9-6。

表 9-6　　**传动轴零件质量检查单**

项目名称			学号：	
检测项目	序号	检测内容	检测结果	结论
长度	1	24		
	2	35		
	3	60		
	4	12		
	5	20		
	6	95±0.1		
外圆	7	$\phi 20_{-0.052}^{0}$		
	8	$\phi 28_{-0.052}^{0}$		
	9	$\phi 25_{-0.052}^{0}$		
	10	$\phi 35_{-0.039}^{0}$		
	11	$\phi 42_{-0.052}^{0}$		
圆弧	12	*R*5		
	13	*R*7		
	14	*R*4		
倒角	15	*C*1		
	16	*C*2，2 处		
梯形螺纹	17	M28×2		
表面质量	18	*R*a1.6		
传动轴零件检测结论				
产品不合格原因分析				
改进措施				

记录员		监考员		检验员		考评员	

3.项目考核，见表9-7。

表9-7　教学项目过程考核评价表

<table>
<tr><td colspan="2">项目名称：　　　　　　　　班级：</td><td colspan="2">姓名：　　　　学号：</td><td colspan="5">指导教师：</td></tr>
<tr><td rowspan="2">评价项目</td><td rowspan="2">评价标准</td><td rowspan="2">评价依据
（信息、佐证）</td><td colspan="3">评价方式</td><td rowspan="2">得分小计</td><td rowspan="2">总分</td></tr>
<tr><td>学生自评
30%</td><td>小组互评
30%</td><td>教师评价
40%</td></tr>
<tr><td>职业素质（20%）</td><td>1.遵守企业管理规定、劳动纪律
2.按时完成学习及工作任务
3.工作积极主动、勤学好问</td><td>考勤
工作及学习态度</td><td></td><td></td><td></td><td></td><td></td></tr>
<tr><td>专业技能（50%）</td><td>1.机床操作正确合理、安全文明生产
2.有零件的工艺分析能力、制定工艺合理
3.程序规范正确
4.夹具、刀具正确使用
5.零件质量合格
6.正确使用检测量具、量仪</td><td>工作过程
工艺过程卡
工序卡
程序单
零件质量检验单
安全操作、机床清理</td><td></td><td></td><td></td><td></td><td></td></tr>
<tr><td>展示创新（30%）</td><td>1.该小组介绍成果是否清晰
2.该小组演示的检测方法操作是否正确
3.该小组的检测量具、量仪保养是否完好
4.该小组的团队精神如何
5.能对不合理处分析原因并提出改进意见
6.做出技术或工艺改良报告，具有创新性</td><td>表述能力
展示方式及效果
口头或书面提议
技术或工艺改良报告</td><td></td><td></td><td></td><td></td><td></td></tr>
<tr><td>指导教师
综合评价</td><td colspan="7">指导老师签名：　　　　　　日期：</td></tr>
</table>

注：评价分值均为百分制。

拓展练习

编写如图 9-6、图 9-7、图 9-8 所示零件的加工程序。

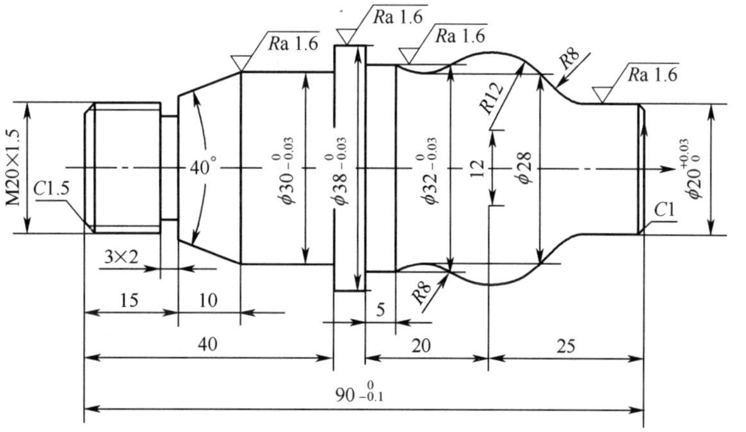

未注倒角均为 C0.5　Ra 3.2 (√)

图 9-6　轴 1

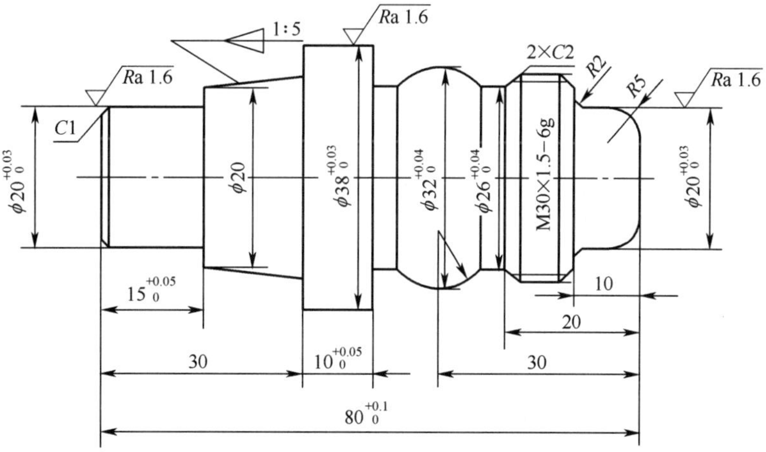

未注倒角均为 C1　Ra 3.2 (√)

图 9-7　轴 2

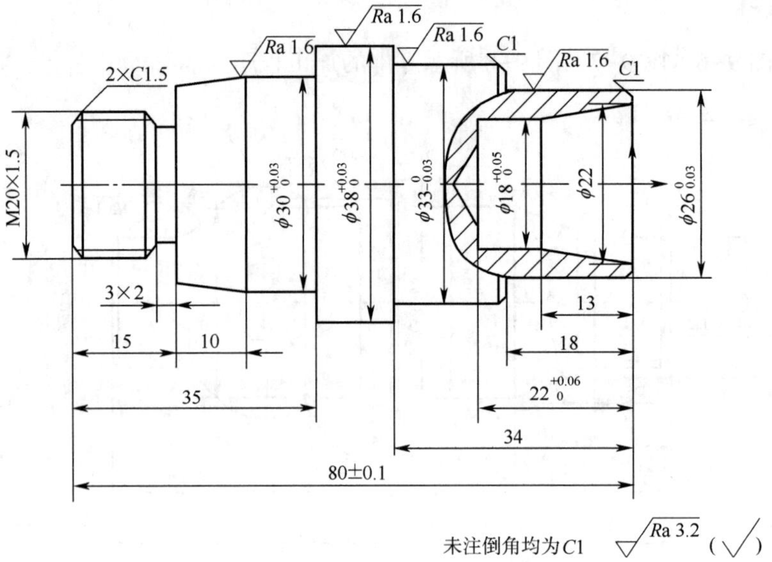

Ra 1.6
Ra 1.6
Ra 1.6
C1
Ra 1.6
C1
2×C1.5
M20×1.5
φ30 +0.03 0
φ38 +0.03 0
φ33 0 -0.03
φ18 +0.05 0
φ22
φ26 0 -0.03
3×2
13
15
10
18
22 +0.06 0
35
34
80±0.1
未注倒角均为C1
Ra 3.2

图 9-8　轴 3

项目十　加工轴套零件

学习目标

1. 掌握套类零件的加工工艺制定方法
2. 了解套类零件的装夹方法及位置精度控制方法
3. 会正确安装内孔车刀及对刀操作
4. 会编写内孔加工程序并能加工轴套零件
5. 培养学生爱岗敬业的工作作风

项目导读

套类零件是机器中常用零件之一，如轴套、轴承衬套、导套、缸套等。它们主要由内外圆柱面、内外圆锥面、槽等构成。如图 10-1 所示轴套零件，材料 45 钢，毛坯尺寸为 ϕ60mm×70mm，其主要表面有外圆柱面、内圆柱面，其中 $\phi25^{+0.033}_{0}$mm、$\phi35^{+0.039}_{0}$mm 内圆柱面尺寸精度及表面质量要求较高。轴套加工后三维效果图如图 10-2 所示。

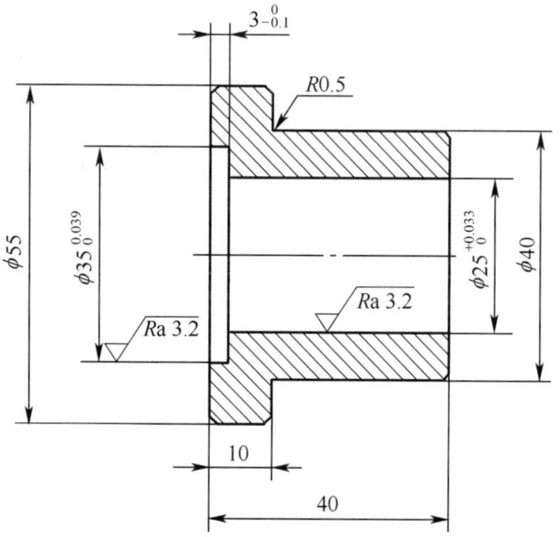

图 10-1　轴套零件图

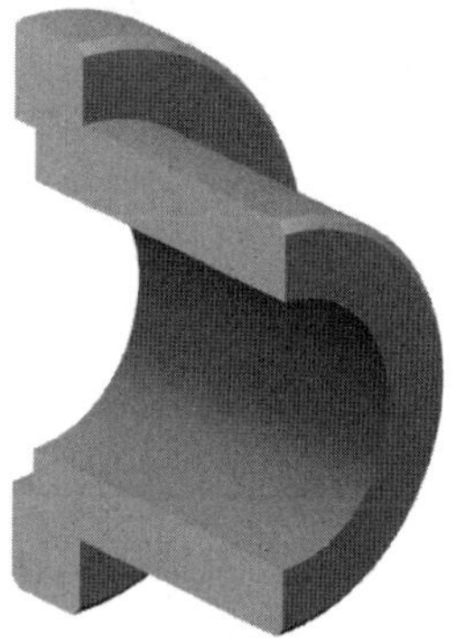

图 10-2　轴套零件三维实体图

知识链接

轴套类零件一般由孔、外圆、端面及沟槽构成，如轴承套、法兰盘、带轮、齿轮等，其技术要求除表面粗糙度和尺寸精度之外，位置精度一般有外圆对内孔轴线的径向圆跳动（或同轴度），端面对内孔轴线的端面跳动（或垂直度）等。

一、孔的类型及加工方法

1. 钻中心孔

（1）中心孔的形状与尺寸。在车削过程中，需要多次装夹才能完成车削的轴类工件，如台阶轴、齿轮轴、丝杠等，一般先在工件两端钻中心孔，采用顶尖装夹。另外，在车床上，对工件进行钻孔前，为了防止钻头偏移，也要先钻中心孔进行定位。

中心孔按形状和作用可以分为 A 型、B 型、C 型和 R 型四种。一般常用 A 型和 B 型，如表 10–1 所示。

表 10–1　　A、B 型中心孔特点及用途

中心孔类型	A 型	B 型
图例	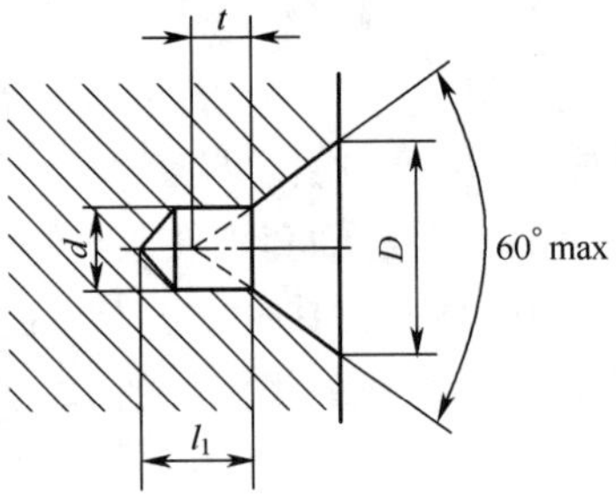	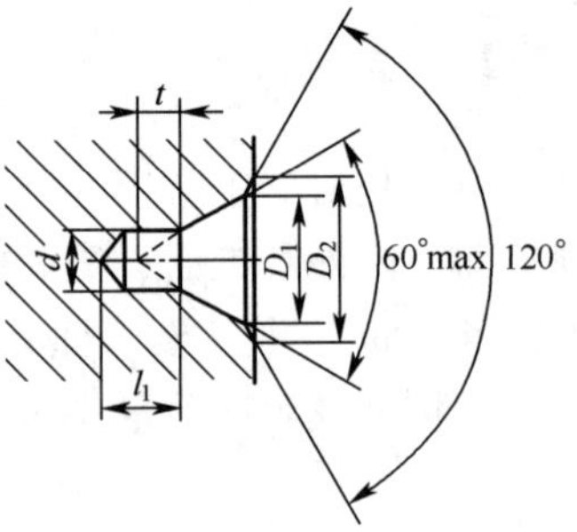
中心钻形式	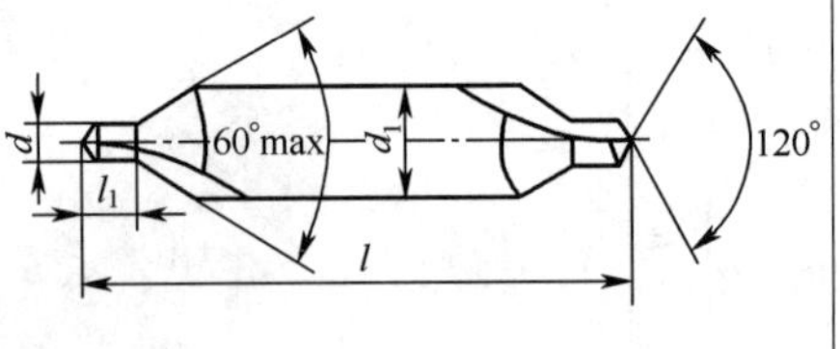	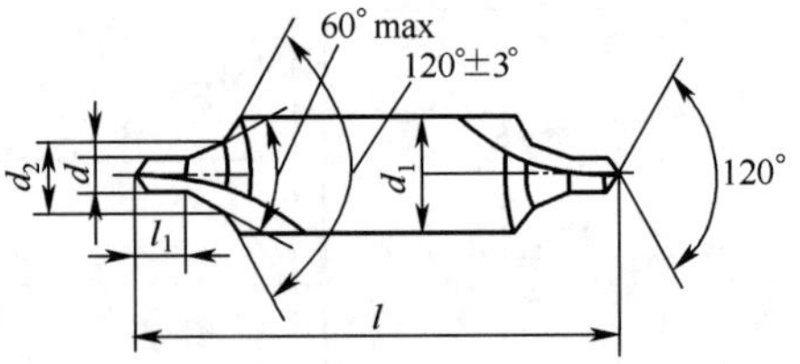
特点	由圆柱部分和圆锥部分组成，圆锥孔 60°	在 A 型中心孔的端部多出一个 120° 的圆锥孔，以保护 60° 锥孔
用途	用于定位孔、不需要多次装夹或不保留中心孔的零件	用于多次装夹的零件

（2）中心钻。A 型、B 型中心钻的基本尺寸见表 10-2。

表 10-2　　中心钻的基本尺寸　　单位：mm

A 型中心钻的基本尺寸				B 型中心钻的基本尺寸				
d	d_1	l	l_1	d	d_1	d_2	l	l_1
1.6	4	35.5	2.0	1.6	6.3	3.35	45	2.0
2	5	40	2.5	2	8.0	4.25	50	2.5
2.5	6.3	45	3.1	2.5	10.0	5.3	56	3.1
3.15	8.0	50	3.9	3.15	11.2	6.7	60	3.9
4	10	56	5.0	4	14	8.5	64	5.0
5	12.5	63	6.3	5	18	10.6	75	6.3
6.3	16	71	8.0	6.3	20	13.2	80	8.0

（3）钻中心孔的方法。

1）将中心钻装夹在钻夹头上，用钻夹头钥匙旋紧。

2）将钻夹头锥柄装夹在数控车床尾座的锥孔里。

3）移动尾座，调整尾座与工件之间的距离，使中心钻接近工件端面。启动车床，观察中心钻钻头是否与工件旋转中心一致，然后锁紧尾座。

4）手摇尾座手轮钻中心孔。由于中心钻直径小，钻削时应采取较高的转速，进给速度小且均匀，切勿用力过猛。当中心钻钻入工件后，应及时加切削液冷却润滑。

5）在钻中心孔前，工件端面应车平，不要留有小凸台，否则会折断中心钻。

2. 钻孔

在车床上加工的材料多为实心材料，要想在实心材料上加工出一个孔来，主要方法就是钻孔。钻孔属于粗加工，加工后的尺寸精度可达 IT11～IT12，表面粗糙度 Ra 值为 12.5～25μm，钻孔加工最常用的刀具是麻花钻。麻花钻按柄部形状分为直柄麻花钻和锥柄麻花钻，如图 10-3 所示，按制造材料分为高速钢麻花钻和硬质合金麻花钻。

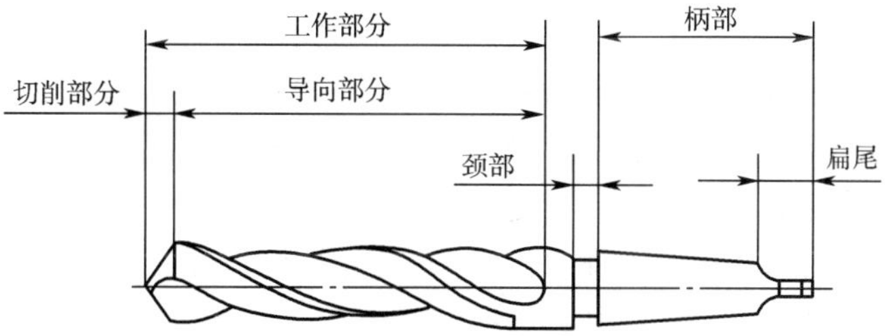

图 10-3　锥柄麻花钻

（1）钻孔方法。

1）钻孔前，必须先把工件端面车平，中心处不留凸台。

2）找正尾座，使麻花钻中心对准工件回转中心，以防孔径钻大或钻头折断。

3）钻孔时，可先用中心钻钻中心孔定心，然后再用麻花钻进行加工。

4）用较长钻头钻孔时，为了防止钻头跳动，可以在刀架上夹一铜棒或挡铁，支住钻头头部，使它对准工件的回转中心，然后缓慢进给；当钻头在工件上已正确定心，并钻出一段孔后，再把铜棒退出。

5）钻较深孔时，切屑不易排出，必须经常退出钻头，清除切屑。

6）在实体上钻孔，小孔可以一次钻出，若孔径超过 30mm 时，可分两次钻出，即先用小钻头钻出底孔，再用大钻头钻出所需的尺寸。

7）钻孔时会产生大量的热，因此在钻钢材时必须有充分的冷却。

（2）钻孔时切削用量的确定。

1）钻孔时的进给量，参考值见表 10-3。

表 10-3　　钻孔的进给量参考值

钻头直径/mm	<3	3~6	6~12	12~25	>25
进给量/（mm/r）	0.025~0.05	0.05~0.10	0.10~0.18	0.18~0.38	0.18~0.60

2）钻孔时的切削速度，参考值见表 10-4。

表 10-4　　钻孔的切削速度参考值　　单位：mm/min

加工材料	切削速度	加工材料	切削速度
低碳钢	27~21	铸铁	90~75
中、高碳钢	22~12	铸钢	24~15
合金钢	18~10	其他合金	90~20

3. 车内孔

车孔是车削加工的主要内容之一。工件毛坯的铸孔、锻孔以及用麻花钻直接钻出的孔，精度都不高，在很多情况下还需要用车削的方法进行加工。数控车床上的车孔的精度一般可以达到 IT6~IT7，表面粗糙度 Ra 值为 0.8~1.6μm。

（1）车内孔的方法。车内孔时循环起点坐标位置要选取适当，防止车刀后壁与孔壁发生碰撞。车盲孔或台阶孔时，一般先用钻头钻孔，再车孔。车较大直径的台阶孔时，一般先粗车大孔和小孔，再精车小孔和大孔。

（2）车孔时切削用量的选择。车内孔时由于工作条件不利，容易引起振动，因此切削用量要比车外圆时适当小些。参考切削用量见表 10-5。

表 10-5　　车内孔切削用量

	主轴转速/（r/min）	背吃刀量/mm	进给量/（mm/r）
粗车内孔	600	1~3	0.2~0.3
精车内孔	800	0.1~0.2	0.1~0.15

二、内孔车刀

1. 内孔刀的种类

内孔车刀主要用来车削内圆柱面、内圆锥面。根据不同分类方法可以分为不同的种类。

（1）内孔刀根据加工孔的形状分为通孔车刀和盲孔车刀，如表 10-6 所示。

表 10-6　　通孔车刀和盲孔车刀

车刀类型	通孔车刀	盲孔车刀
图例	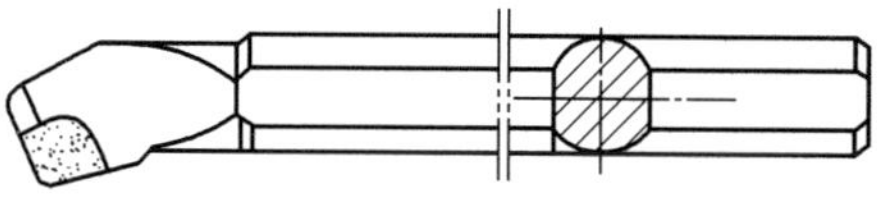	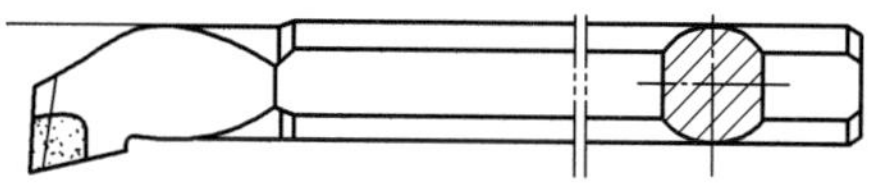
参数	主偏角 60°~75°，副偏角 15°~30°	主偏角 92°~95°
用途	车削通孔	车削盲孔
加工图例	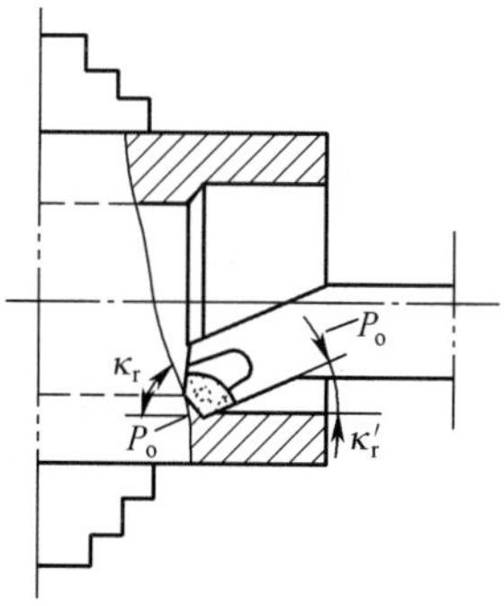	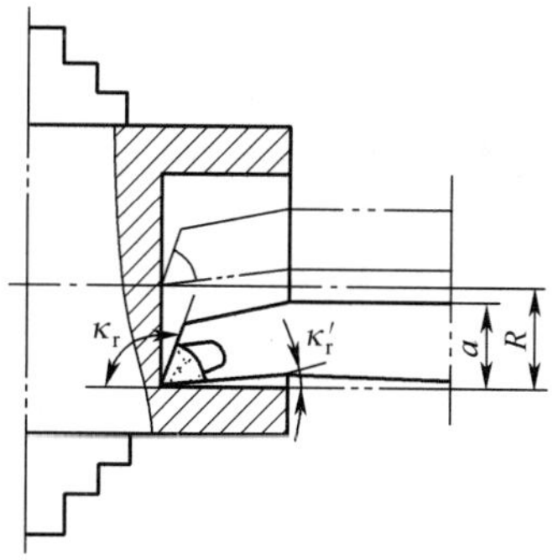

（2）内孔刀根据其结构形式分为整体式、焊接式、可转位三种，其结构形式和加工特点见表 10-7。

表 10-7　　内孔车刀种类及特点

种类	结构形式	加工特点
整体式		由高速钢条刃磨而成，切削速度较低，效率低，用于有色金属、塑料等加工
焊接式		由硬质合金刀片焊接在刀杆上制成，价格低，效率低
可转位		刀片装夹在刀杆上，一个切削刃磨损后只需将刀片松开转一个位置夹紧即可，效率高

2. 内孔刀的装夹

安装内孔刀时刀尖应与工件旋转中心等高或稍高，刀柄要尽量与工件轴线平行。这样就能防止由于切削力把刀尖扎进工件里面。如果装得低于工件中心，就容易产生扎刀现象，把内孔车大；同时，内孔车刀伸出长度尽量要短，一般刀柄伸出刀架长度比被加工孔长 5~6mm，以增强刀杆刚性，防止振动。

三、内孔测量的量具

测量内孔直径的量具有游标卡尺、内径百分表、内径千分尺及塞规等，其特点及应用见表 10-8。

表 10-8　　内孔常用量具

量具种类	量具图样	特点及应用
游标卡尺	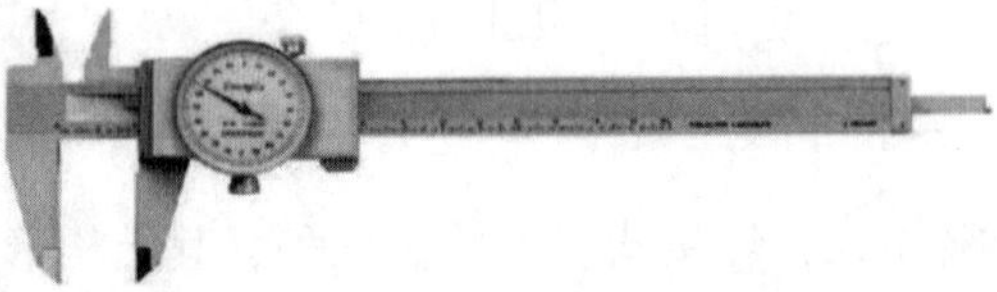	游标卡尺有普通游标卡尺、数显游标卡尺和带表游标卡尺等，其中带表游标卡尺读数方便、精度高

续表

量具种类	量具图样	特点及应用
内径百分表	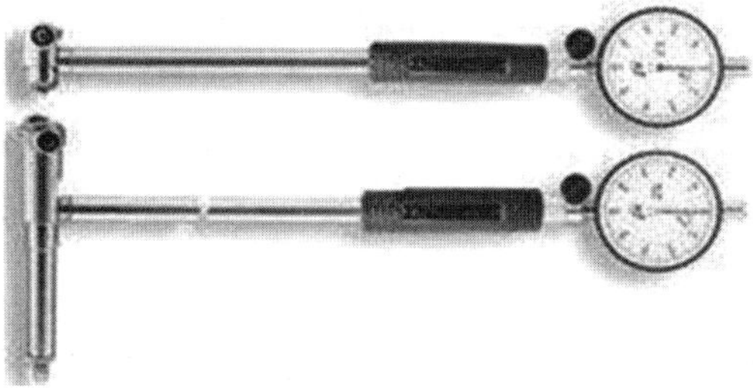	测量精度高，可以达到 0.01mm，属于间接测量，可测较深的孔径，用于单件或小批量零件测量
内径千分尺	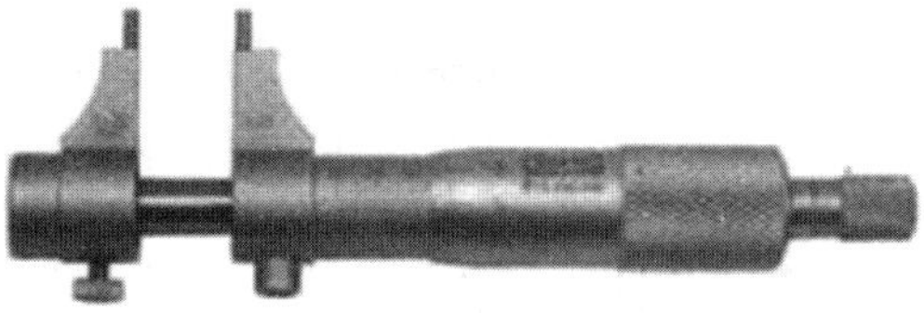	测量精度高，可以达到 0.01mm，属于直接测量，测量方便，不能测较深的孔，用于单件或小批量零件测量
塞规		专用量规，只能判定孔合格与否，不能测出实际尺寸，有通端（T）和止端（Z），用于批量生产

四、内孔加工编程

1. 钻孔、扩孔、铰孔编程指令

普通数控车床的主轴为变频主轴，钻孔、扩孔、铰孔时将刀具装夹在机床尾座套筒内，手动加工，不需编程；也可以将刀具装夹在刀架上，用 G01 指令进行钻孔、扩孔、铰孔。

2. 车内圆柱面、内圆锥面的编程

车内圆柱面、内圆锥面轮廓用 G01 指令或 G90 指令进行粗、精车编程；对于较复杂的内轮廓形状，可以用粗车复合循环 G71 指令、精车循环 G70 完成编程。

项目实施

一、制定加工工艺

1. 分析零件图

如图 10-1 所示，零件需要在数控车床上完成加工。毛坯尺寸为 ϕ60mm×70mm。零件由两个外圆柱面和一个通孔圆柱面及一内孔台阶圆构成，其中内圆柱面和内孔台阶圆尺寸

精度、表面质量要求较高，是本项目的重点内容。需要掌握内孔尺寸的编程及加工方法。

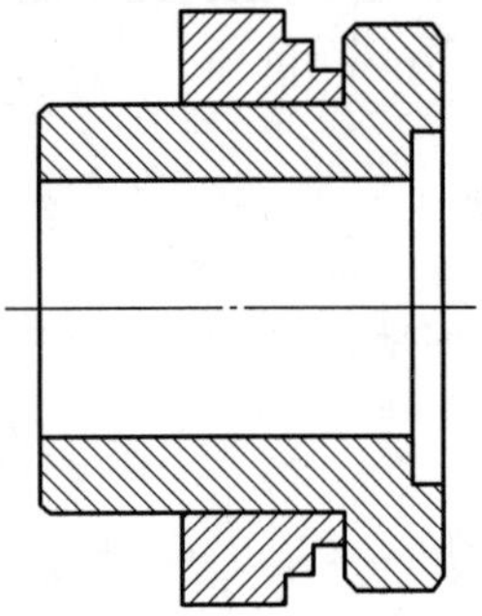

图 10-4 轴套零件第二次装夹

2. 确定装夹方案

完成该零件的加工需要两次装夹，第一次装夹夹持毛坯加工外轮廓，切断后掉头装夹，钻中心孔，钻孔后粗、精车内孔，其中第二次装夹方案如图 10-4 所示。

3. 确定加工方案

该零件主要由两个外圆柱面和一个通孔圆柱面及一内孔台阶圆构成，形状简单。经过分析，确定零件的加工方案如下：

（1）夹毛坯外圆，毛坯伸出卡盘端面 50mm，平端面。

（2）粗、精加工外圆。

（3）切断。

（4）掉头夹 ϕ40mm 的外圆，打表找正，平端面控制总长。

（5）钻中心孔。

（6）钻孔刀 ϕ20mm。

（7）粗、精车内孔到尺寸。

4. 选择刀具

由零件加工方案可知，加工刀具应该包括外圆车刀、切断刀、内孔车刀、中心钻及麻花钻等，刀具清单见表 10-9。

表 10-9　　轴套零件刀具卡

序号	刀具号	刀具名称	规格型号	数量	加工内容	备注
1	1	93°外圆刀	0. 4mm	1	外轮廓	刀尖 35°
2	2	外切断刀	3mm 槽宽	1	切断	
3	3	内孔车刀	0. 2mm	1	车内孔	

5. 切削参数计算

（1）背吃刀量的选择。粗车外轮廓时选用 $a_p = 1.5$mm，精车外轮廓时选用 $a_p = 0.5$mm，粗车内孔时选用 $a_p = 1$mm，精车内孔时选用 $a_p = 0.5$mm，切槽、切断的背吃刀量等于切槽刀的宽度 3mm，车螺纹每刀切深按查表数据执行。

（2）主轴转速的选择。外轮廓粗加工转速 900r/min，精车为 1500r/min；内孔粗加工转速 1100r/min，精车为 1700r/min。切槽、切断的主轴转速 300r/min，车螺纹主轴转速 450 r/min。

（3）进给速度的选择。根据背吃刀量和主轴转速选择进给速度，分别选择外轮廓粗精车的进给速度为 150mm/min 和 120mm/min；内孔粗精车的进给速度为 120mm/min 和

100mm/min；切槽、切断的进给速度为 40mm/min，车螺纹的进给速度不用指定，数控系统会根据主轴转速和螺纹的螺距自动换算。

6. 制定工艺文件

根据前面的分析，制定零件的数控加工工序卡，见表 10-10。

表 10-10　　轴套零件数控加工工序卡

材料	45 钢	零件图号			系统	FANUC	工序号	
操作序号	工步内容（走刀路线）		装夹序号	刀具 T	切削用量			
					转速 S（n）/（r/min）	进给速度 F/（mm/min）	背吃刀量/mm	
（1）	夹毛坯外圆，平端面		1	T0101	900	80		
（2）	粗车外圆，留 0.5mm 余量		1	T0101	900	150	1.5	
（3）	精车外圆到尺寸		1	T0101	1500	120	0.5	
（4）	切断		1	T0202	300	40		
（5）	掉头夹 ϕ40mm 的外圆，打表找正，平端面控制总长		2	T0101	900	80		
（6）	钻中心孔		2	ϕ5mm	1000	50		
（7）	钻孔刀 ϕ20mm		2	ϕ20mm	200			
（8）	粗车内孔，留 0.5mm 余量		2	T0303	1100	120	1	
（9）	精车内孔到尺寸		2	T0303	1700	100	0.5	

二、编程（原点、参考程序）

（1）设定编程原点，编程原点设在零件右端面中心。

（2）参考程序见表 10-11。

表 10-11　　轴套零件数控加工参考程序

数控车床程序卡	编程原点	零件的右端面中心			编写日期	
	零件名称		零件图号		材料	45 钢
	车床型号	CK6132	夹具名称	三爪卡盘	实训车间	数控基地
程序数	1			编程系统	FANUC 0i	
序号	程序			简要说明		
	O0001			第一次装夹		
N10	T0101					

续表

数控车床程序卡	编程原点	零件的右端面中心			编写日期	
	零件名称		零件图号		材料	45 钢
	车床型号	CK6132	夹具名称	三爪卡盘	实训车间	数控基地
程序数	1			编程系统	FANUC 0i	
序号	程序			简要说明		
	O0001			第一次装夹		
N20	G98 G97 G40					
N30	M3 S900					
N40	G0 X60 Z0					
N50	G1 X0 F80			车端面		
N60	G0 X60 Z2					
N70	G71 U1 R2			粗车循环		
N80	G71 P10 Q20 U0.5 W0 F150					
N90	G1 X38 F120			精车程序段		
N100	Z0					
N110	X40 Z-1					
N120	Z-30					
N130	X53					
N140	X55 Z-31					
N150	Z-45					
N160	S1500					
N170	G70 P10 Q20			精车循环		
N180	G0 X50 Z100					
N190	T0202					
N200	S300					
N210	G0 X60					
N220	Z-43					
N230	G1 X0 F40			切断工件		
N240	G00 X50 Z100			退回换刀点		

续表

数控车床程序卡	编程原点	零件的右端面中心			编写日期	
	零件名称		零件图号		材料	45 钢
	车床型号	CK6132	夹具名称	三爪卡盘	实训车间	数控基地
程序数	1			编程系统	FANUC 0i	
序号	程序			简要说明		
	O0001			第一次装夹		
N250	M30			程序结束，返回程序起点		
	O0001			第二次装夹		
N260	T0303					
N270	G98 G97 G40					
N280	M3 S1100					
N290	G0 X18 Z5					
N300	G71 U1 R2			粗车循环		
N310	G71 P10 Q20 U-0.5 W0 F120					
N320	G1 X35 F100			精车内孔程序段		
N330	Z-3					
N340	X25					
N350	Z-45					
N360	S1700					
N370	G70 P10 Q20			精车循环		
N380	G0 Z100					
N390	X50					
N400	T0101					
N410	M30			程序结束，返回程序起点		

三、轴套零件数控加工

将编好的数控程序传到 CK6132 数控车床，装夹毛坯，建立工件坐标系，加工零件。主要操作步骤如下：

（1）机床开机，回参考点，准备机床。

(2) 输入数控程序，并检查。

(3) 工件安装。夹住毛坯外圆，第一次装夹时毛坯伸出卡盘端面 50mm，切断后掉头装夹 ϕ40mm 外圆。

(4) 安装刀具。在 1 号刀位安装外圆车刀，在 2 号刀位安装切断刀，在 3 号刀位安装内孔车刀，中心钻和麻花钻安装在尾座上。

(5) 建立工件坐标系 G54，对刀操作完成刀具补偿参数设置，内孔车刀的对刀操作参考如图 10-5 所示。

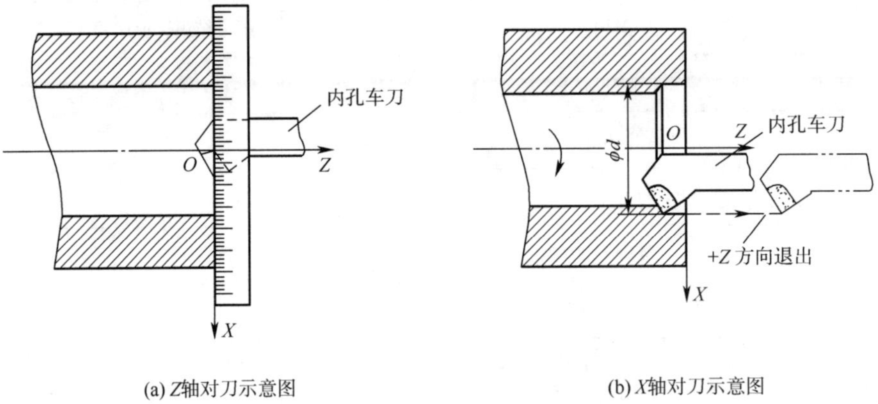

图 10-5　内孔车刀的对刀操作示意图

(6) 启动程序，自动加工。

(7) 停机后，按图纸要求检测工件，对工件进行误差及质量分析。

利用游标卡尺、内径千分尺、表面粗糙度工艺样板等量具测量工件，学生对自己加工的零件进行检测，包括尺寸精度的检测和零件加工质量的检测。

项目评价

1. 确定测量工具。

轴套零件外轮廓尺寸和长度要求不高，用游标卡尺测量即可，内径尺寸要求较高，需用内径千分尺测量，量具选用见表 10-12。

表 10-12　量具选用表

序号	名称	规格/mm	精度/mm	数量
1	游标卡尺	0~150	0.02	1
2	外径千分尺	25~50	0.01	1

2. 轴套零件质量检查单，见表 10-13。

表 10-13　　轴套零件质量检查单

项目名称			学号：	
检测项目	序号	检测内容	检测结果	结论
长度	1	10		
	2	40		
	3	$3_{-0.1}^{0}$		
外圆	4	$\phi40$		
	5	$\phi55$		
内径	6	$\phi25_{0}^{+0.033}$		
	7	$\phi35_{0}^{+0.039}$		
表面质量	8	$Ra3.2$		
轴套零件检测结论				
产品不合格原因分析				
改进措施				

记录员		监考员		检验员		考评员	

3.项目考核，见表 10-14。

表 10-14 **教学项目过程考核评价表**

项目名称：	班级：	姓名： 学号：	指导教师：				
评价项目	评价标准	评价依据 （信息、佐证）	评价方式			得分小计	总分
			学生自评	小组互评	教师评价		
			30%	30%	40%		
职业素质（20%）	1.遵守企业管理规定、劳动纪律 2.按时完成学习及工作任务 3.工作积极主动、勤学好问	考勤 工作及学习态度					
专业技能（50%）	1.机床操作正确合理、安全文明生产 2.有零件的工艺分析能力、制定工艺合理 3.程序规范正确 4.夹具、刀具正确使用 5.零件质量合格 6.正确使用检测量具、量仪	工作过程 工艺过程卡 工序卡 程序单 零件质量检验单 安全操作、机床清理					
展示创新（30%）	1.该小组介绍成果是否清晰 2.该小组演示的检测方法操作是否正确 3.该小组的检测量具、量仪保养是否完好 4.该小组的团队精神如何 5.能对不合理处分析原因并提出改进意见 6.做出技术或工艺改良报告，具有创新性	表述能力 展示方式及效果 口头或书面提议 技术或工艺改良报告					
指导教师 综合评价		指导老师签名：				日期：	

注：评价分值均为百分制。

拓展练习

编制如图 10-6、图 10-7 所示的加工程序并加工。

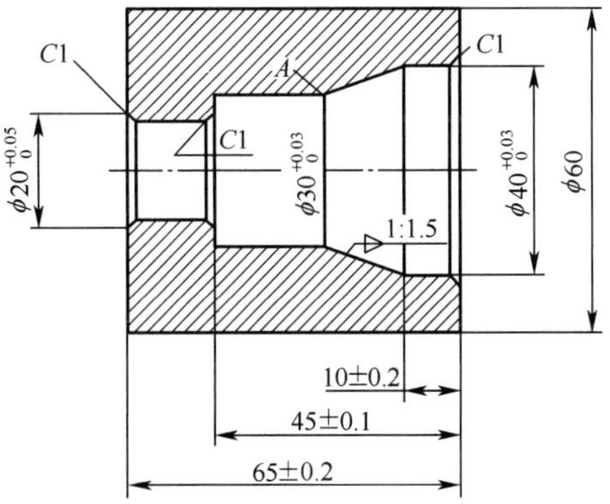

图 10-6　轴套 1

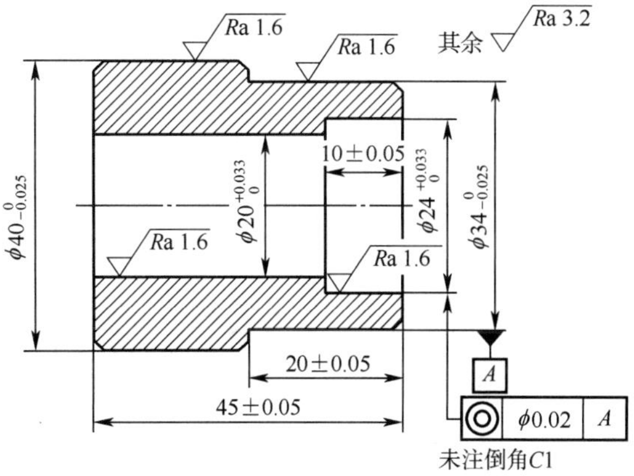

图 10-7　轴套 2

项目十一　加工酒杯零件

学习目标

1. 了解套类零件的装夹方法及位置精度控制方法
2. 会制定酒杯零件的加工工艺
3. 掌握酒杯零件的程序编制方法
4. 会加工酒杯零件并达到精度要求
5. 培养学生的沟通能力和团队协作精神

项目导读

如图 11-1、图 11-2 所示酒杯零件，毛坯 ϕ55mm×90mm，45 钢，编写零件加工程序并加工零件。

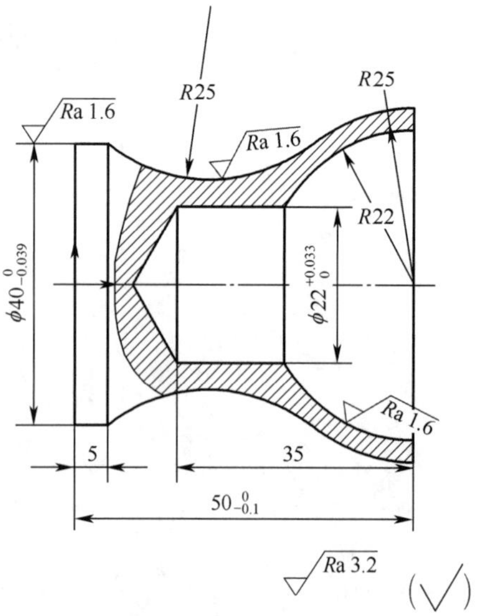

图 11-1　酒杯零件图

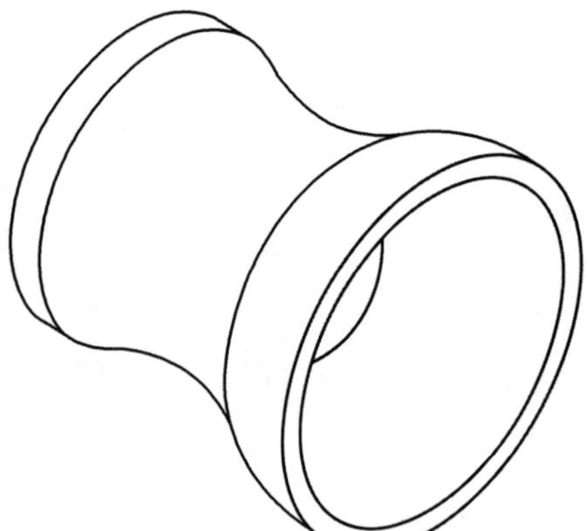

图 11-2　酒杯零件实体图

知识链接

一、套类零件的装夹方法

数控车床上加工套类零件以外圆定位时，常用三爪自定心卡盘、单动卡盘、软爪装夹；以内孔定位时，常将套类零件装夹在圆柱心轴、圆锥心轴、小锥度心轴、胀力心轴上，再将心轴装夹在车床上实现工件的装夹，各种装夹方法及特点见表 11-1。

表 11-1　　套类零件内孔定位时的装夹方法及特点

装夹方法	图示	特点
圆柱心轴装夹工件	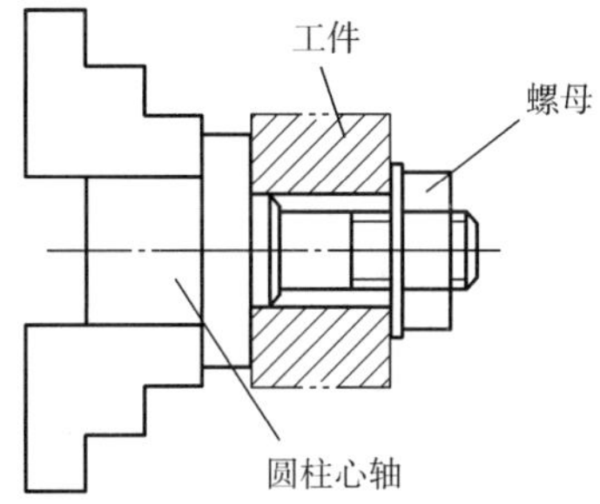	装夹方便，一次可装夹多个零件，但定心精度较低
圆锥心轴装夹工件	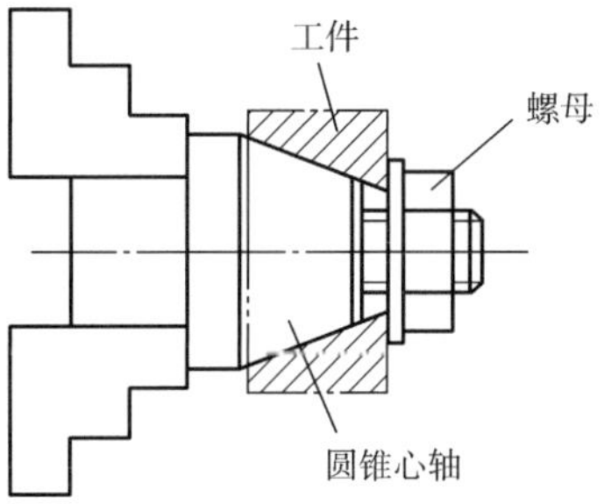	装夹方便，定心精度高，承受切削力大，只能用于圆锥孔零件
小锥度心轴装夹工件	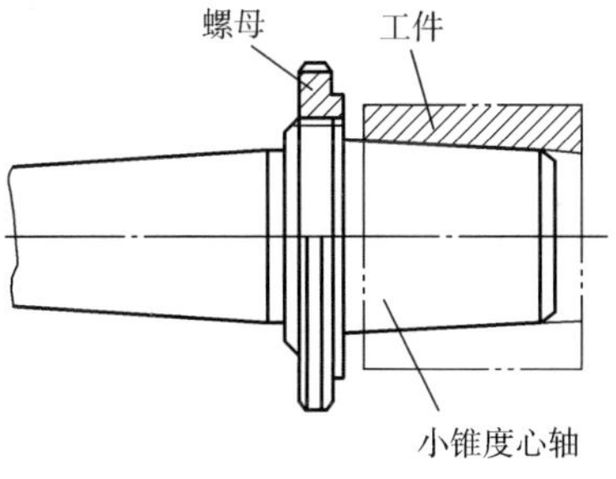	容易制造，定心精度高，但轴向无法定位，承受切削力小

续表

装夹方法	图示	特点
胀力心轴装夹工件	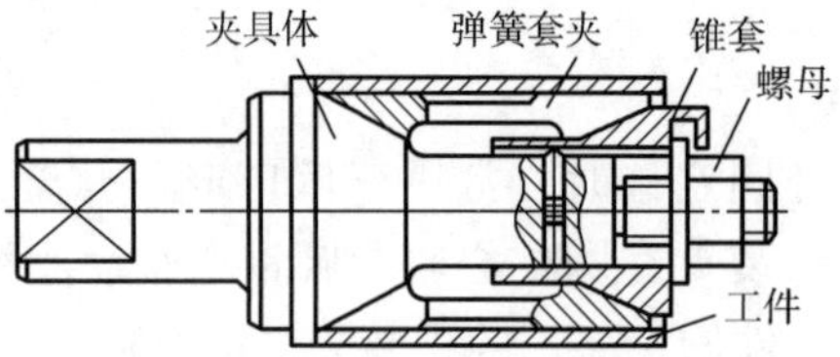	依靠材料弹性变形所产生的胀力夹紧工件，装卸方便，定心精度高，应用广泛

二、套类零件的相互位置精度及其保证方法

套类零件的相互位置精度主要是内、外圆轴线间的同轴度要求及端面对内圆轴线的垂直度要求。位置精度的保证方法主要有以下几种。

1. 采用基准统一原则

在一次装夹中完成内孔、外圆及端面的加工。由于基准统一，无安装误差，可获得很高的相互位置精度要求，多适用于尺寸较小的套类零件加工。

2. 采用互为基准原则

分两种情况，一是先加工内孔，再以内孔定位加工外圆，以内孔定位时采用的夹具为表 11-1 中的各种心轴。这种加工方法安装误差较小。二是先加工外圆，再以外圆为定位基准加工内孔。以外圆定位时常用各种卡盘装夹工件。一般选用定心精度高的卡盘，如弹性膜片卡盘、经过修磨的自定心卡盘及软爪等。

三、薄壁零件的加工

1. 加工薄壁零件时易产生的问题

车削薄壁工件时，由于工件的刚性差，在装夹和加工中容易产生变形，尺寸不易控制。

（1）由于工件壁薄、刚性差，在夹紧力的作用下极易产生变形，从而影响零件的尺寸精度和形状精度。

（2）工件在切削力的作用下，极易产生振动和变形，从而影响零件的尺寸精度和形状精度。

（3）因为工件壁薄、质轻，在切削热的作用下，零件本身的温度上升较快，对于线胀系数较大的材料更容易引起热变形，使工件的尺寸不易控制。

2. 薄壁工件的装夹方法

针对薄壁工件加工时易出现的问题，合理选择装夹方法、刀具几何角度、切削用量

以及充分加注切削液，都是保证薄壁工件加工精度的关键。常用的装夹方法有如下几种。

（1）使用开缝套筒装夹。用开缝套筒装夹薄壁工件，可以增大装夹时的接触面积，使夹紧力均匀地分布在工件表面上，如图 11-3 所示。

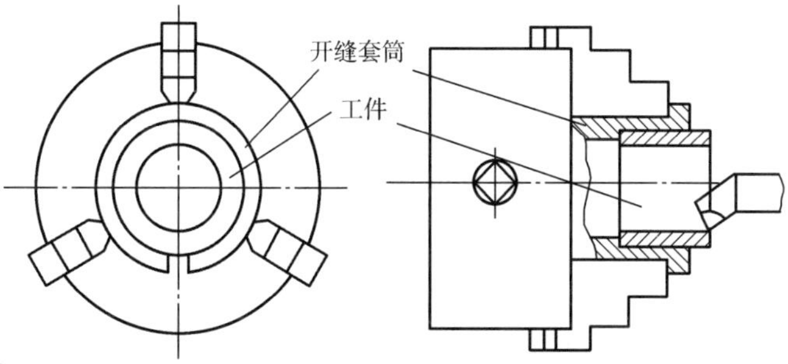

图 11-3　开缝套筒

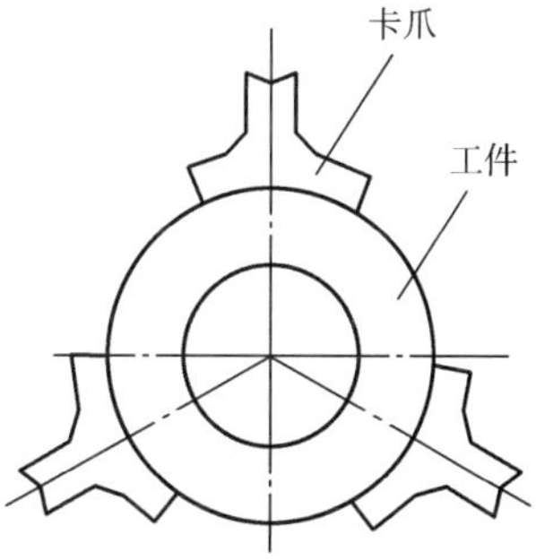

图 11-4　扇形软爪

（2）使用扇形软爪装夹。用特制的扇形软爪装夹薄壁工件，可以增大装夹时的接触面积，使夹紧力均匀地分布在工件表面上，如图 11-4 所示。

（3）使用轴向夹紧夹具装夹。用轴向夹紧夹具装夹薄壁工件，可有效防止工件变形，如图 11-5 所示。

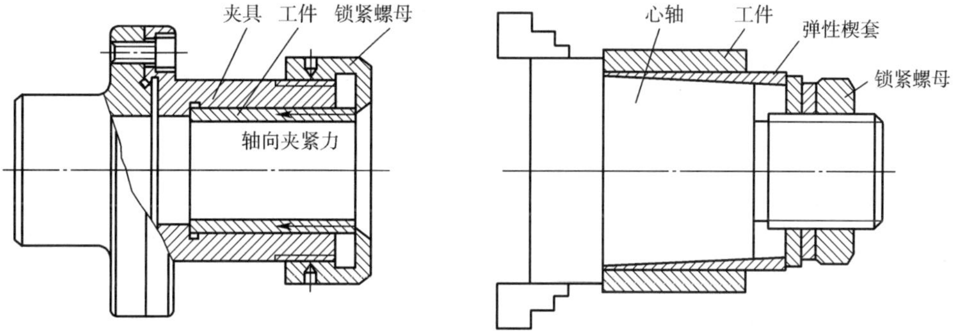

(a) 以外圆定位加工内孔　　(b) 以内孔定位加工外圆

图 11-5　轴向夹紧夹具

四、切削液的选用

1. 切削液的分类

常用的切削液有水溶液、乳化液和切削油，其用途见表 11-2。

表 11-2　　切削液的分类

分类	原理	用途
水溶液	以水为主加入防锈剂或表面活性剂和油性添加剂	多用于普通磨削和其他精加工
乳化液	由矿物油、乳化剂及其他添加剂配制的乳化油和95%~98%的水稀释而成的乳白色切削液	用途最广，可用于各种加工环境
切削油	主要成分是矿物油，少数采用植物油或复合油	攻丝，可选用机油；有色金属或铸铁时，选用煤油；加工螺纹时，选用植物油

2. 切削液的作用

机械加工中常用的切削液作用有冷却、防锈、清洗和润滑四个方面的作用，详见表 11-3。

表 11-3　　切削液的作用

作用	作用机理
冷却	带走大量的切削热，降低切削温度，提高刀具耐用度，减少工件、刀具的热膨胀，提高加工精度
防锈	减小周围介质对机床、刀具、工件的腐蚀
清洗	清洗黏附的碎屑和磨粉，减少刀具和砂轮的磨损，防止划伤工件的表面和机床导轨面
润滑	切削液渗入到切屑、刀具、工件的接触面间，黏附在金属表面上形成润滑膜，减小它们之间的摩擦系数、减轻黏结现象、抑制积屑瘤，并改善已加工表面的粗糙度，提高刀具耐用度

3. 切削液的选用

切削液的使用效果除取决于切削液的性能外，还与刀具材料、加工要求、工件材料、加工方法等因素有关，应综合考虑，合理选用。

（1）依据刀具材料、加工要求。高速钢刀具耐热性差，粗加工时，切削用量大，切削热多，容易导致刀具磨损，应选用以冷却为主的切削液，如 3%~5%的乳化液或水溶液；精加工时，主要是获得较好的表面质量，可选用润滑性好的极压切削油或高浓度极压乳化液。

硬质合金刀具耐热性好，一般不用切削液，如必要，也可用低浓度乳化液或水溶液，但应连续、充分地浇注，以免高温下刀片冷热不均，产生热应力而导致裂纹、损坏等。

（2）依据工件材料。加工钢等塑性材料时，需用切削液；而加工铸铁等脆性材料时，一般则不用，原因是作用不如钢明显，又易污染机床、工作地；对于高强度钢、高温合金等，加工时均处于极压润滑摩擦状态，应选用极压切削油或极压乳化液；对于铜、铝及铝合金，为了得到较好的表面质量和精度，可采用 10%~20%的乳化液、煤油或煤油与矿物油的混合液；切削铜时不宜用含硫的切削液，因为硫会腐蚀铜；有的切削液与金属能形成超过金属本身强度的化合物，这将给切削带来相反的效果。如铝的强度低，切铝时就不宜用硫化切削油。

（3）依据加工工种。钻孔、攻丝、铰孔、拉削等，排屑方式为半封闭、封闭状态，导向部、校正部与已加工表面的摩擦也严重，对硬度高、强度大、韧性大、冷硬严重的难切削材料尤为突出，宜用乳化液、极压乳化液和极压切削油。

成型刀具、齿轮刀具等，要求保持形状、尺寸精度等，也应采用润滑性好的极压切削油或高浓度极压切削液。

磨削加工温度很高，且细小的磨屑会破坏工件表面质量，要求切削液具有较好的冷却性能和清洗性能，常用半透明的水溶液和普通乳化液；磨削不锈钢、高温合金宜用润滑性能较好的水溶液和极压乳化液。

项目实施

一、制定加工工艺

1. 分析零件图

酒杯零件毛坯材料为45钢。由图11-1可知，零件有内外圆弧面、内外圆柱面内孔和端面等多个表面，由于工件右端壁厚较薄不能装夹，因此只能装夹工件左端，将内轮廓和外形一次加工出来。在加工薄壁处，背吃刀量要小些。

2. 确定装夹方案

经过分析，酒杯零件只需一次装夹就可以完成零件的加工，在完成零件内、外轮廓的加工后切断即可。零件装夹如图11-6所示。

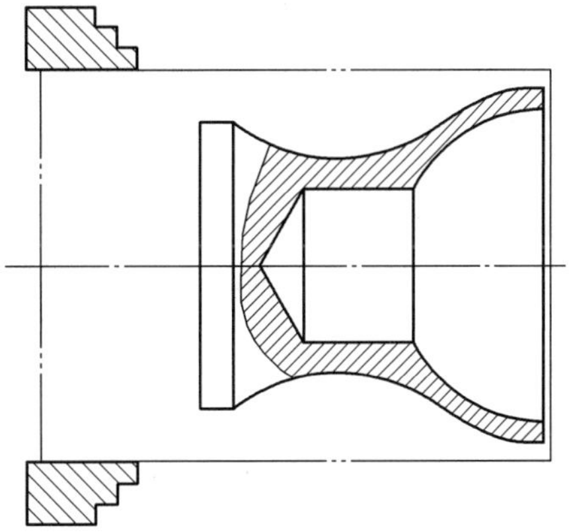

图11-6　酒杯零件装夹

3. 确定零件加工工艺方案

酒杯零件主要由内外圆弧面、内外圆柱面内孔和端面组成。经过分析，确定零件的加工方案如下：

（1）夹工件左端，毛坯伸出卡盘端面70mm，平端面。

（2）钻中心孔。

（3）钻孔至 ϕ18mm。

（4）粗、精车内孔至尺寸要求。

（5）粗、精车外轮廓至尺寸要求。

（6）切断。

4. 选择刀具

由零件加工方案可知，加工刀具应该包括外圆车刀、内孔车刀、中心钻及麻花钻等，刀具清单如表 11-4 所示。

表 11-4　酒杯零件刀具卡

序号	刀具号	刀具名称	规格型号	数量	加工内容	备注
1	T0101	93°外圆刀	0.4mm	1	外轮廓	刀尖 35°
2	T0202	切断刀	3mm	1	切断	
3	T0404	93°内孔刀	0.4mm	1	内轮廓	刀尖 35°
4		ϕ5mm 中心钻	5mm	1	钻中心孔	
5		ϕ18mm 麻花钻	18mm	1	钻孔	

5. 切削参数计算

（1）背吃刀量的选择。粗车外轮廓时选用 $a_p=1.5$mm，精车外轮廓时选用 $a_p=0.5$mm，粗车内轮廓时选用 $a_p=1$mm，精车内轮廓时选用 $a_p=0.5$mm。

（2）主轴转速的选择。外轮廓粗加工转速为 900r/min，精车为 1500r/min，内轮廓粗加工转速为 1100r/min，精车为 1700r/min，切断的主轴转速为 300r/min。

（3）进给速度的选择。根据背吃刀量和主轴转速选择进给速度，分别选择外轮廓粗精车的进给速度为 150mm/min 和 120mm/min，内轮廓粗精车的进给速度为 120mm/min 和 100mm/min，切断的进给速度为 40mm/min。

6. 制定工艺文件

根据前面的分析，制定酒杯零件的数控加工工序卡，见表 11-5。

表 11-5　酒杯零件数控加工工序卡

材料	45 钢	零件图号		系统	FANUC	工序号	
操作序号	工步内容（走刀路线）	装夹序号	刀具 T	切削用量			
				转速 S（n）/（r/min）	进给速度 F/（mm/min）	背吃刀量/mm	
（1）	夹工件左端，平端面	1	T0101	900	80		
（2）	钻中心孔	1		10900	50		
（3）	钻孔至 ϕ18mm	1		300			
（4）	粗车内轮廓，留 0.5mm	1	T0404	1100	120	1.5	

续表

材料	45 钢	零件图号			系统	FANUC	工序号	
操作序号	工步内容（走刀路线）		装夹序号	刀具 T	切削用量			
					转速 S（n）/（r/min）	进给速度 F/（mm/min）	背吃刀量/mm	
（5）	精车内孔到尺寸		1	T0404	1700	100	0.5	
（6）	粗车外轮廓，留 0.5mm		1	T0101	900	150	1	
（7）	精车外轮廓至尺寸		1	T0101	1500	100	0.5	
（8）	切断		1	T0303	300	30		

二、编程（原点、参考程序）

1. 设定编程原点，编程原点设在零件右端面中心。
2. 参考程序见表 11-6。

表 11-6　　酒杯零件数控加工参考程序

数控车床程序卡	编程原点	零件的右端面中心			编写日期	
	零件名称		零件图号		材料	45 钢
	车床型号	CK6132	夹具名称	三爪卡盘	实训车间	数控基地
程序数	1			编程系统	FANUC 0i	
序号	程序			简要说明		
	O0001					
N10	T0101					
N20	G98 G97 G40					
N30	M3 S900					
N40	G0 X60 Z0					
N50	G1 X0 F80					
N60	G0 X50 Z100					
N70	M30			程序结束，手动钻中心孔和 ϕ18mm 孔		
	O0002					
N80	T0404					

续表

<table>
<tr><td rowspan="3">数控车床程序卡</td><td>编程原点</td><td colspan="3">零件的右端面中心</td><td>编写日期</td><td></td></tr>
<tr><td>零件名称</td><td></td><td>零件图号</td><td></td><td>材料</td><td>45 钢</td></tr>
<tr><td>车床型号</td><td>CK6132</td><td>夹具名称</td><td>三爪卡盘</td><td>实训车间</td><td>数控基地</td></tr>
<tr><td>程序数</td><td colspan="3">1</td><td>编程系统</td><td colspan="2">FANUC 0i</td></tr>
<tr><td>序号</td><td colspan="3">程序</td><td colspan="3">简要说明</td></tr>
<tr><td>N90</td><td colspan="3">G98 G97 G40</td><td colspan="3"></td></tr>
<tr><td>N100</td><td colspan="3">M3 S1100</td><td colspan="3"></td></tr>
<tr><td>N110</td><td colspan="3">G0 X15 Z5</td><td colspan="3"></td></tr>
<tr><td>N120</td><td colspan="3">G71 U2 R1</td><td colspan="3"></td></tr>
<tr><td>N130</td><td colspan="3">G71 P10 Q20 U-0. 5 W0 F120</td><td colspan="3"></td></tr>
<tr><td>N140</td><td colspan="3">G1 X44 F100</td><td colspan="3"></td></tr>
<tr><td>N150</td><td colspan="3">Z0</td><td colspan="3"></td></tr>
<tr><td>N160</td><td colspan="3">G2 X22 Z-19. 053 R22</td><td colspan="3"></td></tr>
<tr><td>N170</td><td colspan="3">G1 Z-35</td><td colspan="3"></td></tr>
<tr><td>N180</td><td colspan="3">S1700</td><td colspan="3"></td></tr>
<tr><td>N190</td><td colspan="3">G70 P10 Q20</td><td colspan="3"></td></tr>
<tr><td>N200</td><td colspan="3">G0 Z100</td><td colspan="3"></td></tr>
<tr><td>N210</td><td colspan="3">T0101</td><td colspan="3"></td></tr>
<tr><td>N220</td><td colspan="3">S900</td><td colspan="3"></td></tr>
<tr><td>N230</td><td colspan="3">G0 X55 Z5</td><td colspan="3"></td></tr>
<tr><td>N240</td><td colspan="3">G73 U5 R5</td><td colspan="3"></td></tr>
<tr><td>N250</td><td colspan="3">G73 P30 Q40 U0. 5 W0 F120</td><td colspan="3"></td></tr>
<tr><td>N260</td><td colspan="3">G1 X50 Z0 F100</td><td colspan="3"></td></tr>
<tr><td>N270</td><td colspan="3">G3 X40 Z-15 R25</td><td colspan="3"></td></tr>
<tr><td>N280</td><td colspan="3">G2 X40 Z-45 R25</td><td colspan="3"></td></tr>
<tr><td>N290</td><td colspan="3">G1 Z-55</td><td colspan="3"></td></tr>
<tr><td>N300</td><td colspan="3">S1500</td><td colspan="3"></td></tr>
</table>

续表

数控车床程序卡	编程原点	零件的右端面中心			编写日期	
	零件名称		零件图号		材料	45 钢
	车床型号	CK6132	夹具名称	三爪卡盘	实训车间	数控基地
程序数	1			编程系统	FANUC 0i	
序号	程序			简要说明		
N310	G70 P30 Q40					
N320	G0 Z100					
N330	T0202					
N340	S300					
N350	G0 X55					
N360	Z-53					
N370	G1 X0 F40					
N380	G0 X50 Z100					
N390	M30					

三、酒杯零件数控加工

将编好的数控程序传到 CK6132 数控车床，装夹毛坯，建立工件坐标系，加工零件。主要操作步骤如下：

（1）机床开机，回参考点，准备机床。

（2）输入数控程序，并检查。

（3）工件安装。夹住毛坯外圆，装夹时毛坯伸出卡盘端面 70mm。

（4）安装刀具。在 1 号刀位安装外圆车刀，在 2 号刀位安装切断刀，在 4 号刀位安装内孔车刀。

（5）建立工件坐标系 G54，对刀操作完成刀具补偿参数设置。

（6）启动程序，自动加工。

（7）停机后，按图纸要求检测工件，对工件进行误差及质量分析。

利用游标卡尺、外径千分尺、表面粗糙度工艺样板等量具测量工件，学生对自己加工的零件进行检测，包括尺寸精度的检测和零件加工质量的检测。

项目评价

1. 确定测量工具。

量具选用见表 11-7。

表 11-7　　**量具选用表**

序号	名称	规格/mm	精度/mm	数量
1	游标卡尺	0~150	0. 02	1
2	外径千分尺	25~50	0. 01	1
3	内径百分表	18~30	0. 01	1
4	深度游标尺	0~200	0. 02	1
5	圆弧样板	*R*22、*R*25		1

2. 酒杯零件质量检查单，见表 11-8。

表 11-8　　**酒杯零件质量检查单**

项目名称			学号：	
检测项目	序号	检测内容	检测结果	结论
长度	1	5		
	2	35		
	3	$50_{-0.1}^{0}$		
外圆	4	$\phi40_{-0.039}^{0}$		
	5	$\phi22_{0}^{0.033}$		
	6	$\phi70_{0}^{0.33}$		
	7	$\phi30$		
圆弧	8	*R*22		
	9	*R*25，2 处		
表面质量	10	*R*a1. 6		
酒杯零件检测结论				
产品不合格原因分析				
改进措施				

记录员		监考员		检验员		考评员	

3.项目考核，见表 11-9。

表 11-9　　**教学项目过程考核评价表**

项目名称：	班级：	姓名：	学号：	指导教师：			
评价项目	评价标准	评价依据 （信息、佐证）	评价方式			得分小计	总分
			学生自评	小组互评	教师评价		
			30%	30%	40%		
职业素质（20%）	1.遵守企业管理规定、劳动纪律 2.按时完成学习及工作任务 3.工作积极主动、勤学好问	考勤 工作及学习态度					
专业技能（50%）	1.机床操作正确合理、安全文明生产 2.有零件的工艺分析能力、制定工艺合理 3.程序规范正确 4.夹具、刀具正确使用 5.零件质量合格 6.正确使用检测量具、量仪	工作过程 工艺过程卡 工序卡 程序单 零件质量检验单 安全操作、机床清理					
展示创新（30%）	1.该小组介绍成果是否清晰 2.该小组演示的检测方法操作是否正确 3.该小组的检测量具、量仪保养是否完好 4.该小组的团队精神如何 5.能对不合理处分析原因并提出改进意见 6.做出技术或工艺改良报告，具有创新性	表述能力 展示方式及效果 口头或书面提议 技术或工艺改良报告					
指导教师 综合评价	指导老师签名：　　日期：						

注：评价分值均为百分制。

拓展练习

编制如图 11-7、图 11-8 所示的加工程序并加工。

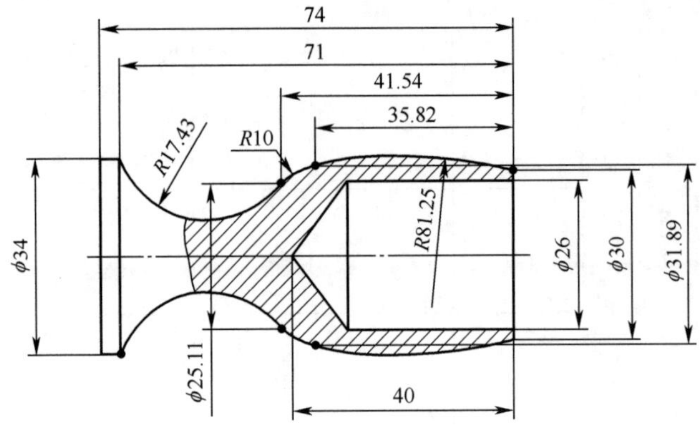

图 11-7　酒杯

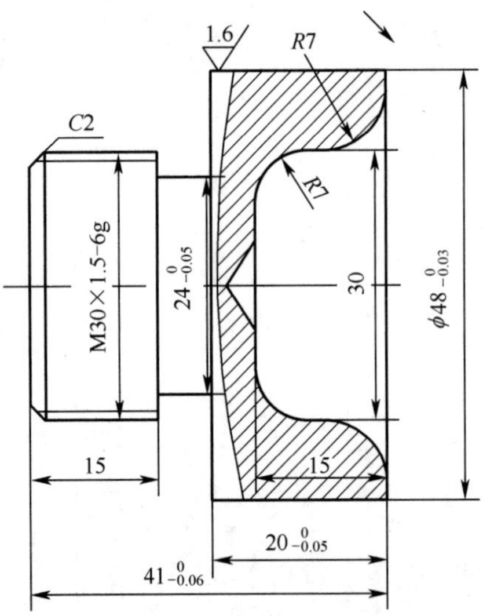

图 11-8　螺纹套

项目十二 加工密封座零件

学习目标

1. 掌握内沟槽和端面槽的种类及作用
2. 会制定密封座零件的加工工艺
3. 掌握内沟槽及端面槽切削指令及应用
4. 掌握内沟槽和端面槽的测量方法
5. 培养学生爱岗敬业的工作作风

项目导读

机器零件由于工作情况和结构工艺性的需要，有各种不同断面形状的内沟槽和端面沟槽，如图 12-1、图 12-2 所示。

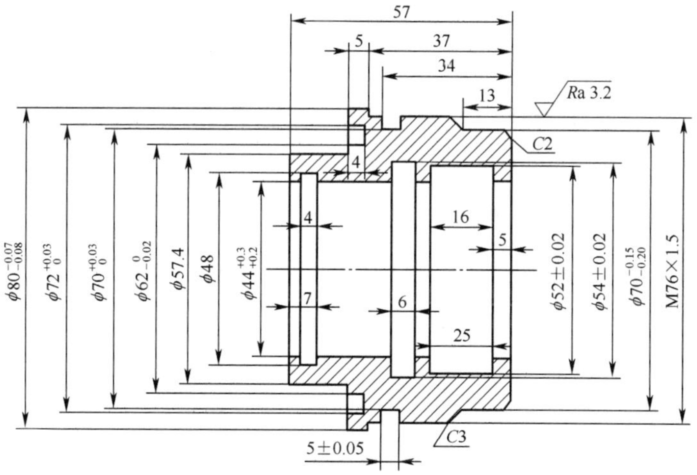

图 12-1　密封座零件图

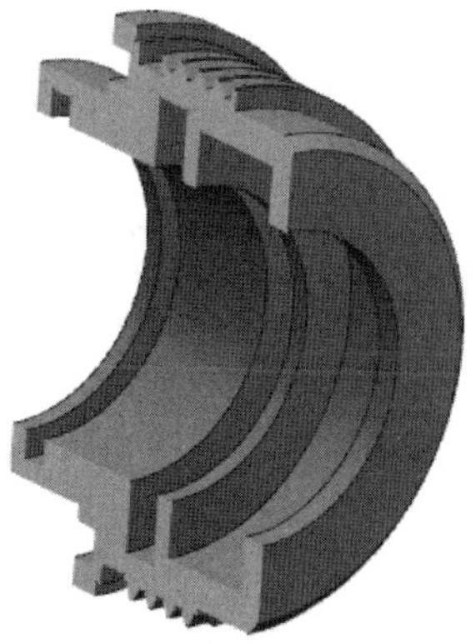

图 12-2　密封座零件实体图

知识链接

一、内沟槽的加工

1. 内沟槽的类型及加工方法

内沟槽有窄槽、宽槽和 V 形槽等几种，常见内沟槽的种类、作用及加工方法如表 12-1 所示。

表 12-1 常见内沟槽的类型及加工方法

类型	窄内槽	宽内槽	内 V 槽
结构	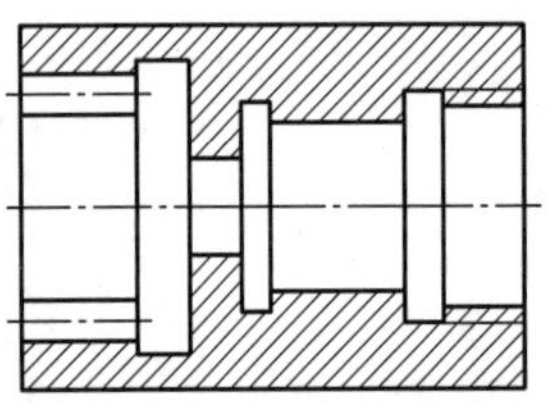	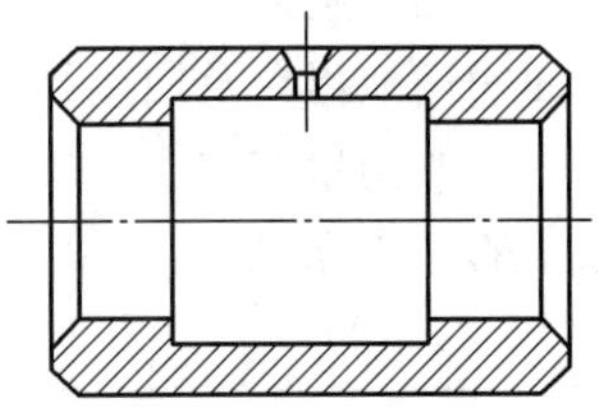	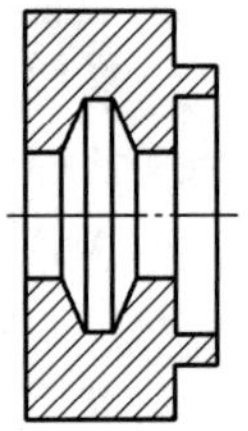
作用	退刀、轴向定位、油气通道	储油，减小与配合轴的接触面积	嵌入毛毡，起密封作用
车削方法	可用主切削刃宽度等于槽宽的内槽车刀采用直进法一次车出	可采用直进法分几次车出。粗车时，槽壁和槽底应留精车余量，然后根据槽宽、槽深要求进行精车	一般先用内孔车槽刀车出直槽，然后用内成型刀车削成型
车削方法	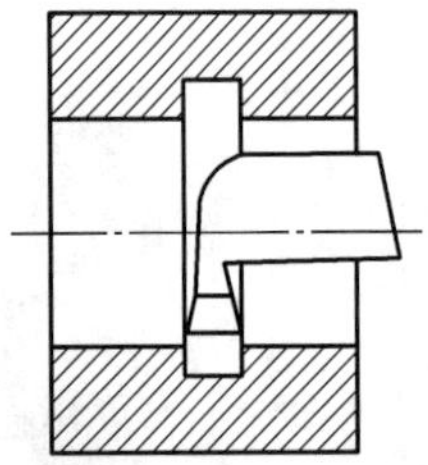	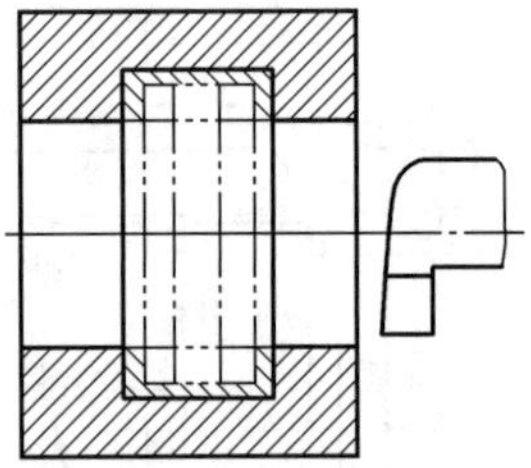	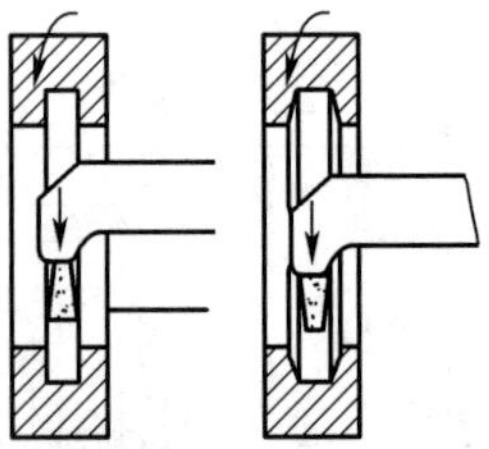

2. 内沟槽刀

内沟槽车刀与切断刀的几何形状相似，只是装夹方向相反，且在内孔中车槽。加工小孔中的内沟槽车刀做成整体式内沟槽车刀，如图 12-3 和图 12-4 所示。

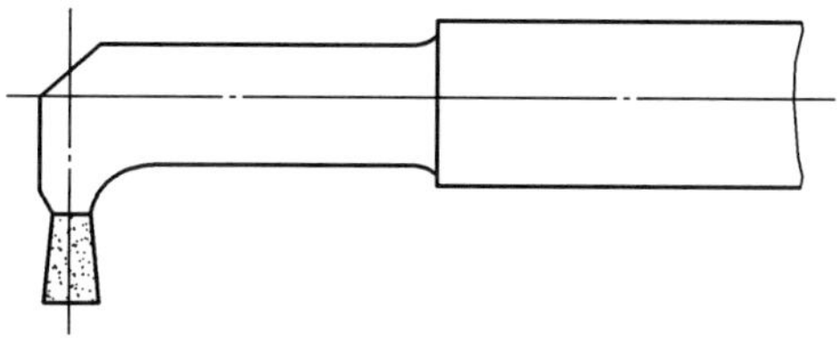

图 12-3　整体式内沟槽刀

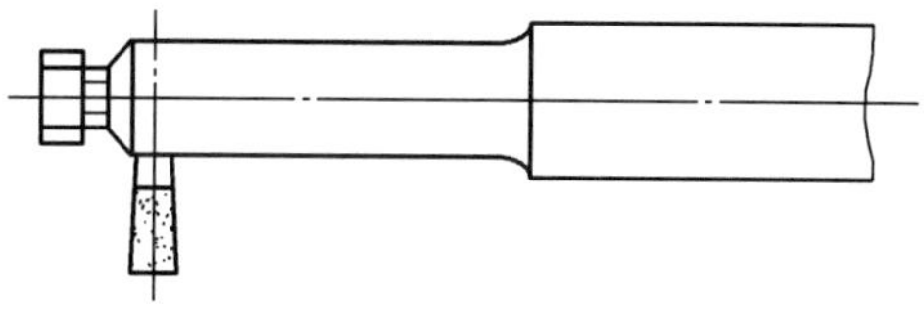

图 12-4　机夹式内沟槽刀

3. 内沟槽的测量

零件的内沟槽因不易观察而给测量带来困难，常用的测量工具有弹簧内卡钳、钩形游标卡尺等，测量方法如表 12-2 所示。

表 12-2　　**内沟槽的测量**

测量尺寸	测量量具和方法	图示
内沟槽的深度	一般用弹簧内卡钳测量时，先将弹簧内卡钳收缩，放入内沟槽，然后调整卡钳螺母，使卡脚与槽底径表面接触。测出内沟槽直径，然后将内卡钳收缩取出，恢复到原来尺寸，再用游标卡尺或外径千分尺测出内卡钳的张开尺寸，当内沟槽直径较大时，可用弯脚游标卡尺测量	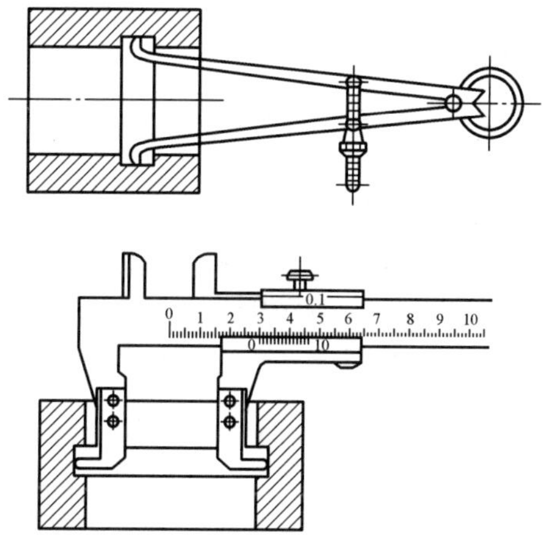
内沟槽的轴向尺寸	用钩形游标深度卡尺测量	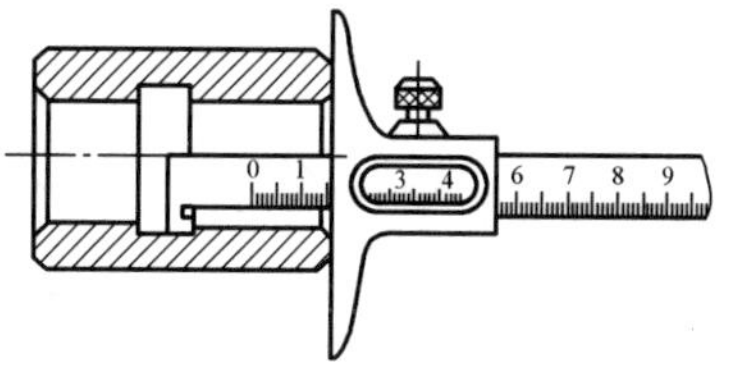
内沟槽的宽度	可用样板或游标卡尺（当孔径较大时）测量	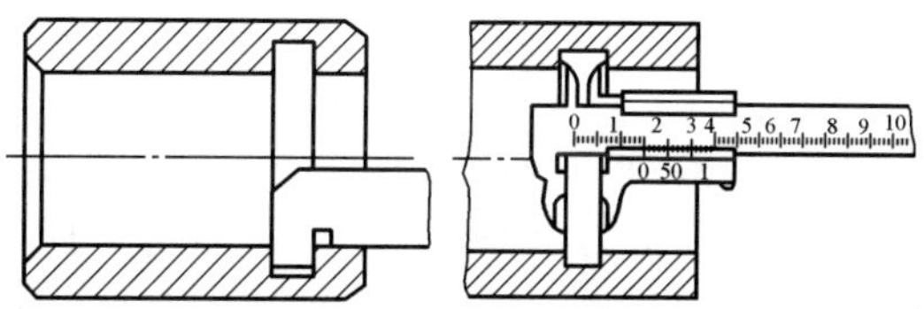

二、端面槽的加工

1. 端面槽的种类和作用

常见的端面槽种类和作用如表12-3所示。

表12-3　　端面槽种类和作用

种类	端面直槽	T形槽	燕尾槽	圆弧形槽
图示	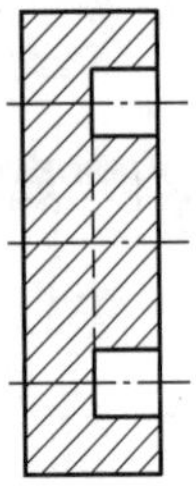	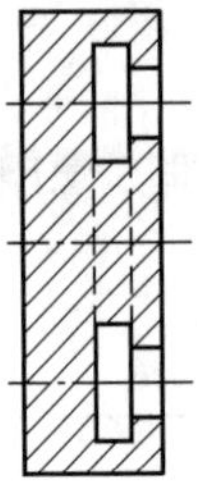	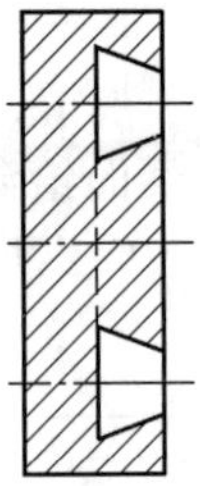	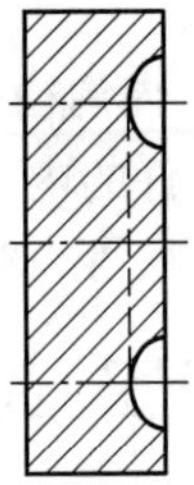
作用	用于密封或减轻零件重量	一般用作放入T形螺钉	一般用作放入螺钉起固定作用	一般用作油槽

2. 端面槽的车削方法

（1）车端面直槽的方法。若端面直槽加工精度要求不高、宽度较窄且深度较浅，通常用等于槽宽的车刀采用直进法一次进给车出，如图12-5（a）所示；如果槽的精度要求较高，则采用先粗车槽两侧并留精车余量，然后分别精车槽两侧的方法，如图12-5（b）、图12-5（c）所示。

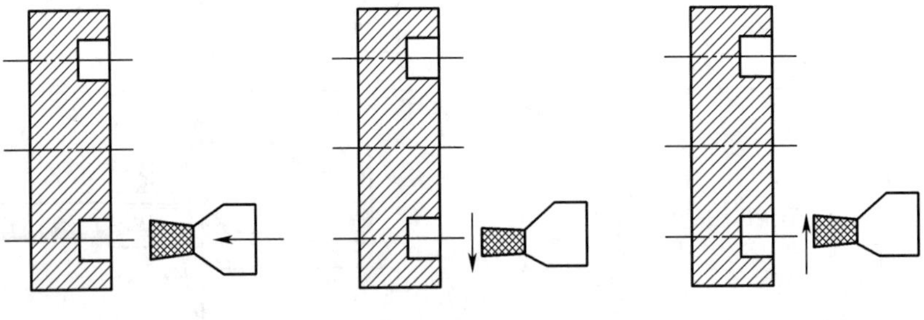

(a) 车槽直进法　　(b) 车外侧槽　　(c) 车内侧槽

图12-5　车端面直槽方法

（2）车端面T形槽的方法。车T形槽比较复杂，通常先用端面直槽刀车出直槽，再用外侧弯头车槽刀车外侧沟槽，最后用内侧弯头车槽刀车内侧沟槽。为了避免弯头刀与直槽侧面圆弧相碰，应将弯头刀刀体侧面磨成圆弧形。此外弯头刀的刀刃的宽度应小于或等于槽宽 a，L 应小于 b，否则弯头刀无法进入槽内，如图12-6所示。

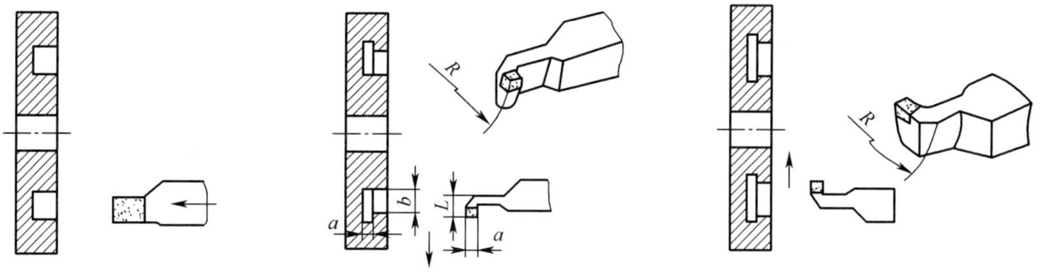

(a) 车端面槽　　(b) 车外侧沟槽　　(c) 车内侧沟槽

图 12-6　车端面 T 形槽方法

（3）车端面燕尾槽的方法。车燕尾槽的方法与车 T 形槽的方法相似，车削过程如图 12-7 所示。

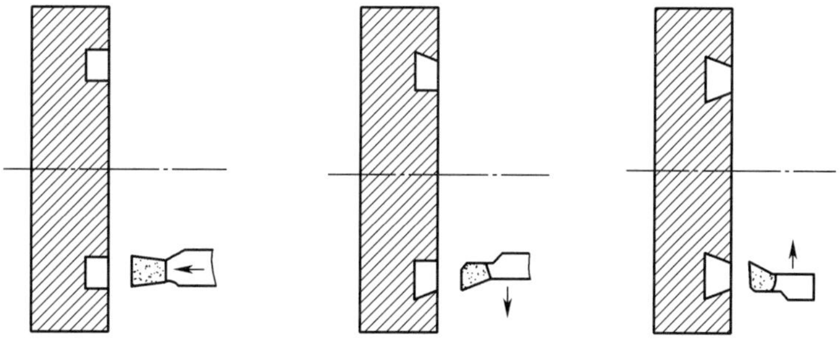

(a) 车端面槽　　(b) 车外侧沟槽　　(c) 车内侧沟槽

图 12-7　车端面 T 形槽方法

3. 端面槽车刀

端面槽车刀是外圆车刀和内孔车刀的结合，其中左侧刀尖相当于内孔车刀，右侧刀尖相当于外圆车刀。车刀左侧副后面必须根据端面槽圆弧的大小刃磨成相应的圆弧形（小于内孔一侧的圆弧），并带有一定的后角或双重后角才能车削，如图 12-8 所示，否则车刀会与槽孔壁相碰而无法车削。

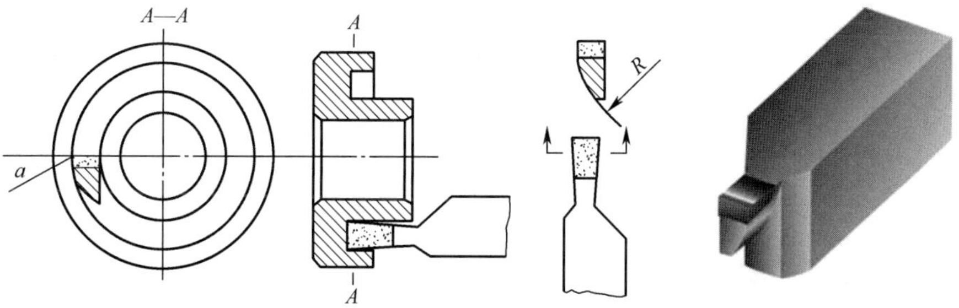

图 12-8　端面槽刀

4. 端面槽的常用测量工具

端面槽外径常用游标卡尺、千分尺及外卡钳等量具进行测量；端面槽内径常用游标卡尺、内测千分尺及内卡钳等量具进行测量；槽深一般用游标卡尺、深度游标卡尺及深度千分尺等量具进行测量。

项目实施

一、制定加工工艺

1. 分析零件图

密封座属于盘套类零件，由图 12-1 可知，零件有内外圆柱面、圆锥面、外螺纹、内沟槽及端面槽等多个表面，且精度要求较高，加工中应综合考虑各表面的加工方法、参数计算、切削用量的选择等工艺知识和编程指令。毛坯材料为铝合金，材料硬度低，切削性能好。但是铝合金工件加工时容易在刀具上产生积屑瘤，加工时切削参数应综合选择。

2. 确定装夹方案（图 12-9）

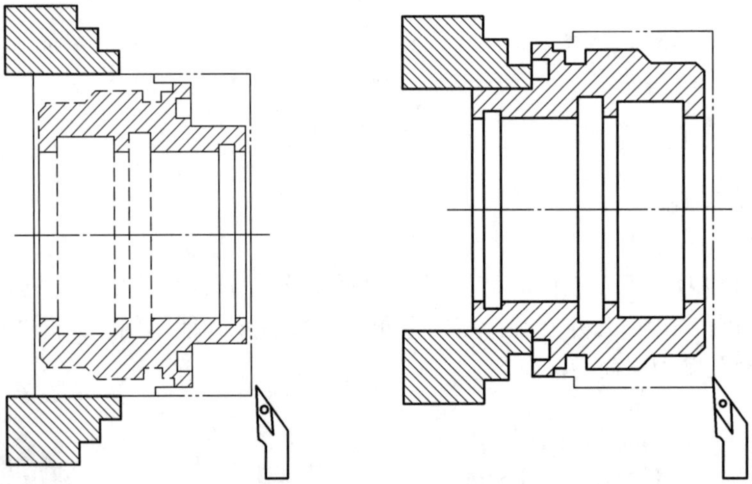

(a) 第一次装夹　　(b) 第二次装夹

图 12-9　密封座零件装夹

3. 确定零件加工工艺方案

密封座零件主要由内外圆柱面、圆锥面、外螺纹、内沟槽及端面槽等多个表面组成。

经过分析，确定零件的加工方案如下：

（1）夹外圆右端，毛坯伸出卡盘端面30mm，平端面。

（2）左端外圆粗加工，加工至 ϕ80mm 外圆处，精加工各挡外圆。

（3）粗加工内孔，精加工内孔至精加工要求。

（4）加工 ϕ48mm 内沟槽到尺寸。

（5）加工端面槽到尺寸。

（6）掉头夹 ϕ57mm 的外圆，打表找正，平端面控制总长。

（7）粗、精车外圆和倒角，精加工至尺寸要求。

（8）车螺纹退刀槽。

（9）车螺纹。

（10）加工 ϕ52mm、ϕ54mm 内沟槽到尺寸。

4. 选择刀具

由零件加工方案可知，加工刀具应该包括外圆车刀、切槽刀、内孔车刀、外螺纹刀、内沟槽刀及端面槽刀等，刀具清单见表12-4。

表12-4　　密封座零件刀具卡

序号	刀具号	刀具名称	规格型号	数量	加工内容	备注
1	T0101	93°外圆刀	0.4mm	1	外轮廓	刀尖35°
2	T0404	93°内孔刀	0.4mm	1	内轮廓	刀尖35°
3	T0202	内沟槽刀	2mm	1	内沟槽	
4	T0303	端面槽刀	3mm	1	端面槽	
5	T0505	外切槽刀	3mm	1	外螺纹退刀槽	
6	T0606	外螺纹刀		1	外螺纹	刀尖60°

5. 切削参数计算

端面槽和内沟槽切削用量的选择主要考虑尺寸精度、刀具性能、工艺系统刚性等因素，因槽刀窄而长，刀具强度低，故切削用量相对较小。

（1）背吃刀量的选择。当槽宽小于5mm，端面槽刀刀头宽度等于槽宽，背吃刀量等于槽宽；切宽槽时，分几次进行粗加工，然后再精加工。

（2）主轴转速的选择。切端面槽和车内沟槽时，主轴转速 $n=300$r/min。

（3）进给速度的选择。根据背吃刀量和主轴转速选择进给速度，粗车端面槽和内沟槽的进给速度为30mm/min，精车时还可适当降低。

6. 制定工艺文件

根据前面的分析，制定密封座零件的数控加工工序卡，见表 12-5。

表 12-5　　　　密封座零件数控加工工序卡

材料	45 钢	零件图号			系统	FANUC	工序号	
操作序号	工步内容（走刀路线）		装夹序号	刀具 T	切削用量			
					转速 S（n）/（r/min）	进给速度 F/（mm/min）	背吃刀量/mm	
（1）	车端面		1	T0101	900	80		
（2）	粗车外轮廓，留 0.5mm		1	T0101	900	150	2	
（3）	精车外轮廓到尺寸		1	T0101	1500	120	0.5	
（4）	粗加工内孔，留 0.5mm		1	T0404	1100	120	1	
（5）	精加工内孔到尺寸		1	T0404	1700	100	0.5	
（6）	加工端面槽		1	T0303	300	30		
（7）	车内沟槽		1	T0202	300	30		
（8）	掉头夹 ϕ46mm 的外圆，打表找正，平端面控制总长		2	T0101	900	80		
（9）	粗车外轮廓，留 0.5mm		2	T0101	900	150	1	
（10）	精车外圆和倒角到尺寸		2	T0101	1500	120		
（11）	车螺纹退刀槽		2	T0505	300	40		
（12）	车螺纹		2	T0606	450			
（13）	车内沟槽		1	T0202	300	30		

二、编程（原点、参考程序）

（1）设定编程原点，编程原点设在零件右端面中心。

（2）参考程序见表 12-6。

表 12-6　　密封座零件数控加工参考程序

数控车床程序卡	编程原点	零件的右端面中心			编写日期	
	零件名称		零件图号		材料	45 钢
	车床型号	CK6132	夹具名称	三爪卡盘	实训车间	数控基地
程序数	1			编程系统	FANUC 0i	
序号	程序			简要说明		
	O0001			第一次装夹		
N10	T0101			换 1 号刀，建立加工坐标系		
N20	G98 G97 G40			程序初始设置		
N30	M3 S900			启动主轴，转速 900r/min		
N40	G0 X90 Z0			车端面		
N50	G1 X0 F80					
N60	G0 X90 Z2					
N70	G71 U2 R1			外圆粗车循环		
N80	G71 P10 Q20 U0.5 W0 F150					
N90	G1 X57.4 F120			外圆精车程序段		
N100	Z-15					
N110	X80					
N120	Z-25					
N130	S1500			精车循环		
N140	G70 P10 Q20					
N150	G0 Z100					
N160	T0404			换 4 号刀		
N170	S1100					
N180	G0 X18					
N190	Z5					
N200	G71 U1 R1			内孔粗车循环		
N210	G71 P30 Q40 U-0.5 W0 F120					
N220	G1 X44 F100			内孔精车程序段		
N230	Z-60					

续表

数控车床程序卡	编程原点	零件的右端面中心			编写日期	
	零件名称		零件图号		材料	45 钢
	车床型号	CK6132	夹具名称	三爪卡盘	实训车间	数控基地
程序数	1			编程系统	FANUC 0i	
序号	程序			简要说明		
	O0001			第一次装夹		
N240	S1700			内孔精车循环		
N250	G70 P30 Q40					
N260	G0 Z100					
N270	T0303			换 3 号刀		
N280	S500					
N290	G0 X72					
N300	Z-10					
N310	G74 R0.5			车端面槽		
N320	G74 X68 Z-19 P2000 Q2000 F50					
N330	G0 Z100					
N340	X50					
N350	T0202			换 2 号刀		
N360	S300					
N370	G0 X40			车内沟槽		
N380	Z-7					
N390	G1 X48					
N400	X40					
N410	Z-6					
N420	X48					
N430	X40					
N440	G1 Z5					
N450	G0 X50 Z100					
N460	M30					

续表

<table>
<tr><td rowspan="3">数控车床程序卡</td><td>编程原点</td><td colspan="3">零件的右端面中心</td><td>编写日期</td><td></td></tr>
<tr><td>零件名称</td><td></td><td>零件图号</td><td></td><td>材料</td><td>45 钢</td></tr>
<tr><td>车床型号</td><td>CK6132</td><td>夹具名称</td><td>三爪卡盘</td><td>实训车间</td><td>数控基地</td></tr>
<tr><td>程序数</td><td colspan="3">1</td><td>编程系统</td><td colspan="2">FANUC 0i</td></tr>
<tr><td>序号</td><td colspan="3">程序</td><td colspan="3">简要说明</td></tr>
<tr><td></td><td colspan="3">O0002</td><td colspan="3">第二次装夹</td></tr>
<tr><td>N470</td><td colspan="3">T0101</td><td colspan="3"></td></tr>
<tr><td>N480</td><td colspan="3">G98 G97 G40</td><td colspan="3"></td></tr>
<tr><td>N490</td><td colspan="3">M3 S900</td><td colspan="3"></td></tr>
<tr><td>N500</td><td colspan="3">G0 X90 Z0</td><td colspan="3" rowspan="2">车端面</td></tr>
<tr><td>N510</td><td colspan="3">G1 X0 F80</td></tr>
<tr><td>N520</td><td colspan="3">G0 X90 Z2</td><td colspan="3"></td></tr>
<tr><td>N530</td><td colspan="3">G71 U2 R1</td><td colspan="3" rowspan="2">外圆粗车循环</td></tr>
<tr><td>N540</td><td colspan="3">G71 P10 Q20 U0.5 W0 F150</td></tr>
<tr><td>N550</td><td colspan="3">G1 X66 F120</td><td colspan="3" rowspan="5">外圆精车程序段</td></tr>
<tr><td>N560</td><td colspan="3">X70 Z-2</td></tr>
<tr><td>N570</td><td colspan="3">Z-13</td></tr>
<tr><td>N580</td><td colspan="3">X75.8 Z-16</td></tr>
<tr><td>N590</td><td colspan="3">Z-37</td></tr>
<tr><td>N600</td><td colspan="3">S1500</td><td colspan="3" rowspan="2">外圆精车循环</td></tr>
<tr><td>N610</td><td colspan="3">G70 P10 Q20</td></tr>
<tr><td>N620</td><td colspan="3">G0 Z100</td><td colspan="3"></td></tr>
<tr><td>N630</td><td colspan="3">T0505</td><td colspan="3"></td></tr>
<tr><td>N640</td><td colspan="3">S300</td><td colspan="3"></td></tr>
<tr><td>N650</td><td colspan="3">G0 X80</td><td colspan="3" rowspan="3">车螺纹退刀槽</td></tr>
<tr><td>N660</td><td colspan="3">Z-34</td></tr>
<tr><td>N670</td><td colspan="3">G1 X70 F40</td></tr>
<tr><td>N680</td><td colspan="3">G0 X90</td><td colspan="3"></td></tr>
<tr><td>N690</td><td colspan="3">Z100</td><td colspan="3"></td></tr>
</table>

续表

数控车床程序卡	编程原点	零件的右端面中心			编写日期	
	零件名称		零件图号		材料	45 钢
	车床型号	CK6132	夹具名称	三爪卡盘	实训车间	数控基地
程序数	1			编程系统	FANUC 0i	
序号	程序			简要说明		
	O0002			第二次装夹		
N700	T0606					
N710	S450					
N720	G0 X80					
N730	Z-10					
N740	G92 X75. 5 Z-32 F1. 5			车 M76×1. 5 螺纹		
N750	X75. 2					
N760	X74. 9					
N770	X74. 6					
N780	X74. 3					
N790	X74. 1					
N800	X74. 05					
N810	X74. 05					
N820	G0 Z100					
N830	T0202			换 2 号刀		
N840	S800					
N850	G0 X40					
N860	Z-8					
N870	G75 R0. 5			车 ϕ52mm×16mm 内沟槽		
N880	G75 X52 Z-21 P2000 Q2000 F30					
N890	G1 Z-28					
N900	G75 R0. 5			车 ϕ54mm×6mm 内沟槽		
N910	G75 X54 Z-31 P2000 Q2000 F30					
N920	G0 Z100					
N930	X50					
N940	M30					

三、密封座零件数控加工

将编好的数控程序传到 CK6132 数控车床，装夹毛坯，建立工件坐标系，加工零件，如图 12-10、图 12-11 所示。主要操作步骤如下：

（1）机床开机，回参考点，准备机床。

（2）输入程序，并检查。

（3）工件安装。夹住毛坯外圆，第一次装夹时毛坯伸出卡盘端面 30mm，掉头装夹后夹住 ϕ57.4mm 外圆。

（4）安装刀具。在 1 号刀位安装外圆车刀，在 2 号刀位安装内沟槽刀，在 3 号刀位安装端面槽刀，在 4 号刀位安装内孔车刀。零件掉头后，在 6 号刀位安装螺纹刀，在 5 号刀位安装切槽刀。

（5）建立工件坐标系 G54，对刀操作完成刀具补偿参数设置。

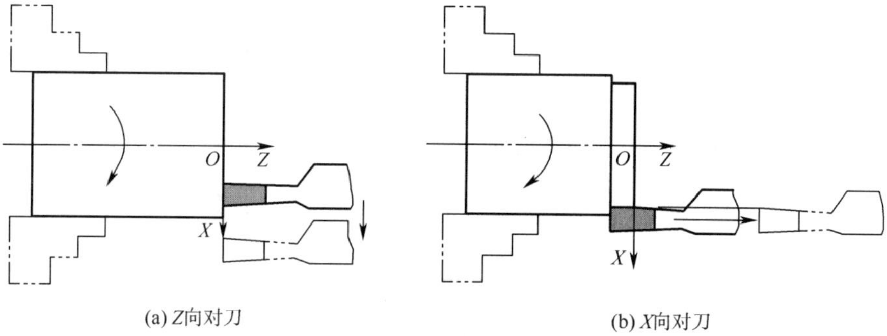

图 12-10　端面槽刀对刀示意图

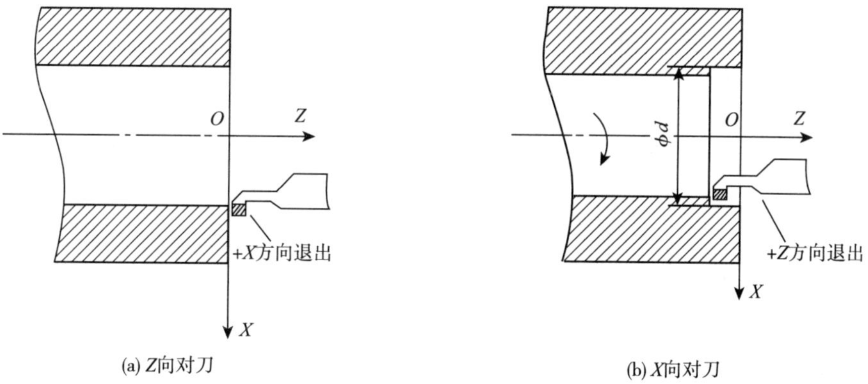

图 12-11　内沟槽刀对刀示意图

（6）启动程序，自动加工。

（7）停机后，按图纸要求检测工件，对工件进行误差及质量分析。利用游标卡尺、外径千分尺、表面粗糙度工艺样板等量具测量工件，学生对自己加工的零件进行检测，包括尺寸精度的检测和零件加工质量的检测。

项目评价

1. 确定测量工具。

量具选用见表 12-7。

密封座零件需要测量尺寸较多，根据不同尺寸要求选用适当的量具。

表 12-7　　量具选用表

序号	名称	规格/mm	精度/mm	数量
1	游标卡尺	0~150	0.02	1
2	外径千分尺	50~75	0.01	1
3	外径千分尺	75~100	0.01	1
4	内径千分尺	30~40	0.01	1
5	内径千分尺	40~50	0.01	1
6	深度游标尺	0~200	0.02	1
7	钩形游标尺	0~150	0.02	1
8	弯脚游标尺	0~150	0.02	1

2. 密封座零件质量检查单，见表 12-8。

表 12-8　　密封座零件质量检查单

项目名称			学号：	
检测项目	序号	检测内容	检测结果	结论
长度	1	57		
	2	5		
	3	37		
	4	34		
	5	13		
	6	4		
	7	7		
	8	6		
	9	16		
	10	5，2 处		
	11	25		
	12	5±0.05		

续表

<table>
<tr><td>项目名称</td><td colspan="2"></td><td colspan="2">学号：</td></tr>
<tr><td>检测项目</td><td>序号</td><td>检测内容</td><td>检测结果</td><td>结论</td></tr>
<tr><td rowspan="10">外圆</td><td>13</td><td>$\phi80_{-0.08}^{-0.02}$</td><td></td><td></td></tr>
<tr><td>14</td><td>$\phi72_{0}^{0.03}$</td><td></td><td></td></tr>
<tr><td>15</td><td>$\phi70_{0}^{0.03}$</td><td></td><td></td></tr>
<tr><td>16</td><td>$\phi62_{-0.02}^{0}$</td><td></td><td></td></tr>
<tr><td>17</td><td>$\phi57.4$</td><td></td><td></td></tr>
<tr><td>18</td><td>$\phi48$</td><td></td><td></td></tr>
<tr><td>19</td><td>$\phi44_{0.2}^{0.3}$</td><td></td><td></td></tr>
<tr><td>20</td><td>$\phi52\pm0.02$</td><td></td><td></td></tr>
<tr><td>21</td><td>$\phi54\pm0.02$</td><td></td><td></td></tr>
<tr><td>22</td><td>$\phi70_{-0.20}^{-0.15}$</td><td></td><td></td></tr>
<tr><td rowspan="2">倒角</td><td>23</td><td>$C2$</td><td></td><td></td></tr>
<tr><td>24</td><td>$C3$</td><td></td><td></td></tr>
<tr><td>外螺纹</td><td>25</td><td>M76×1.5</td><td></td><td></td></tr>
<tr><td>表面质量</td><td>26</td><td>$Ra3.2$</td><td></td><td></td></tr>
<tr><td colspan="2">密封座零件检测结论</td><td colspan="3"></td></tr>
<tr><td colspan="2">产品不合格原因分析</td><td colspan="3"></td></tr>
<tr><td colspan="2">改进措施</td><td colspan="3"></td></tr>
</table>

记录员		监考员		检验员		考评员	

3.项目考核，见表 12-9。

表 12-9　教学项目过程考核评价表

项目名称：	班级：	姓名：	学号：	指导教师：			
评价项目	评价标准	评价依据 （信息、佐证）	评价方式			得分小计	总分
			学生自评	小组互评	教师评价		
			30%	30%	40%		
职业素质（20%）	1.遵守企业管理规定、劳动纪律 2.按时完成学习及工作任务 3.工作积极主动、勤学好问	考勤 工作及学习态度					
专业技能（50%）	1.机床操作正确合理、安全文明生产 2.有零件的工艺分析能力、制定工艺合理 3.程序规范正确 4.夹具、刀具正确使用 5.零件质量合格 6.正确使用检测量具、量仪	工作过程 工艺过程卡 工序卡 程序单 零件质量检验单 安全操作、机床清理					
展示创新（30%）	1.该小组介绍成果是否清晰 2.该小组演示的检测方法操作是否正确 3.该小组的检测量具、量仪保养是否完好 4.该小组的团队精神如何 5.能对不合理处分析原因并提出改进意见 6.做出技术或工艺改良报告，具有创新性	表述能力 展示方式及效果 口头或书面提议 技术或工艺改良报告					
指导教师 综合评价		指导老师签名：				日期：	

注：评价分值均为百分制。

拓展练习

编制如图 12-12 所示的加工程序并加工。

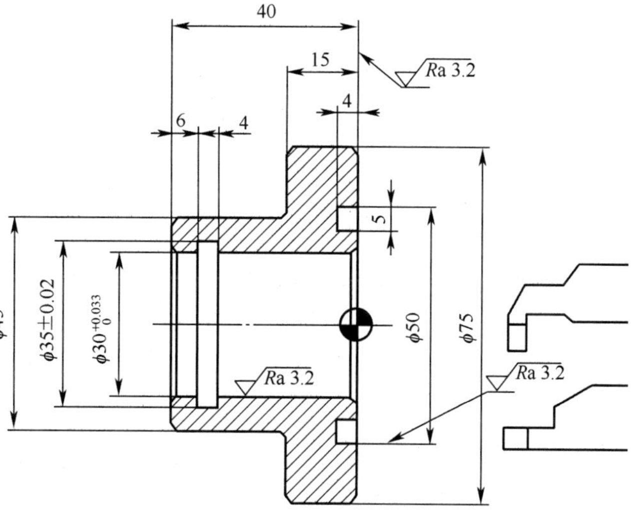

图 12-12　槽

项目十三　加工锥度配合件

学习目标

1. 掌握孔、轴配合件加工特点及方法
2. 掌握锥面配合的应用知识
3. 能进行组合件的加工步骤分析，提高复杂零件工艺分析的能力
4. 能正确选用、使用通用工艺装备
5. 培养学生安全意识与环保意识

项目导读

组合件是由若干个不同的零件相互配合所组成的组件。与单一零件的车削加工比较，组合件的车削加工不仅要保证组合件中各个零件的加工质量，而且还需要保证各个零件按规定组合装配后的技术要求。

如图 13-1、图 13-2 所示的配合件需要在数控车床上加工，其装配图如图 13-3 所示。

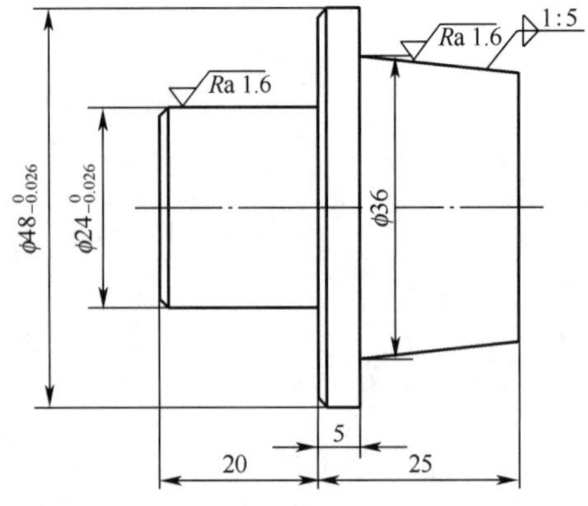

图 13-1　件 1 零件图

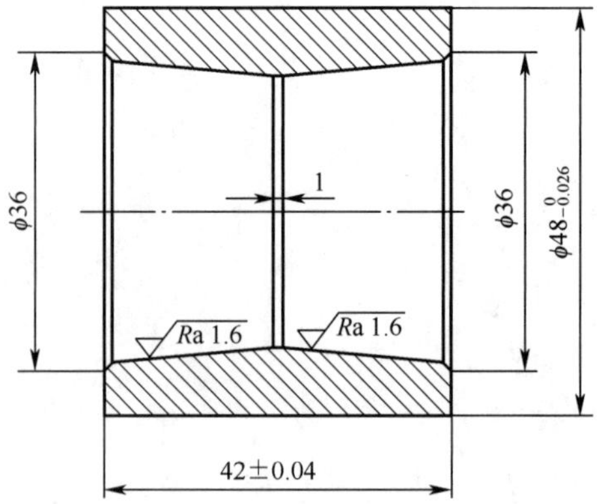

图 13-2　件 2 零件图

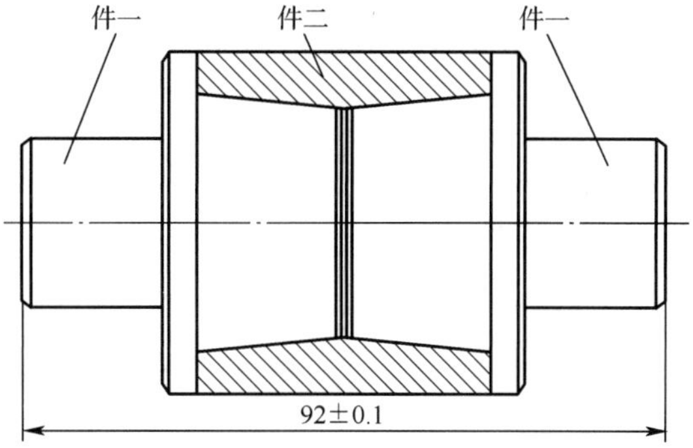

图 13-3　装配图

知识链接

圆锥面配合传递转矩大，且内外圆锥面结合后同轴度高，具有较高的定心作用，编写和加工圆锥表面时需要了解圆锥面各部分参数，计算圆锥面相应部分的尺寸。

一、锥度基本参数及计算

锥度，一般用于圆锥状（零件），是指圆锥大端直径与小端直径之差与圆锥长度之比；圆锥母线的锥度是斜度的 2 倍。在工程、机械行业，斜度和锥度都小于 1。常用锥度参数计算见表 13-1。

表 13-1　　锥度基本参数计算

基本参数	图例	计算公式
圆锥台大端直径 D	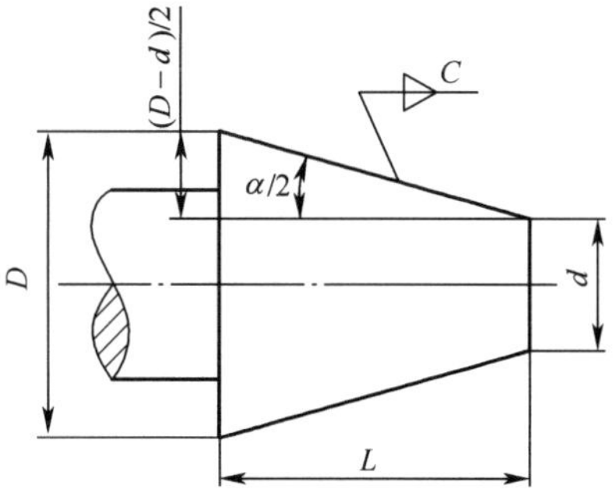	$\tan\frac{\alpha}{2}=\frac{D-d}{2L}$ $C=\frac{D-d}{L}$
圆锥台小端直径 d		
圆锥台长度 L		
圆锥半角 $\alpha/2$		
锥度 C		

二、圆锥面的车削路径

车削圆锥面时，圆锥大、小端加工余量不均匀，若一刀切削，小端余量过大会使切削力过大而引发加工事故。此外，大、小端余量不均匀也会影响圆锥面的表面质量，故粗车圆锥面时需沿圆锥面方向分层加工，见表 13-2。粗车走刀次数视小端余量及每一刀背吃刀量而定。

表 13-2　　圆锥面车削路径

车削路径	外圆锥	内圆锥	特点
平行分层	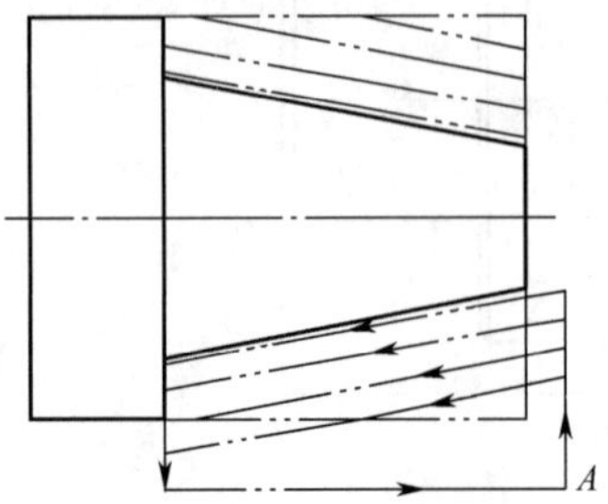	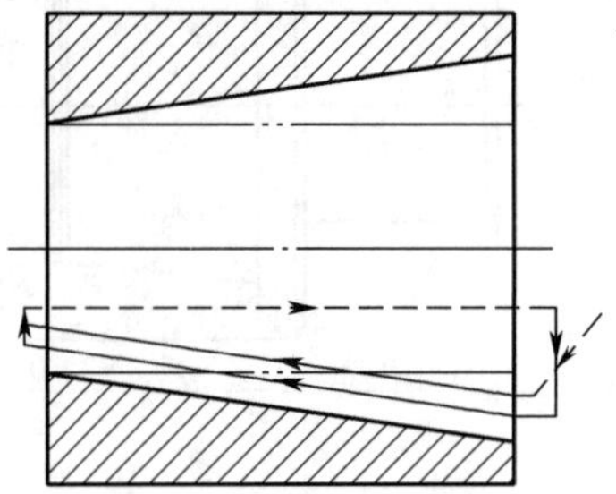	精车余量均匀，编程数值计算难度大
车锥法	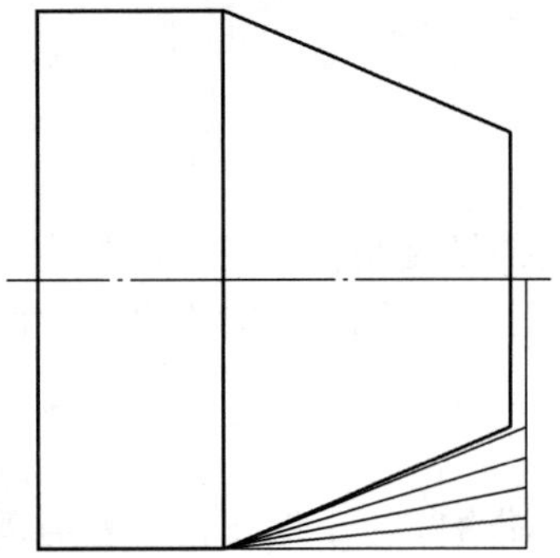	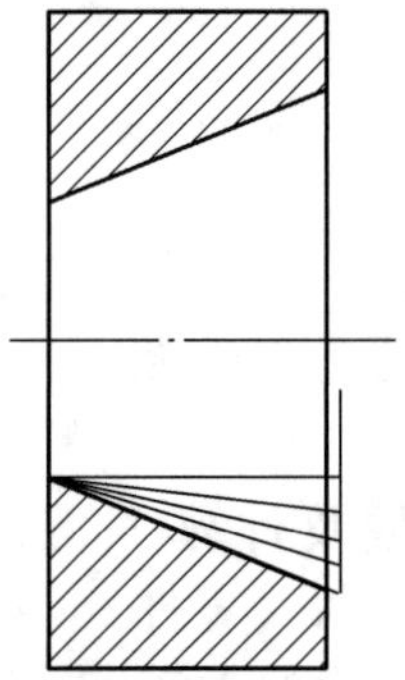	精车余量不均匀，编程数值计算简单

三、圆锥角度的测量工具

圆锥面加工中，重点控制的尺寸是圆锥角，生产中常用万能角度尺、角度样板、正弦规、锥度量规等量具测量圆锥角，各种量具的测量特点及应用见表 13-3。

表 13-3　　测量圆锥角度量具的测量特点及应用表

量具	图例	特点及应用
万能角度尺	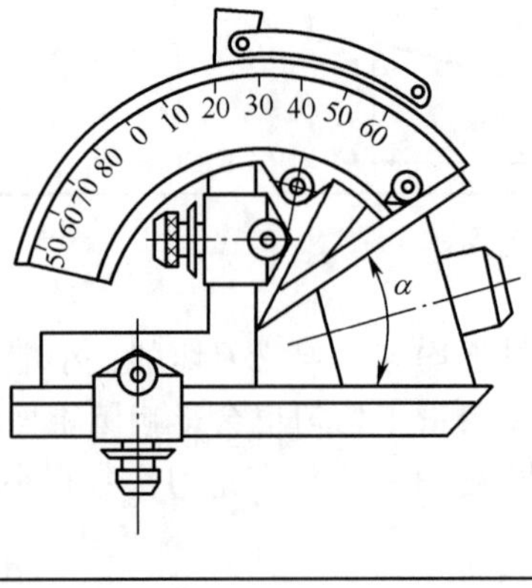	测量范围：0～320°，用于单件或批量生产零件测量

续表

量具	图例	特点及应用
角度样板	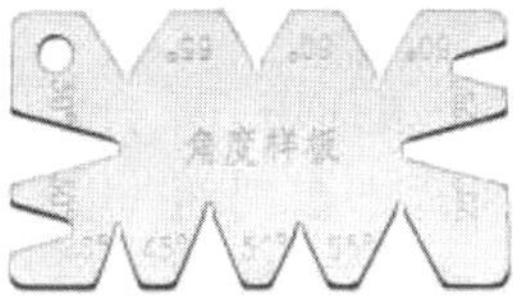	专用测量工具，测量简单，用于大批量生产零件测量
正弦规	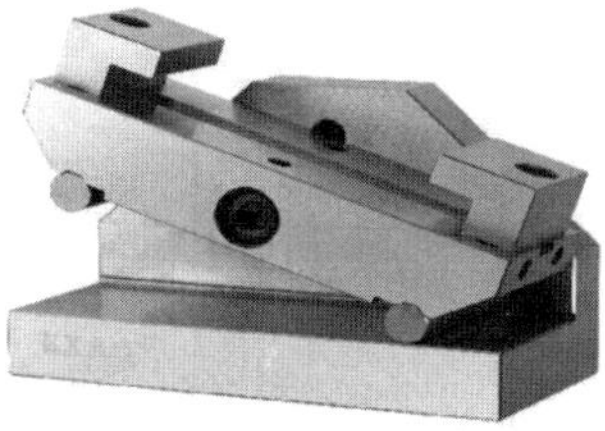	测量精度高，用于单件生产零件测量
锥度量规		测量精度高，用于标准锥度或配合精度高的圆锥面测量

项目实施

如图 13-1、图 13-2 所示，圆锥心轴、圆锥轴套是一个较为典型的配合件模型，需要在数控车床上完成加工。该零件由圆锥面、圆柱面、内孔等构成。材料为 45 钢，毛坯尺寸为 ϕ50mm×65mm、ϕ50mm×50mm。

一、制定加工工艺

1. 分析零件图

本项目工件是一个二件三组合，属典型的轴套配合零件加工。零件形状轨迹虽然并不复杂，但是为了保证相互配合，必须有严格的尺寸要求，所以加工难度大。在加工中应该注意配合工件的先后顺序，通常情况下先加工较小的零件，再加工较大的零件，以便在加工过程中及时试配。在本例中，可先加工套，并以此为基准来加工轴，必须保证轴套零件的尺寸精度和几何精度。

（1）圆锥轴套精度分析。该零件在加工中，零件重要的径向加工部位有：$\phi48_{-0.026}^{\ 0}$mm 圆柱面，ϕ36mm 圆锥孔，零件重要的轴向加工部位：$\phi48_{-0.026}^{\ 0}$mm 圆柱面的轴向长度为 42mm±0.04mm。

（2）圆锥心轴。该零件在加工中，零件重要的径向加工部位有 $\phi48_{-0.026}^{\ 0}$mm 圆柱面、

$\phi24_{-0.026}^{\ 0}$mm 圆柱面，零件右端与 ϕ36mm 圆柱段相接的 1：5 圆锥段表面粗糙度为 Ra 1.6 μm。

2. 确定装夹方案

零件 1 为轴类零件，轴线为工艺基准，加工外表面用三爪自定心卡盘夹持毛坯外圆，需要两次装夹完成零件加工。第一次装夹毛坯伸出卡盘端面 30mm，第二次装夹时夹住 $\phi24_{-0.026}^{\ 0}$mm 外圆，装夹示意图如图 13-4、图 13-5 所示。

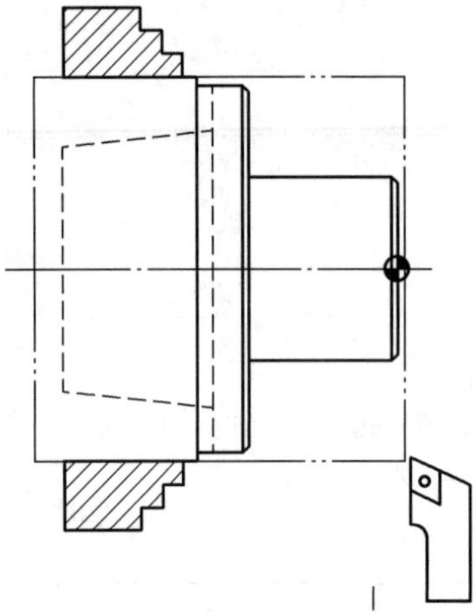

图 13-4　零件 1 第一次装夹

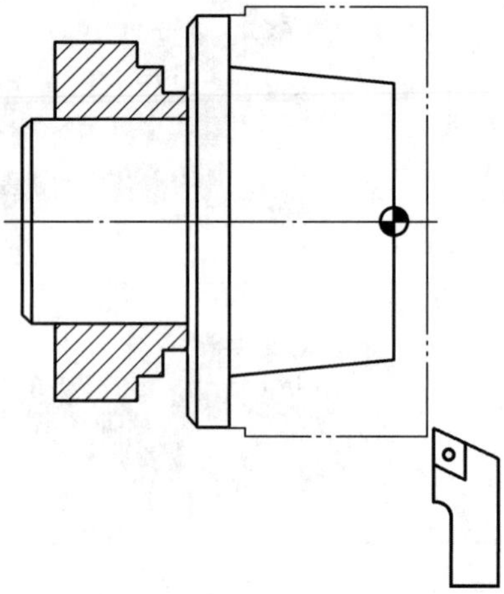

图 13-5　零件 1 第二次装夹

零件 2 为轴套零件，孔中心线为工艺基准，加工时用三爪自定心卡盘夹持毛坯外圆，需要两次装夹完成零件加工。第一次装夹毛坯伸出卡盘端面 45mm，完成外圆及一端锥孔加工后切断，第二次装夹时夹住 $\phi48_{-0.026}^{\ 0}$mm 外圆，装夹示意图如图 13-6、图 13-7 所示。

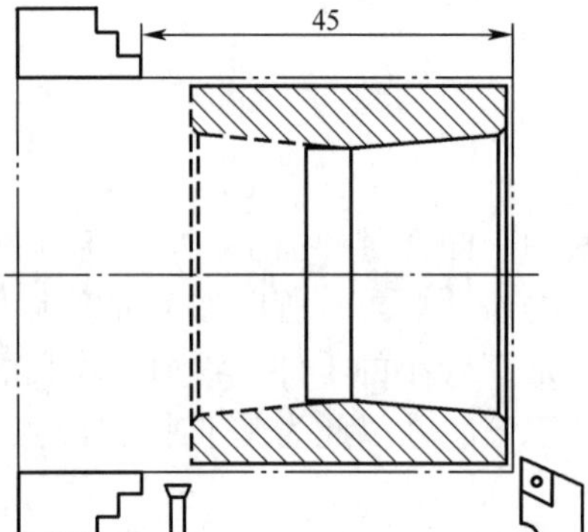

图 13-6　零件 2 第一次装夹

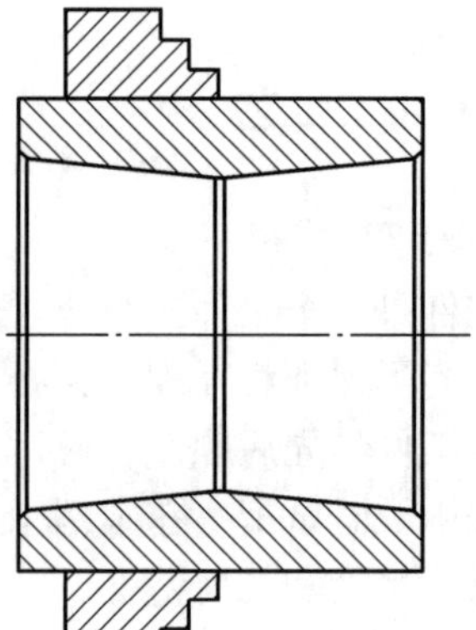

图 13-7　零件 2 第二次装夹

3. 确定零件加工方案

该组合件主要由以下几大块组成：外圆、内孔、圆锥面及圆锥孔组成，主要考核点为内外锥面的互相配合。经过分析，确定零件的加工方案如下：

零件 1 加工方案：

（1）夹外圆右端，毛坯伸出卡盘端面 30mm，平端面。

（2）粗加工左端外圆，加工至 ϕ48mm 外圆处，留 0.5mm 余量。

（3）精加工左端外圆至尺寸要求。

（4）掉头夹 ϕ24mm 的外圆，打表找正，平端面控制总长。

（5）粗车锥面及端面，留 0.5mm 余量。

（6）精车锥面及端面，精加工至尺寸要求。

零件 2 加工方案：

（1）夹外圆左端，毛坯伸出卡盘端面 50mm，平端面钻中心孔，再用 ϕ20mm 的钻头钻通孔。

（2）粗加工 ϕ48mm 外圆，精加工至尺寸要求。

（3）精加工 ϕ48mm 外圆至尺寸要求。

（4）粗加工内锥孔。

（5）精加工内锥孔至精度要求。

（6）切断，保证总长 45mm。

（7）掉头夹 ϕ48mm 外圆。

（8）粗加工内锥孔。

（9）精加工内锥孔至精度要求。

4. 选择刀具

由零件 1 加工方案可知，零件 1 的加工刀具只需要外圆车刀即可。刀具清单如表 13-4所示。

表 13-4　　件 1 零件刀具卡

序号	刀具号	刀具名称	规格型号	数量	加工内容	备注
1	T0101	93°外圆刀	0.4mm	1	外轮廓	刀尖 35°

由零件 2 加工方案可知，零件 2 的加工刀具应该包括外圆车刀、内孔车刀、中心钻及麻花钻等，刀具清单如表 13-5 所示。

表 13-5　　件 2 零件刀具卡

序号	刀具号	刀具名称	规格型号	数量	加工内容	备注
1	T0101	93°外圆刀	0.4mm	1	外轮廓	刀尖 35°

续表

序号	刀具号	刀具名称	规格型号	数量	加工内容	备注
2	T0202	93°内孔刀	0.4mm	1	内轮廓	刀尖35°
3		中心钻	5mm	1	钻中心孔	手动
4		麻花钻	ϕ20mm	1	钻孔	手动

5. 切削参数及锥度参数计算

（1）背吃刀量的选择。粗车外轮廓时选用 $a_p=2$mm，精车外轮廓时选用 $a_p=0.5$mm，粗车内轮廓时选用 $a_p=1$mm，精车内轮廓时选用 $a_p=0.5$mm。

（2）主轴转速的选择。选择外轮廓粗加工转速 900r/min，精车转速 1500r/min。选择内轮廓粗加工转速 1100r/min，精车转速 1700r/min，切断的主轴转速 300r/min。

（3）进给速度的选择。根据背吃刀量和主轴转速选择进给速度，分别选择外轮廓粗精车的进给速度为 150mm/min 和 120mm/min；切断的进给速度为 40mm/min。内轮廓粗精车的进给速度分别为 120mm/min 和 100mm/min。

（4）锥度相关参数计算。根据锥度计算公式：$C=\frac{D-d}{L}$，其中 $C=1:5$，$D=36$，$L=20$。

计算出 $d=D-CL=36-20\times\frac{1}{5}=32$

6. 制定工艺文件

根据前面的分析，制定零件 1 和零件 2 的数控加工工序卡，见表 13-6、表 13-7。

表 13-6　　零件 1 数控加工工序卡

材料	45 钢	零件图号		系统	FANUC	工序号	
操作序号	工步内容（走刀路线）	装夹序号	刀具 T	切削用量			
				转速 $S(n)$/(r/min)	进给速度 F/(mm/min)	背吃刀量/mm	
(1)	夹外圆右端，毛坯伸出卡盘端面 30mm，平端面	1	T0101	900	80		
(2)	粗车左端外圆，加工至 ϕ48 外圆处，留 0.5mm 余量	1	T0101	900	150	1	
(3)	精车左端外圆至尺寸要求	1	T0101	1500	120	0.5	

续表

材料	45 钢	零件图号			系统	FANUC	工序号	
操作序号	工步内容（走刀路线）		装夹序号	刀具 T	切削用量			
					转速 S（n）/（r/min）	进给速度 F/（mm/min）	背吃刀量/mm	
（4）	掉头夹 ϕ24mm 的外圆，打表找正，平端面控制总长		2	T0101	900	80		
（5）	粗车锥面及端面，留 0.5mm 余量		2	T0101	900	150	1	
（6）	精车锥面及端面，精加工至尺寸要求		2	T0101	1500	120	0.5	

表 13-7　　零件 2 数控加工工序卡

材料	45 钢	零件图号			系统	FANUC	工序号	
操作序号	工步内容（走刀路线）		装夹序号	刀具 T	切削用量			
					转速 S（n）/（r/min）	进给速度 F/（mm/min）	背吃刀量/mm	
（1）	夹外圆左端，毛坯伸出卡盘端面 50mm，平端面		1	T0101	900	80		
（2）	钻中心孔		1	5mm	1000	50		
（3）	ϕ20mm 的钻头钻通孔		1	ϕ20mm	350			
（4）	粗加工 ϕ48mm 外圆，精加工至尺寸要求		1	T0101	900	150	2	
（5）	精加工 ϕ48mm 外圆至尺寸要求		1	T0101	1500	120	0.5	
（6）	粗加工内锥孔		1	T0404	1100	120	1	
（7）	精加工内锥孔至精度要求		1	T0404	1700	100	0.5	
（8）	切断，保证总长 45mm		1	T0202	300	40		
（9）	掉头夹 ϕ48mm 外圆，粗加工内锥孔		2	T0404	1100	120	1	
（10）	精加工内锥孔至精度要求		2	T0404	1700	100	0.5	

二、编程（原点、参考程序）

（1）设定编程原点，编程原点设在零件右端面中心。

（2）件 1 参考程序见表 13-8。

表 13-8　　　　件 1 数控加工参考程序

<table>
<tr><td rowspan="3">数控车床程序卡</td><td>编程原点</td><td colspan="3">零件的右端面中心</td><td>编写日期</td><td></td></tr>
<tr><td>零件名称</td><td></td><td>零件图号</td><td></td><td>材料</td><td>45 钢</td></tr>
<tr><td>车床型号</td><td>CK6132</td><td>夹具名称</td><td>三爪卡盘</td><td>实训车间</td><td>数控基地</td></tr>
<tr><td>程序数</td><td colspan="3">1</td><td>编程系统</td><td colspan="2">FANUC 0i</td></tr>
<tr><td>序号</td><td colspan="3">程序</td><td colspan="3">简要说明</td></tr>
<tr><td></td><td colspan="3">O0001</td><td colspan="3">第一次装夹</td></tr>
<tr><td>N10</td><td colspan="3">T0101</td><td colspan="3">换 1 号刀</td></tr>
<tr><td>N20</td><td colspan="3">G98 G97 G40</td><td colspan="3">程序初始化</td></tr>
<tr><td>N30</td><td colspan="3">M3 S900</td><td colspan="3">启动主轴，转速 900r/min</td></tr>
<tr><td>N40</td><td colspan="3">G0 X55 Z0</td><td colspan="3" rowspan="2">车端面</td></tr>
<tr><td>N50</td><td colspan="3">G1 X0 F80</td></tr>
<tr><td>N60</td><td colspan="3">G0 X55 Z2</td><td colspan="3"></td></tr>
<tr><td>N70</td><td colspan="3">G71 U2 R1</td><td colspan="3" rowspan="2">粗车外轮廓循环</td></tr>
<tr><td>N80</td><td colspan="3">G71 P10 Q20 U0. 5 W0 F150</td></tr>
<tr><td>N90</td><td colspan="3">G1 X22 F120</td><td colspan="3" rowspan="6">精车外轮廓程序段</td></tr>
<tr><td>N100</td><td colspan="3">X24 Z-1</td></tr>
<tr><td>N110</td><td colspan="3">Z-20</td></tr>
<tr><td>N120</td><td colspan="3">X46</td></tr>
<tr><td>N130</td><td colspan="3">X48 Z-21</td></tr>
<tr><td>N140</td><td colspan="3">G1 Z-30</td></tr>
<tr><td>N150</td><td colspan="3">S1500</td><td colspan="3" rowspan="2">精车外轮廓</td></tr>
<tr><td>N160</td><td colspan="3">G70 P10 Q20</td></tr>
<tr><td>N170</td><td colspan="3">G0 X50 Z100</td><td colspan="3"></td></tr>
<tr><td>N180</td><td colspan="3">M30</td><td colspan="3"></td></tr>
</table>

续表

数控车床程序卡	编程原点	零件的右端面中心			编写日期	
	零件名称		零件图号		材料	45 钢
	车床型号	CK6132	夹具名称	三爪卡盘	实训车间	数控基地
程序数	1			编程系统	FANUC 0i	
序号	程序			简要说明		
	O0002			第二次装夹		
N190	T0101			换 1 号刀		
N200	G98 G97 G40			程序初始化		
N210	M3 S900			启动主轴，转速 900r/min		
N220	G0 X55 Z0			车端面		
N230	G1 X0 F80					
N240	G0 X55 Z2					
N250	G71 U2 R1			粗车外轮廓循环		
N260	G71 P10 Q20 U0.5 W0 F150					
N270	G1 X32 F120			精车外轮廓程序段		
N280	Z0					
N290	X36 Z-20					
N300	X50					
N310	S1500			精车外轮廓		
N320	G70 P10 Q20					
N330	G0 X60 Z100					
N340	G0 X50 Z100					
N350	M30					

（3）件 2 参考程序见表 13-9。

表 13-9　　件 2 数控加工参考程序

数控车床程序卡	编程原点	零件的右端面中心			编写日期	
	零件名称		零件图号		材料	45 钢
	车床型号	CK6132	夹具名称	三爪卡盘	实训车间	数控基地
程序数	1			编程系统	FANUC 0i	
序号	程序			简要说明		
	O0001			第一次装夹		
N10	T0101			换 1 号刀		
N20	G98 G97 G40			程序初始化		
N30	M3 S900			启动主轴，转速 900r/min		
N40	G0 X55 Z0			车端面		
N50	G1 X0 F80					
N60	G0 X55 Z2					
N70	G90 X48.5 Z-45 F150			粗车外圆，留 0.5mm 余量		
N80	S1500			精车外轮廓		
N90	G90 X48 Z-45 F120					
N100	G0 X60 Z100					
N110	T0404			换 4 号刀		
N120	S1100					
N130	G0 X18					
N140	Z5					
N150	G71 U1 R1			粗车内孔循环		
N160	G71 P10 Q20 U-0.5 W0 F120					
N170	G1 X37.8 F100			精车内孔程序段		
N180	Z0					
N190	X35.8 Z-1					
N200	X32 Z-20.5					
N210	Z-30					
N220	S1700			精车循环		
N230	G70 P10 Q20					

续表

数控车床程序卡	编程原点	零件的右端面中心			编写日期	
	零件名称		零件图号		材料	45 钢
	车床型号	CK6132	夹具名称	三爪卡盘	实训车间	数控基地
程序数	1			编程系统	FANUC 0i	
序号	程序			简要说明		
	O0001			第一次装夹		
N240	G0 Z100					
N250	X50					
N260	T0202			换 2 号刀		
N270	S300					
N280	G0 X50					
N290	Z-45					
N300	G1 X0 F40			切断工件		
N310	G0 X50 Z100					
N320	M30					
	O0002			第二次装夹		
N330	T0404			换 4 号刀		
N340	G98 G97 G40			程序初始化		
N350	S1100			启动主轴，转速 1100r/min		
N360	G0 X18					
N370	Z5					
N380	G71 U1 R1			粗车内孔循环		
N390	G71 P10 Q20 U-0.5 W0 F120					
N400	G1 X37.8 F100			精车内孔程序段		
N410	Z0					
N420	X35.8 Z-1					
N430	X32 Z-20.5					
N440	Z-25					

续表

数控车床程序卡	编程原点	零件的右端面中心			编写日期	
	零件名称		零件图号		材料	45 钢
	车床型号	CK6132	夹具名称	三爪卡盘	实训车间	数控基地
程序数	1			编程系统	FANUC 0i	
序号	程序			简要说明		
	O0002			第二次装夹		
N450	S1700			精车循环		
N460	G70 P10 Q20					
N470	G0 Z100					
N480	X50					
N490	M30					

三、锥套配合件零件数控加工

将编好的数控程序传到 CK6132 数控车床，装夹毛坯，建立工件坐标系，加工零件。主要操作步骤如下：

（1）机床开机，回参考点，准备机床。

（2）输入数控程序，并检查。

（3）工件安装。

件 1 装夹：第一次装夹时夹持毛坯外圆，毛坯伸出卡盘端面 30mm，第二次装夹时夹持 ϕ24mm 外圆。

件 2 装夹：第一次装夹时夹持毛坯外圆，毛坯伸出卡盘端面 50mm，第二次装夹时夹持 ϕ48mm 外圆。

（4）安装刀具。

件 1 刀具安装：在 1 号刀位安装外圆车刀，中心钻和麻花钻安装在尾座上。

件 2 刀具安装：在 1 号刀位安装外圆车刀，在 2 号刀位安装切槽刀，在 4 号刀位安装内孔车刀，中心钻和麻花钻安装在尾座上。

（5）建立工件坐标系 G54，对刀操作完成刀具补偿参数设置。

（6）启动程序，自动加工。

（7）停机后，按图纸要求检测工件，对工件进行误差及质量分析。

利用游标卡尺、外径千分尺、表面粗糙度工艺样板等量具测量工件，学生对自己加工的零件进行检测，包括尺寸精度的检测和零件加工质量的检测。

项目评价

1. 确定测量工具。

先单独测量件 1、件 2 的各个尺寸，再测量配合尺寸。量具选用见表 13-10。

表 13-10　量具选用表

序号	名称	规格/mm	精度/mm	数量
1	游标卡尺	0~150	0.02	1
2	外径千分尺	0~25	0.01	1
3	外径千分尺	25~50	0.01	1
4	万能角度尺	0~320		1
5	锥度量规			1

2. 锥度配合件零件质量检查单，见表 13-11、表 13-12。

表 13-11　件 1 质量检查单

<table>
<tr><td>项目名称</td><td colspan="4"></td><td colspan="3">学号：</td></tr>
<tr><td>检测项目</td><td colspan="2">序号</td><td colspan="2">检测内容</td><td colspan="2">检测结果</td><td>结论</td></tr>
<tr><td rowspan="3">长度</td><td colspan="2">1</td><td colspan="2">5</td><td colspan="2"></td><td></td></tr>
<tr><td colspan="2">2</td><td colspan="2">20</td><td colspan="2"></td><td></td></tr>
<tr><td colspan="2">3</td><td colspan="2">25</td><td colspan="2"></td><td></td></tr>
<tr><td rowspan="3">外圆</td><td colspan="2">4</td><td colspan="2">$\phi36$</td><td colspan="2"></td><td></td></tr>
<tr><td colspan="2">5</td><td colspan="2">$\phi48_{-0.026}^{0}$</td><td colspan="2"></td><td></td></tr>
<tr><td colspan="2">6</td><td colspan="2">$\phi24_{-0.026}^{0}$</td><td colspan="2"></td><td></td></tr>
<tr><td>倒角</td><td colspan="2">7</td><td colspan="2">$C1$，2 处</td><td colspan="2"></td><td></td></tr>
<tr><td>锥度</td><td colspan="2">8</td><td colspan="2">1 : 5</td><td colspan="2"></td><td></td></tr>
<tr><td>表面质量</td><td colspan="2">9</td><td colspan="2">$Ra1.6$</td><td colspan="2"></td><td></td></tr>
<tr><td colspan="2">件 1 检测结论</td><td colspan="6"></td></tr>
<tr><td colspan="2">产品不合格原因分析</td><td colspan="6"></td></tr>
<tr><td colspan="2">改进措施</td><td colspan="6"></td></tr>
<tr><td>记录员</td><td></td><td>监考员</td><td></td><td>检验员</td><td></td><td>考评员</td><td></td></tr>
</table>

表 13-12　　件 2 质量检查单

项目名称			学号：	
检测项目	序号	检测内容	检测结果	结论
长度	1	1		
	2	42±0.04		
外圆	3	$\phi48_{-0.026}^{0}$		
	4	$\phi52_{-0.02}^{0}$		
内孔	5	$\phi36$		
倒角	6	$C1$，2 处		
锥度	7	1∶5		
表面质量	8	$Ra1.6$		
件 2 检测结论				
产品不合格原因分析				
改进措施				

记录员		监考员		检验员		考评员	

3.项目考核，见表 13-13。

表 13-13　教学项目过程考核评价表

项目名称：	班级：	姓名：	学号：	指导教师：			
评价项目	评价标准	评价依据（信息、佐证）	评价方式			得分小计	总分
			学生自评	小组互评	教师评价		
			30%	30%	40%		
职业素质（20%）	1.遵守企业管理规定、劳动纪律 2.按时完成学习及工作任务 3.工作积极主动、勤学好问	考勤 工作及学习态度					
专业技能（50%）	1.机床操作正确合理、安全文明生产 2.有零件的工艺分析能力、制定工艺合理 3.程序规范正确 4.夹具、刀具正确使用 5.零件质量合格 6.正确使用检测量具、量仪	工作过程 工艺过程卡 工序卡 程序单 零件质量检验单 安全操作、机床清理					
展示创新（30%）	1.该小组介绍成果是否清晰 2.该小组演示的检测方法操作是否正确 3.该小组的检测量具、量仪保养是否完好 4.该小组的团队精神如何 5.能对不合理处分析原因并提出改进意见 6.做出技术或工艺改良报告，具有创新性	表述能力 展示方式及效果 口头或书面提议 技术或工艺改良报告					
指导教师综合评价		指导老师签名：				日期：	

注：评价分值均为百分制。

拓展练习

编制如图 13-8、图 13-9、图 13-10 所示的加工程序并加工。

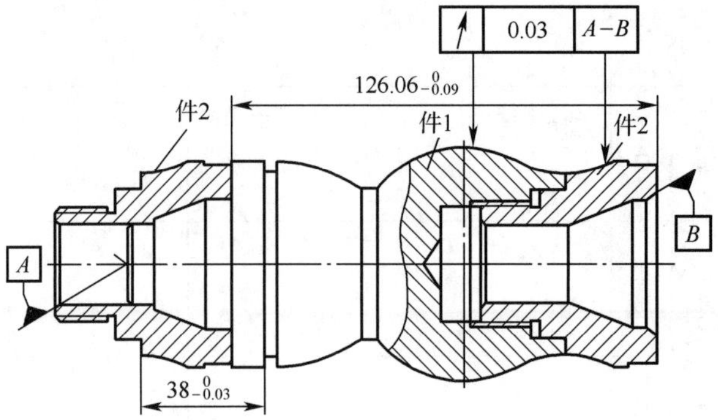

图 13-8　装配图

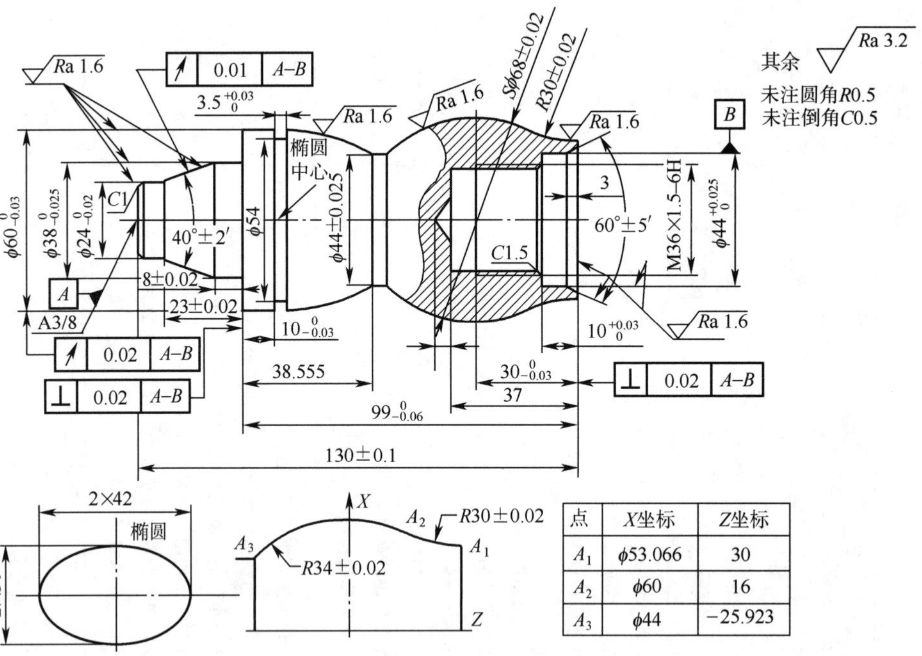

点	X坐标	Z坐标
A_1	ϕ53.066	30
A_2	ϕ60	16
A_3	ϕ44	−25.923

图 13-9　件 1

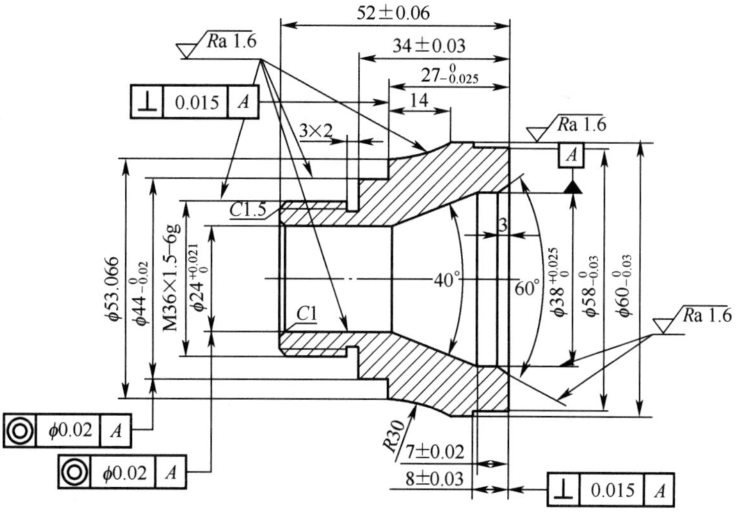
52±0.06
34±0.03
27$_{-0.025}^{0}$
14
3×2
Ra 1.6
0.015 A
Ra 1.6
A
C1.5
3
40°
60°
C1
Ra 1.6
ϕ53.066
ϕ44$_{-0.02}^{0}$
M36×1.5-6g
ϕ24$_{0}^{+0.021}$
ϕ38$_{0}^{+0.025}$
ϕ58$_{-0.03}^{0}$
ϕ60$_{-0.03}^{0}$
ϕ0.02 A
ϕ0.02 A
R30
7±0.02
8±0.03
0.015 A

图 13-10 件 2

项目十四　加工螺纹配合零件

学习目标

1. 掌握螺纹配合件加工特点及方法
2. 能指定螺纹配合件加工工艺
3. 能用 G76 编写螺纹加工程序
4. 掌握普通螺纹的常用测量方法
5. 培养学生的开拓创新和团队协作精神

项目导读

对于油气管件、轴、盘套类零件，为了便于连接、固定、传动，需要加工螺纹表面，如图 14-1、图 14-2 所示零件。这些位于回转表面上的螺纹大多都是在车床上加工的。螺纹加工也是数控车床加工的优势之一。本项目通过两个螺纹连接件的加工，介绍常见螺纹的数控加工方法。

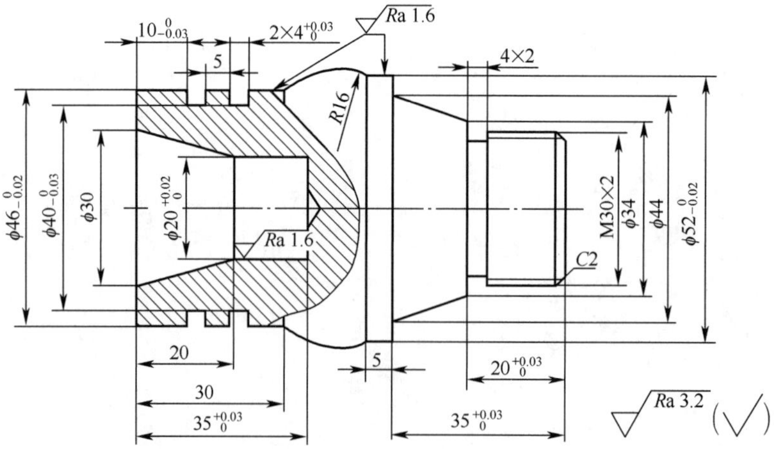

图 14-1　件 1 零件图

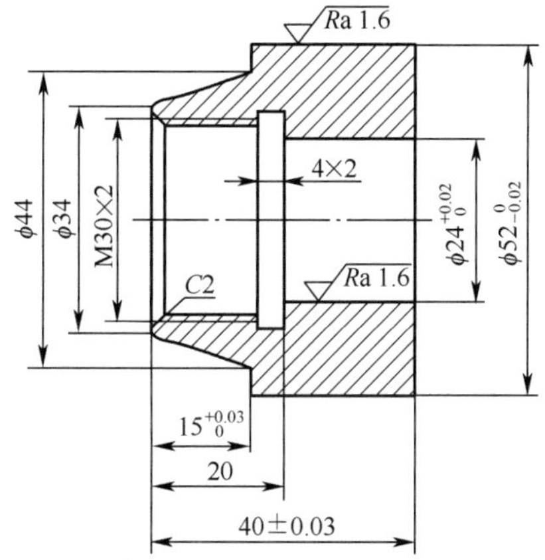

图 14-2　件 2 零件图

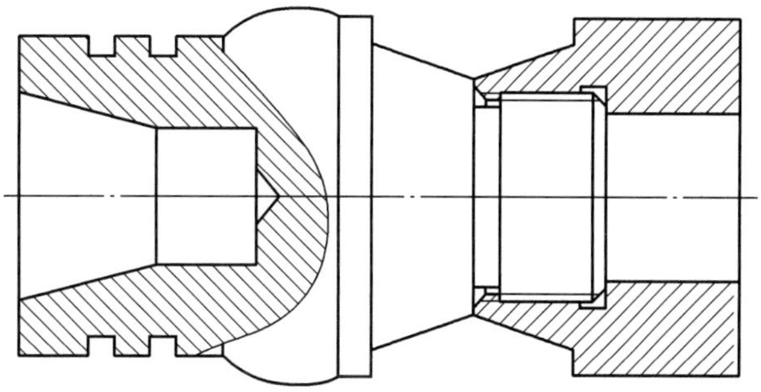

图 14-3　装配图

知识链接

一、螺纹的测量

螺纹的主要测量参数有螺纹牙型角、螺距、大径、小径和中径尺寸，测量方法分为单项测量和综合测量。螺纹测量参数及测量工具见表 14-1。

表 14-1　　常见螺纹参数及测量工具表

测量项目	测量工具		备注
外螺纹大径 内螺纹小径	游标卡尺	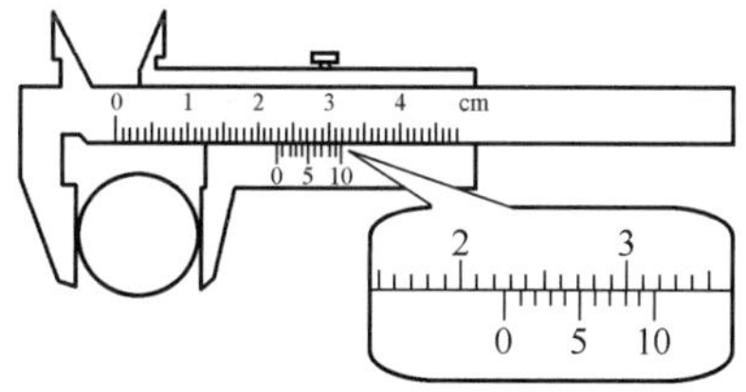	单项检测
	千分尺	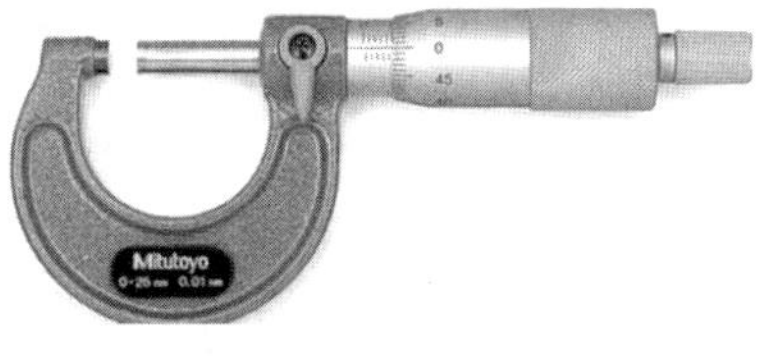	单项检测

续表

<table>
<tr><th>测量项目</th><th colspan="2">测量工具</th><th>备注</th></tr>
<tr><td rowspan="2">螺距</td><td>螺距规</td><td>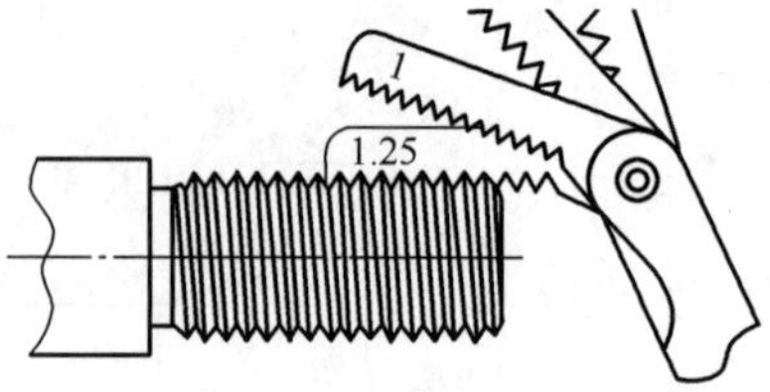
</td><td>单项检测</td></tr>
<tr><td>钢直尺</td><td>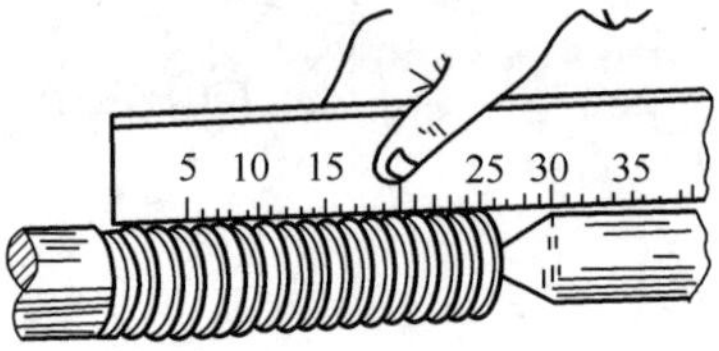
</td><td>单项检测</td></tr>
<tr><td rowspan="2">螺纹中径</td><td>螺纹千分尺</td><td>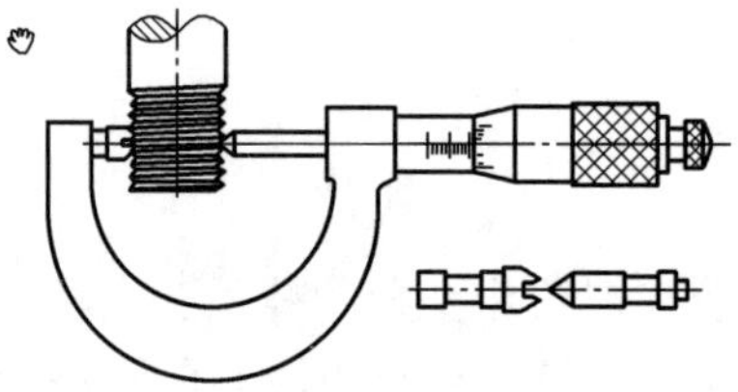</td><td>单项检测</td></tr>
<tr><td>三针法</td><td>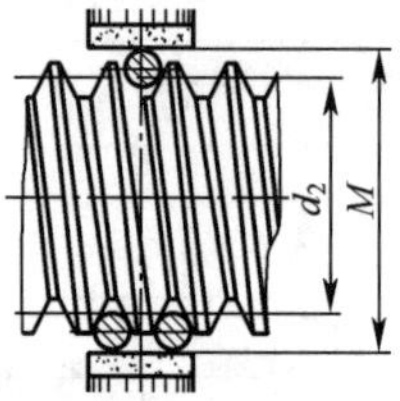
</td><td>单项检测</td></tr>
<tr><td>外螺纹</td><td>环规</td><td>
</td><td>综合检测</td></tr>
<tr><td>内螺纹</td><td>塞规</td><td>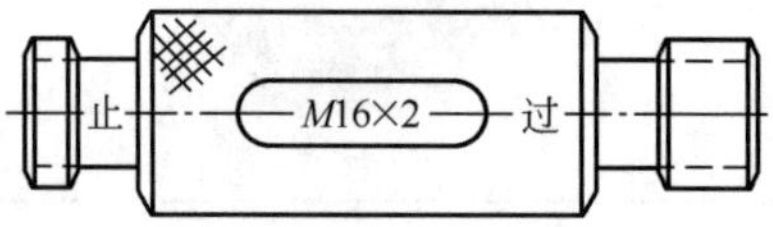
</td><td>综合检测</td></tr>
</table>

二、常用编程指令 G76

螺纹切削复合循环指令 G76 是多次自动循环切削螺纹的一种方式，使编程进一步简化。在车削过程中，除了指定第一次车削深度外，其余各次车削深度自动计算。能自动分层车削恒导程圆柱螺纹、圆锥螺纹，其指令格式及说明见表 14-2。

表 14-2　　　　G76 指令格式、参数含义及使用说明

指令格式	G76 P（m）（r）（a）Q（Δ*d*min）R（d） G76 X（u）Z（w）R（i）P（k）Q（Δd）F（f）
说明	主要用于大螺距螺纹切削循环
切削循环路径	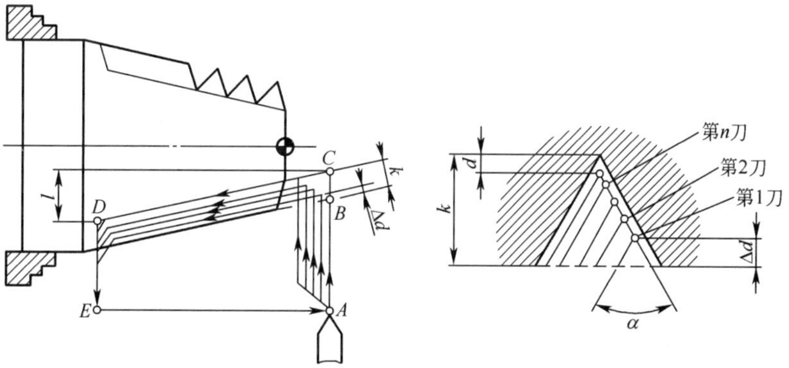
参 数	含 义
P（m）（r）（a）	m：精加工重复次数（1 至 99），模态，在另一个值指定前不会改变
	r：倒角量，模态，在另一个值指定前不会改变
	a：刀尖角度，可选择 80°、60°、55°、30°、29°、0°，2 位数指定
Q（Δdmin）	Δdmin：最小背吃刀量模态，在另一个值指定前不会改变
R（d）	d：精车余量，半径指定，单位 μm，模态
R（i）	i：螺纹部分的半径差，如果 i=0，可作一般直线螺纹切削
P（k）	k：螺纹牙型高度，k=0.65P，单位 μm，这个值在 *X* 轴方向用半径值指定
Q（Δd）	Δd：第一次的背吃刀量（半径值），单位 μm，不带小数点，没有正负
F（f）	f：螺纹导程（与 G32 相同）
注意事项	（1）G76 车螺纹采用斜进法，常用于车削大螺距螺纹及无退刀槽的螺纹 （2）调用循环前，刀具应处于循环起点位置，*Z* 向保证有空刀导入量 （3）循环中 k、Δd、Δd_{min} 不支持小数点输入，i、d 允许小数点输入

1. G92 与 G76 指令对比

G92 与 G76 指令在车削螺纹时，它们的进刀方式、循环起点、循环次数及适用场合都存在差异，具体如表 14-3 所示。

表 14-3 **G92 与 G76 车削螺纹对比**

	G92	G76
进刀方式	直进法	斜进法
循环起点 B	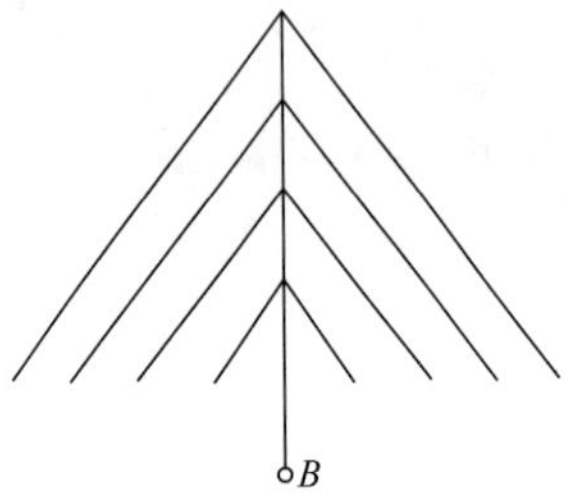	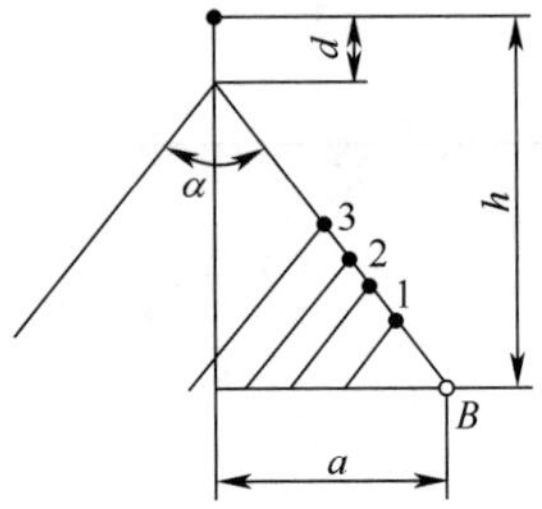
循环次数	人为指定	自动计算
每次切深	人为指定	除第一次外，其余次数自动计算
螺纹导入	需要	需要
螺纹退刀槽	需要	不需要
螺纹类型	圆柱螺纹、圆锥螺纹	
导程	恒导程	
适用场合	小螺距，精度高	大螺距，精度不高

2. 使用 G76 编程时相关参数计算

螺纹切削时，工件材料在切削中牙型受到挤压产生塑性变形使直径变大，在螺纹切削的开始及结束部分，一般由于伺服系统的滞后，在开始时应有加速过程，结束时应有减速过程，还有，在车削螺纹时，主轴转速不可过高，否则会出现乱牙现象。这些影响螺纹的参数一般可以按表 14-4 进行计算。

表 14-4 **螺纹编程时用到的参数计算**

	外螺纹	内螺纹
实际大径	$d_{实}=d-0.13P$	公称直径
实际小径/底孔直径	$d_3=d-1.3P$	塑性材料：$D_{孔}=D-P$ 脆性材料：$D_{孔}=D-1.05P$

续表

	外螺纹	内螺纹
牙型高度	$h_1=0.65P$	$h_1=0.65P$
进刀距离 δ_1	$\delta_1=2P$	$\delta_1=2P$
退刀距离 δ_2	$\delta_2=0.5\delta_1$	$\delta_2=0.5\delta_1$
主轴转速	$\leqslant 1200/P-K$（$K=80$）	

项目实施

一、制定加工工艺

1. 分析零件图

如图 14-1、图 14-2 所示，零件 1、零件 2 是一个较为典型的螺纹配合件模型，需要在数控车床上完成加工。毛坯尺寸为 ϕ55mm×45mm、ϕ60mm×95mm。该零件由圆弧面、圆柱面、内孔、槽、螺纹等构成，主要考核点为内外螺纹的互相配合，需要同学们熟练掌握尺寸精度、形状位置公差和表面粗糙度的控制方法和确保方法，同时练习确保配合精度的方法。

2. 确定装夹方案

该配合件由件 1 和件 2 组成，两个零件都需要两次装夹才能完成零件的加工，经分析确定两个零件的装夹方案如图 14-4、图 14-5 所示。

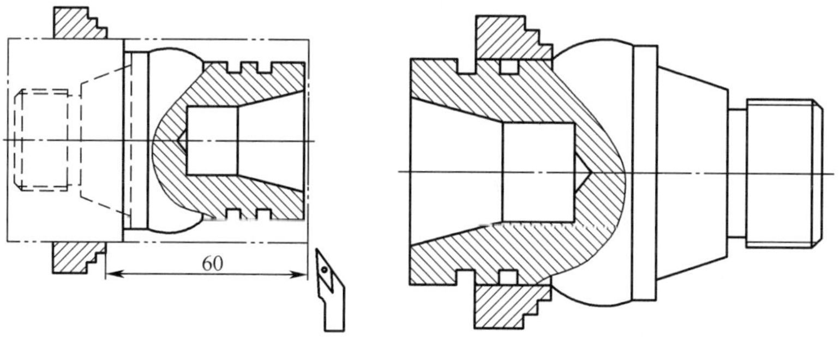

（a）件1第一次装夹　　（b）件1第二次装夹

图 14-4　件 1 装夹方案

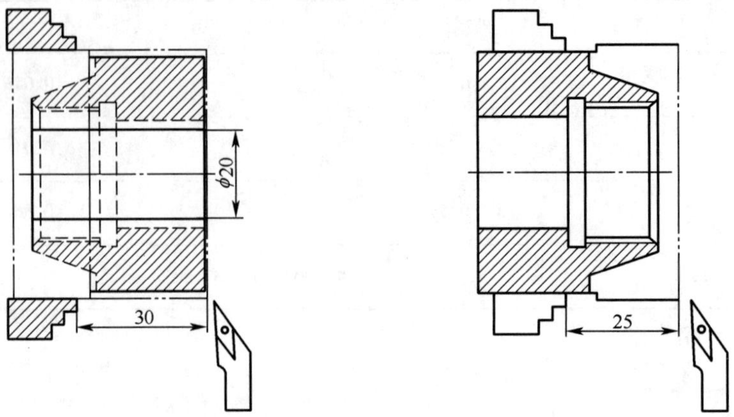

（a）件2第一次装夹　　（b）件2第二次装夹

图 14-5　件 2 装夹方案

3. 确定零件加工方案

该组合件主要由以下几大块组成：外圆、外螺纹、外槽、内孔、内螺纹、内槽，主要考核点为内外螺纹的互相配合。经过分析，确定零件的加工方案如下：

零件 1 加工方案：

（1）夹外圆右端，毛坯伸出卡盘端面 60mm，平端面钻中心孔，再用 ϕ18mm 的钻头钻孔，孔深 35mm。

（2）左端外圆粗加工，加工至 ϕ52mm 外圆处，精加工各挡外圆。

（3）加工 2×4 两处外槽，至精度要求。

（4）粗加工内孔，精加工内孔至精加工要求。

（5）掉头夹 ϕ46mm 的外圆，打表找正，平端面控制总长。

（6）粗精车螺纹外圆和锥面，精加工至尺寸要求。

（7）车螺纹退刀槽。

（8）车螺纹。

零件 2 加工方案：

（1）夹外圆左端，毛坯伸出卡盘端面 30mm，平端面钻中心孔，再用 ϕ20mm 的钻头钻通孔。

（2）粗加工 ϕ52mm 外圆，精加工至尺寸要求。

（3）掉头夹 ϕ52mm 外圆，平端面控制总长。

（4）车外锥至加工精度。

（5）粗加工内孔，精加工内孔至精度要求。

（6）车螺纹退刀槽。

（7）车内螺纹。

4. 选择刀具

由零件 1 加工方案可知，零件 1 的加工刀具应该包括外圆车刀、切槽刀、内孔车刀、外螺纹刀、中心钻及麻花钻等，刀具清单见表 14-5。

表 14-5　　件 1 零件刀具卡

序号	刀具号	刀具名称	规格型号	数量	加工内容	备注
1	T0101	93°外圆刀	0. 4mm	1	外轮廓	刀尖 35°
2	T0202	外切槽刀	4mm 槽宽	1	外螺纹退刀槽	
3	T0303	外螺纹刀		1	外螺纹	刀尖 60°
4	T0404	93°内孔刀	0. 4mm	1	内轮廓	刀尖 35°
5		中心钻	5mm	1	钻中心孔	手动
6		麻花钻	ϕ18mm	1	钻孔	手动

由零件 2 加工方案可知，零件 2 的加工刀具应该包括外圆车刀、内孔车刀、内沟槽刀、内螺纹刀、中心钻及麻花钻等，刀具清单见表 14-6。

表 14-6　　件 2 零件刀具卡

序号	刀具号	刀具名称	规格型号	数量	加工内容	备注
1	T0101	93°外圆刀	0. 4mm	1	外轮廓	刀尖 35°
2	T0202	93°内孔刀	0. 4mm	1	内轮廓	刀尖 35°
3	T0303	内沟槽刀	4mm 槽宽	1	内螺纹退刀槽	
4	T0404	内螺纹刀		1	内螺纹	刀尖 60°
5		中心钻	5mm	1	钻中心孔	手动
6		麻花钻	ϕ20mm	1	钻孔	手动

5. 切削参数计算

（1）背吃刀量的选择。粗车外轮廓时选用 $a_p=2$mm，精车外轮廓时选用 $a_p=0.5$mm；外螺纹车削选用 $a_p=0.3$。粗车内轮廓时选用 $a_p=1$mm，精车内轮廓时选用 $a_p=0.5$mm；内螺纹车削选用 $a_p=0.3$。

（2）主轴转速的选择。选择外轮廓粗加工转速 900r/min，精车为 1500r/min。车外螺纹时，主轴转速 $n=450$r/min。切外槽时，主轴转速 $n=300$r/min。选择内轮廓粗加工转速 1100r/min，精车内轮廓为 1700r/min。车内螺纹时，主轴转速 $n=450$r/min。车内沟槽时，主轴转速 $n=300$r/min。

（3）进给速度的选择。根据背吃刀量和主轴转速选择进给速度，分别选择外轮廓粗精车的进给速度为 150mm/min 和 120mm/min；切外槽的进给速度为 40mm/min。内轮廓粗精车的进给速度分别为 120mm/min 和 100mm/min；切内沟槽的进给速度为 30mm/min。

6. 制定工艺文件

根据前面的分析，制定零件 1 和零件 2 的数控加工工序卡，见表 14-7、表 14-8。

表 14-7　　零件 1 数控加工工序卡

材料	45 钢	零件图号		系统	FANUC	工序号	
操作序号	工步内容（走刀路线）	装夹序号	刀具 T	切削用量			
				转速 S（n）/（r/min）	进给速度 F/（mm/min）	背吃刀量/mm	
（1）	车端面	1	T0101	900	80		
（2）	钻中心孔	1	5mm	1000	50		
（3）	钻孔，孔深 35mm	1	ϕ18	350			
（4）	粗车外轮廓，留 0.5mm	1	T0101	900	150	2	
（5）	精车外轮廓到尺寸	1	T0101	1500	120	0.5	
（6）	加工 2×4 两处外槽	1	T0202	300	40		
（7）	粗加工内孔，留 0.5mm	1	T0404	1100	120	1	
（8）	精加工内孔至尺寸	1	T0404	1700	100	0.5	
（9）	掉头装夹 ϕ46mm 的外圆，打表找正，平端面控制总长	2	T0101	900	80		
（10）	粗车外轮廓，留 0.5mm	2	T0101	900	150	1	
（11）	精车外圆和锥面至尺寸	2	T0101	1500	120		
（12）	车螺纹退刀槽	2	T0202	300	40		
（13）	车螺纹	2	T0303	450			

表 14-8　　零件 2 数控加工工序卡

材料	45 钢	零件图号		系统	FANUC	工序号	

操作序号	工步内容（走刀路线）	装夹序号	刀具 T	切削用量 转速 S（n）/（r/min）	进给速度 F/（mm/min）	背吃刀量/mm
（1）	车端面	1	T0101	900	80	
（2）	钻中心孔	1	5mm	1000	50	
（3）	钻孔	1	ϕ20mm	350		
（4）	粗车外轮廓，留 0.5mm	1	T0101	900	150	2
（5）	精车外轮廓到尺寸	1	T0101	1500	120	0.5
（6）	掉头装夹 ϕ52mm 的外圆，打表找正，平端面控制总长	2	T0101	900	80	
（7）	粗车外轮廓，留 0.5mm	2	T0101	900	150	1
（8）	精车外圆和锥面至尺寸	2	T0101	1500	120	
（9）	粗车内轮廓，留 0.5mm	2	T0404	1100	120	1
（10）	精车内轮廓到尺寸	2	T0404	1700	100	0.5
（11）	车内沟槽	2	T0202	300	40	
（12）	车内螺纹	2	T0303	450		

二、编程（原点、参考程序）

（1）设定编程原点，编程原点设在零件端面中心。

（2）件 1 参考程序见表 14-9。

表 14-9　　件 1 数控加工参考程序

数控车床程序卡	编程原点	零件的端面中心			编写日期	
	零件名称		零件图号		材料	45 钢
	车床型号	CK6132	夹具名称	三爪卡盘	实训车间	数控基地
程序数	1			编程系统	FANUC 0i	
序号	程序			简要说明		
	O0001			第一次装夹		
N10	T0101			换 1 号刀，建立加工坐标系		

续表

数控车床程序卡	编程原点	零件的端面中心			编写日期	
	零件名称		零件图号		材料	45 钢
	车床型号	CK6132	夹具名称	三爪卡盘	实训车间	数控基地
程序数	1			编程系统	FANUC 0i	
序号	程序			简要说明		
	O0001			第一次装夹		
N20	G98 G97 G40			程序初始化		
N30	M3 S900			启动主轴，转速 900r/min		
N40	G0 X65 Z0			车端面		
N50	G1 X0 F80					
N60	G0 X65 Z2					
N70	G73 U7 R7			粗车外轮廓循环		
N80	G73 P10 Q20 U0.5 W0 F150					
N90	G1 X46 F120			精车外轮廓程序段		
N100	Z0					
N110	Z-30					
N120	G3 X52 Z-47 R16					
N130	G1 Z-55					
N140	S1500					
N150	G70 P10 Q20			精车外轮廓		
N160	G0 X60 Z100					
N170	T0202			换 2 号刀		
N180	S300					
N190	G0 X50					
N200	Z-14					
N210	G75 R0.5			切槽，2 处		
N220	G75 X40 Z-23 P1000 Q9000 R0 F50					
N230	G0 X60 Z100					
N240	T0404					

续表

数控车床程序卡	编程原点	零件的端面中心			编写日期	
	零件名称		零件图号		材料	45 钢
	车床型号	CK6132	夹具名称	三爪卡盘	实训车间	数控基地
程序数	1			编程系统	FANUC 0i	
序号	程序			简要说明		
	O0001			第一次装夹		
N250	S1100					
N260	G0 X15					
N270	Z5					
N280	G71 U1 R1			粗车内孔循环		
N290	G71 P10 Q20 U-0.5 W0 F120					
N300	G1 X30 F100			精车内孔程序段		
N310	Z0					
N320	X20 Z-20					
N330	Z-35					
N340	S1700					
N350	G70 P10 Q20			精车内孔		
N360	G0 X60 Z100					
N370	M30					
	O0002			第二次装夹		
N380	T0101			换 1 号刀，建立加工坐标系		
N390	G98 G97 G40			程序初始化		
N400	M3 S900			启动主轴，转速 900r/min		
N410	G0 X65 Z0			车端面		
N420	G1 X0 F80					
N430	G0 X65 Z2					
N440	G71 U2 R1			粗车外轮廓循环		
N450	G71 P10 Q20 U0.5 W0 F150					

续表

数控车床程序卡	编程原点	零件的端面中心			编写日期	
	零件名称		零件图号		材料	45 钢
	车床型号	CK6132	夹具名称	三爪卡盘	实训车间	数控基地
程序数	1			编程系统	FANUC 0i	
序号	程序			简要说明		
	O0002			第二次装夹		
N460	G1 X26 F120			精车外轮廓程序段		
N470	Z0					
N480	X29.8 Z-2					
N490	Z-20					
N500	X34					
N510	X44 Z-35					
N520	X55					
N530	S1500					
N540	G70 P10 Q20			精车外轮廓		
N550	G0 X60 Z100					
N560	T0202			换 2 号刀		
N570	S300					
N580	G0 X50					
N590	Z-20					
N600	G1 X26 F40			切槽		
N610	G0 X60					
N620	Z100					
N630	T0303			换 3 号刀		
N640	S450					
N650	G0 X35 Z5					
N660	G76 P011060 Q100 R0.05			车螺纹循环		
N670	G76 X27.4 Z-18 R0 P1300 Q450 F2					
N680	G0 X50 Z100					
N690	M30					

3. 件2参考程序见表14-10。

表14-10　　件2数控加工参考程序

数控车床程序卡	编程原点	零件的端面中心			编写日期	
	零件名称		零件图号		材料	45钢
	车床型号	CK6132	夹具名称	三爪卡盘	实训车间	数控基地
程序数	1			编程系统	FANUC 0i	
序号	程序			简要说明		
	O0001			第一次装夹		
N10	T0101			换1号刀，建立加工坐标系		
N20	G98 G97 G40			程序初始化		
N30	M3 S900			启动主轴，转速900r/min		
N40	G0 X60 Z0			车端面		
N50	G1 X0 F80					
N60	G0 X60 Z2					
N70	G90 X52.5 Z-27 F150			粗车外圆，留0.5mm余量		
N80	S1500			精车外轮廓		
N90	G90 X52 Z-27 F120					
N100	G0 X60 Z100					
N110	M30					
	O0002			第二次装夹		
N120	T0101			换1号刀，建立加工坐标系		
N130	G98 G97 G40			程序初始化		
N140	M3 S900			启动主轴，转速900r/min		
N150	G0 X60 Z0			车端面		
N160	G1 X0 F80					
N170	G0 X60 Z2					
N180	G71 U2 R1			粗车循环		
N190	G71 P10 Q20 U0.5 W0 F150					

续表

<table>
<tr><td rowspan="3">数控车床程序卡</td><td>编程原点</td><td colspan="3">零件的端面中心</td><td>编写日期</td><td></td></tr>
<tr><td>零件名称</td><td></td><td>零件图号</td><td></td><td>材料</td><td>45 钢</td></tr>
<tr><td>车床型号</td><td>CK6132</td><td>夹具名称</td><td>三爪卡盘</td><td>实训车间</td><td>数控基地</td></tr>
<tr><td>程序数</td><td colspan="3">1</td><td>编程系统</td><td colspan="2">FANUC 0i</td></tr>
<tr><td>序号</td><td colspan="3">程序</td><td colspan="3">简要说明</td></tr>
<tr><td></td><td colspan="3">O0002</td><td colspan="3">第二次装夹</td></tr>
<tr><td>N200</td><td colspan="3">G1 X34 F120</td><td colspan="3" rowspan="4">精车程序段</td></tr>
<tr><td>N210</td><td colspan="3">Z0</td></tr>
<tr><td>N220</td><td colspan="3">X44 Z-15</td></tr>
<tr><td>N230</td><td colspan="3">X52</td></tr>
<tr><td>N240</td><td colspan="3">S1500</td><td colspan="3"></td></tr>
<tr><td>N250</td><td colspan="3">G70 P10 Q20</td><td colspan="3">精车轮廓</td></tr>
<tr><td>N260</td><td colspan="3">G0 X60 Z100</td><td colspan="3"></td></tr>
<tr><td>N270</td><td colspan="3">T0404</td><td colspan="3"></td></tr>
<tr><td>N280</td><td colspan="3">S1100</td><td colspan="3"></td></tr>
<tr><td>N290</td><td colspan="3">G0 X18</td><td colspan="3"></td></tr>
<tr><td>N300</td><td colspan="3">Z5</td><td colspan="3"></td></tr>
<tr><td>N310</td><td colspan="3">G71 U1 R1</td><td colspan="3" rowspan="2">粗车内孔循环</td></tr>
<tr><td>N320</td><td colspan="3">G71 P10 Q20 U-0. 5 W0 F120</td></tr>
<tr><td>N330</td><td colspan="3">G1 X32 F100</td><td colspan="3" rowspan="6">精车内孔程序段</td></tr>
<tr><td>N340</td><td colspan="3">Z0</td></tr>
<tr><td>N350</td><td colspan="3">X28 Z-2</td></tr>
<tr><td>N360</td><td colspan="3">Z-20</td></tr>
<tr><td>N370</td><td colspan="3">X24</td></tr>
<tr><td>N380</td><td colspan="3">Z-45</td></tr>
<tr><td>N390</td><td colspan="3">S1700</td><td colspan="3"></td></tr>
<tr><td>N400</td><td colspan="3">G70 P10 Q20</td><td colspan="3">精车内孔</td></tr>
<tr><td>N410</td><td colspan="3">G0 Z100</td><td colspan="3"></td></tr>
<tr><td>N420</td><td colspan="3">X50</td><td colspan="3"></td></tr>
</table>

续表

数控车床程序卡	编程原点	零件的端面中心			编写日期	
	零件名称		零件图号		材料	45 钢
	车床型号	CK6132	夹具名称	三爪卡盘	实训车间	数控基地
程序数	1			编程系统	FANUC 0i	
序号	程序			简要说明		
	O0002			第二次装夹		
N430	T0202					
N440	S300					
N450	G0 X20					
N460	Z-20					
N470	G1 X32 F40			车内沟槽		
N480	X20					
N490	G0 Z100					
N500	T0303					
N510	S450					
N520	G0 X20					
N530	Z5					
N540	G76 P011060 Q100 R0.05			车内螺纹循环		
N550	G76 X30 Z-18 R0 P1300 Q450 F2					
N560	G0 X50 Z100					
N570	T0101					
N580	M30					

三、零件数控加工

将编好的数控程序传到 CK6132 数控车床，装夹毛坯，建立工件坐标系，加工零件。主要操作步骤如下：

（1）机床开机，回参考点，准备机床。

（2）输入数控程序，并检查。

（3）工件安装。件 1 装夹：夹住毛坯外圆，第一次装夹时毛坯伸出卡盘端面 60mm，掉头装夹后夹住 ϕ46mm 外圆。

件 2 装夹：夹住毛坯外圆，第一次装夹时毛坯伸出卡盘端面 30mm，掉头装夹后夹住 ϕ52mm 外圆，伸出卡盘端面 27mm。

（4）安装刀具。件 1 刀具安装：在 1 号刀位安装外圆车刀，在 2 号刀位安装切断刀，在 3 号刀位安装螺纹刀，在 4 号刀位安装内孔车刀，中心钻和麻花钻安装在尾座上。

件 2 刀具安装：在 1 号刀位安装外圆车刀，在 2 号刀位安装内沟槽刀，在 3 号刀位安装内螺纹刀，在 4 号刀位安装内孔车刀，中心钻和麻花钻安装在尾座上。

（5）建立工件坐标系 G54，对刀操作完成刀具补偿参数设置，如图 14-6 所示。

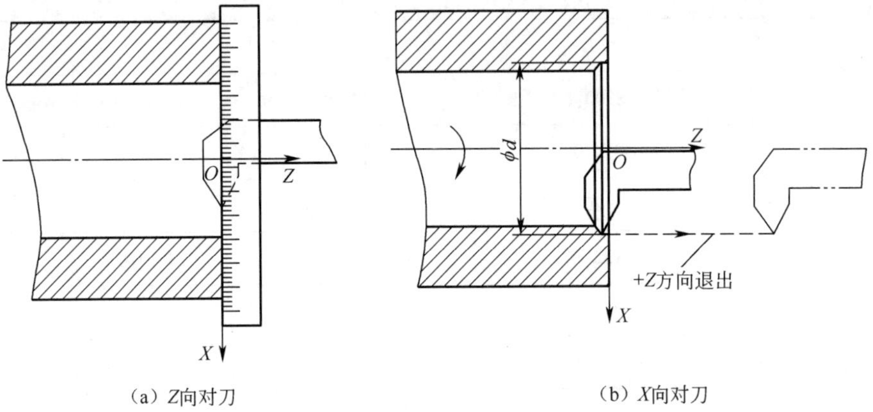

图 14-6　内螺纹车刀对刀示意图

（6）启动程序，自动加工。

（7）停机后，按图纸要求检测工件，对工件进行误差及质量分析。利用游标卡尺、外径千分尺、表面粗糙度工艺样板等量具测量工件，学生对自己加工的零件进行检测，包括尺寸精度的检测和零件加工质量的检测。

项目评价

1. 确定测量工具。

先单独测量件 1、件 2 的各个尺寸，再测量配合尺寸。量具选用见表 14-11。

表 14-11　　量具选用表

序号	名称	规格/mm	精度/mm	数量
1	游标卡尺	0~150	0.02	1
2	外径千分尺	25~50	0.01	1
3	外径千分尺	50~75	0.01	1
4	内径千分尺	5~30	0.01	1

续表

序号	名称	规格/mm	精度/mm	数量
5	三点内径千分尺	20~25	0.001	1
6	螺纹环规	M30×2—6g		1
7	螺纹塞规	M30×2—6g		1
8	块规	0 级		1

2. 螺纹配合件零件质量检查单，见表 14-12、表 14-13。

表 14-12　　件 1 质量检查单

项目名称			学号：	
检测项目	序号	检测内容	检测结果	结论
长度	1	$20^{+0.03}_{0}$		
	2	$35^{+0.03}_{0}$，2 处		
	3	5，2 处		
	4	30		
	5	20		
	6	$10^{0}_{-0.03}$		
	7	$2\times4^{+0.03}_{0}$		
	8	4×2		
	9	87±0.1		
外圆	10	$\phi34$		
	11	$\phi44$		
	12	$\phi52^{0}_{-0.02}$		
	13	$\phi46^{0}_{-0.02}$		
	14	$\phi40^{0}_{-0.03}$		
内孔	15	$\phi20^{+0.02}_{0}$		
	16	$\phi30$		
圆弧	17	$R16$		
倒角	18	$C2$		
外螺纹	19	M30×2		

续表

项目名称			学号：	
检测项目	序号	检测内容	检测结果	结论
表面质量	20	$Ra1.6$		
件 1 检测结论				
产品不合格原因分析				
改进措施				

记录员		监考员		检验员		考评员	

表 14-13　　件 2 质量检查单

项目名称			学号：	
检测项目	序号	检测内容	检测结果	结论
长度	1	$15^{+0.03}_{0}$		
	2	20		
	3	40±0.03		
	4	4×2		
外圆	5	$\phi34$		
	6	$\phi44$		
	7	$\phi52^{0}_{-0.02}$		
内孔	8	$\phi24^{+0.02}_{0}$		
倒角	9	$C2$		
内螺纹	10	M30×2		
表面质量	11	$Ra1.6$		
件 2 检测结论				
产品不合格原因分析				
改进措施				

记录员		监考员		检验员		考评员	

3.项目考核，见表 14–14。

表 14–14　　**教学项目过程考核评价表**

项目名称：	班级：	姓名：	学号：	指导教师：			
评价项目	评价标准	评价依据 （信息、佐证）	评价方式			得分小计	总分
			学生自评	小组互评	教师评价		
			30%	30%	40%		
职业素质（20%）	1.遵守企业管理规定、劳动纪律 2.按时完成学习及工作任务 3.工作积极主动、勤学好问	考勤 工作及学习态度					
专业技能（50%）	1.机床操作正确合理、安全文明生产 2.有零件的工艺分析能力、制定工艺合理 3.程序规范正确 4.夹具、刀具正确使用 5.零件质量合格 6.正确使用检测量具、量仪	工作过程 工艺过程卡 工序卡 程序单 零件质量检验单 安全操作、机床清理					
展示创新（30%）	1.该小组介绍成果是否清晰 2.该小组演示的检测方法操作是否正确 3.该小组的检测量具、量仪保养是否完好 4.该小组的团队精神如何 5.能对不合理处分析原因并提出改进意见 6.做出技术或工艺改良报告，具有创新性	表述能力 展示方式及效果 口头或书面提议 技术或工艺改良报告					
指导教师 综合评价	指导老师签名：　日期：						

注：评价分值均为百分制。

拓展练习

编制如图 14-7、图 14-8、图 14-9、图 14-10 所示的加工程序并加工。

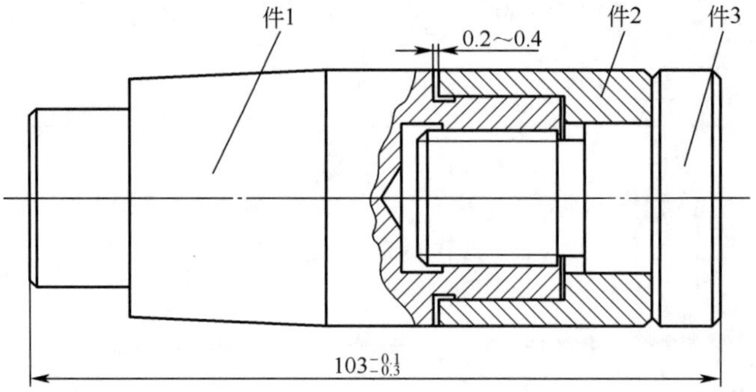

图 14-7　装配图

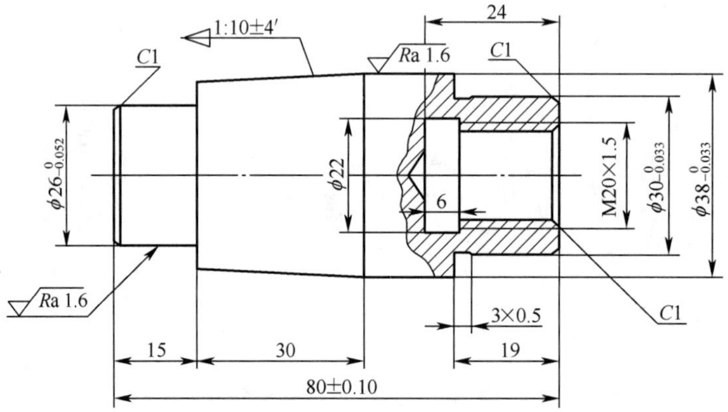

图 14-8　件 1

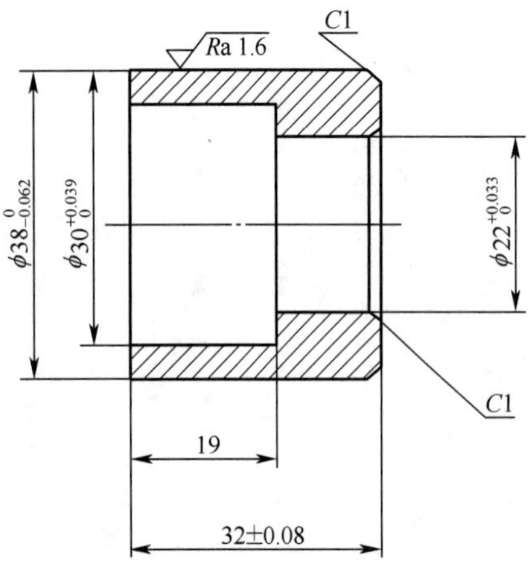

图 14-9　件 2

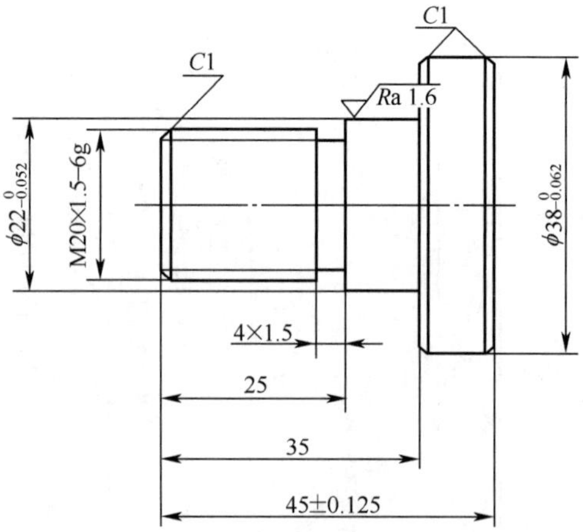

图 14-10　件 3

参考文献

[1] 顾京．数控加工编程及操作［M］．北京：高等教育出版社，2003.
[2] 张德江．数控编程与操作［M］．北京：机械工业出版社，2016.
[3] 周保牛．数控编程与加工［M］．北京：机械工业出版社，2014.
[4] 朱明松．数控车床编程与操作项目教程［M］．北京：机械工业出版社，2018.
[5] 耿国卿．数控车削编程与加工项目教程［M］．北京：化学工业出版社，2016.
[6] 廖声洋，周建．数控加工技术［M］．北京：中国人民大学工业出版社，2014.
[7] 袁永富．模具数控加工技术［M］．北京：科学出版社，2014.
[8] 崔兆华．数控车工（中级）［M］．北京：机械工业出版社，2005.
[9] 沈建峰．数控车工（高级）［M］．北京：机械工业出版社，2005.
[10] 张德江．数控机床操作技能实训［M］．北京：北京理工大学出版社，2010.
[11] 赵长明．数控加工工艺及设备［M］．北京：高等教育出版社，2015.